"十四五"职业教育国家规划教材

工业和信息化部"十四五"规划教材

高职高专**名校名师精品**"十三五"规划教材

Python Programming Task
Driven Tutorial

Python

程序设计任务驱动式教程

微课版

陈承欢　汤梦姣 ◉ 编著

人民邮电出版社

北　京

图书在版编目（CIP）数据

Python程序设计任务驱动式教程：微课版 / 陈承欢,
汤梦姣编著. -- 北京：人民邮电出版社，2021.9
高职高专名校名师精品"十三五"规划教材
ISBN 978-7-115-55561-8

Ⅰ. ①P… Ⅱ. ①陈… ②汤… Ⅲ. ①软件工具－程序
设计－高等职业教育－教材 Ⅳ. ①TP311.561

中国版本图书馆CIP数据核字(2020)第247374号

内 容 提 要

  本书将 Python 程序设计的知识按由易到难、由浅入深的规律精心设计为 12 个教学单元（模块），包括程序开发环境构建与数据输入输出、基本数据类型与运算符应用、逻辑运算与流程控制、序列数据与正则表达式操作、函数应用与模块化程序设计、类定义与使用、文件操作与异常处理、数据库访问与使用、网络编程与进程控制、基于 GUI 框架的图形界面设计与网络爬虫应用、基于 Flask 框架的 Web 程序设计、基于 Django 框架的 Web 程序设计。每个单元的理论知识分为 3 个层次：入门知识、必修知识、拓展知识，拓展知识主要以电子活页方式呈现。每个单元的实践操作也分为 3 个层次：简单练习、实例训练、任务训练，任务训练涉及的代码主要以电子活页方式呈现。本书构建了 Python 程序设计的在线测试题库，每个教学单元针对重要的知识点与技能点设置有多道习题。

  本书适合作为高职高专院校"Python 程序设计"课程的教材，也可供对 Python 程序设计感兴趣的读者自学参考。

◆ 编　著　陈承欢　汤梦姣
　责任编辑　桑　珊
　责任印制　王　郁　彭志环
◆ 人民邮电出版社出版发行　　北京市丰台区成寿寺路 11 号
　邮编　100164　电子邮件　315@ptpress.com.cn
　网址　https://www.ptpress.com.cn
　北京天宇星印刷厂印刷
◆ 开本：787×1092　1/16
　印张：19.25　　　　　　　　　2021 年 9 月第 1 版
　字数：577 千字　　　　　　　2024 年 12 月北京第 13 次印刷

定价：59.80 元
读者服务热线：(010)81055256　印装质量热线：(010)81055316
反盗版热线：(010)81055315
广告经营许可证：京东市监广登字 20170147 号

前言 PREFACE

本书全面贯彻党的二十大精神，以社会主义核心价值观为引领，传承中华优秀传统文化，坚定文化自信，使内容更好体现时代性、把握规律性、富于创造性。

Python 是一种跨平台、交互式、面向对象、解释型的计算机程序设计语言，它具有丰富和强大的库，能够把用其他语言开发的各种模块很轻松地联结在一起。Python 主要应用于 Web 和 Internet 开发、科学计算和统计、人工智能、大数据处理、网络爬虫、游戏开发、图形处理、界面开发等领域。对于初级程序员而言，Python 是一种很棒的语言，它支持广泛的应用程序开发，包括简单的文字处理、Web 开发甚至游戏开发，并且简单易学。

本书使用 PyCharm 作为 Python 程序开发的主要开发环境。PyCharm 是深受欢迎、使用广泛的 Python 程序集成开发环境，其界面友好、功能丰富，既能用于 Python 入门级程序开发，也能用于 Python 专业应用项目的开发。

《国家职业教育改革实施方案》中明确要求："探索组建高水平、结构化教师教学创新团队，教师分工协作进行模块化教学"。"建设一大批校企'双元'合作开发的国家规划教材，倡导使用新型活页式、工作手册式教材并配套开发信息化资源"。模块化教学模式的成功实施需要模块化、层次化、活页式教材的有力支持，本书是湖南铁道职业技术学院教学改革项目"基于'三教改革'的专业群模块化课程开发模式"的研究成果，由湖南铁道职业技术学院与湖南青果软件有限公司合作编写而成，湖南青果软件有限公司的程序员参与全书程序代码的编写，对本书的编写提出了很多有益的建议。本书在教材模块化、层次化、活页式、在线式等方面做了大量的探索与实践，主要特色如下。

1. 构建了 Python 程序设计类教材的模块化结构

计算机程序设计语言有很多种，Python 是目前常用的程序设计语言之一，虽然不同的程序设计语言有不同的语法规则，但其共同点是实现程序功能，并且有数据的输入—处理—输出的通用结构。本书将 Python 程序设计的知识按由易到难、由浅入深的规律分为 11 个模块：程序开发环境构建、基本数据类型与运算符应用、流程控制、序列数据、函数应用、类定义与使用、文件操作、数据库访问与使用、网络编程、图形界面设计、Web 程序设计。同时将数据输入输出并入模块 1"程序开发环境构建"，逻辑运算并入模块 3"流程控制"，正则表达式操作并入模块 4"序列数据"，模块化程序设计并入模块 5"函数应用"，异常处理并入模块 7"文件操作"，进程控制并入模块 9"网络编程"，网络爬虫应用并入模块 10"图形界面设计"。由于 Python 的 Web 程序设计有 Flask 框架和 Django 框架两个典型框架，因此将 Web 程序设计拆解为两个模块，最终形成 12 个模块，并将模块以"单元"命名。

本书对每个模块中的知识点、技能点根据其重要程度、使用频率、掌握的必要性等要素进行了合理取舍，并对书中选取的使用频率高、必须掌握的知识点与技能点进行了条理化处理，形成了层次分明、结构清晰、方便学习的模块化结构。

2. 构建了 Python 程序设计的理论知识与操作训练的层次化结构

每个模块的理论知识分为 3 个层次：入门知识、必修知识、拓展知识。每个模块的实践操作也分为 3 个层次：简单练习、实例训练、任务训练。

（1）理论知识的 3 个层次。

入门知识：每个单元公共的基础知识，列在每个单元的"知识入门"环节中，是学习必修知识的前提。

必修知识：每个单元的重点内容，是必须理解、掌握并能灵活应用的知识，包含在"循序渐进"环节中。

拓展知识：有的是难度较高的知识，有的是从知识的完整性、系统性等方面考虑而列出的知识，有的是为学习能力较强的学习者提供的知识，在"知识拓展"环节中列出。

（2）实践操作的 3 个层次。

简单练习：以单条语句方式对知识进行验证性练习，在提示符">>>"后输入语句，然后按【Enter】键可执行并查看运行结果。

实例训练：以程序方式对知识进行验证性训练，在 IDLE 和 PyCharm 中编写程序，运行后查看结果。

任务训练：根据待处理的数据或待解决的实际问题分析任务需求，应用相关知识编写程序、达成任务，运行程序并查看结果，主要训练学习者的知识应用能力和问题分析能力。本书提供了 63 个任务程序。

3．构建了模块式新形态教材的活页式结构

本书将纸质固定方式与电子活页方式完美结合、扬长避短，形成活页式教材的典型模式。各个单元的扩展知识、自主训练任务的代码、行数较多的代码、复杂或超长的运行结果均以电子活页方式呈现，并提供扫描浏览的二维码，以电子方式阅读更逼真、更清晰、更灵活。

每个单元的在线测试题、实例训练代码、任务训练代码、教学资源都提供了二维码，扫描即可查看，在人邮教育社区中可以下载，方便学习者使用。

4．构建了 Python 程序设计的在线式测试题库

为了帮助学习者巩固与掌握 Python 程序设计的相关知识点与技能点，本书每个教学单元针对重要的知识点与技能点都设置了多道习题，整本书构建了一个 960 道题的系统化训练题库，除单元 5 构建多个子库外，每个单元构建一个子库。在线式测试题库的题型包括选择题、填空题、判断题。通过扫描每个单元的【在线测试】二维码，即可打开在线测试页面进行在线测试。测试完毕可以即时看到测试成绩和正确率，如果有的测试题答错，还可以查看正确答案。

本书由湖南铁道职业技术学院陈承欢、汤梦姣编著，张军、吴献文、颜珍平、颜谦和、林保康、张丽芳等老师参与了部分章节的编写工作和实例程序的编写工作。

由于编者水平有限，本书难免存在疏漏之处，敬请专家与读者批评指正，编者的 QQ 为 1574819688。

编者

2023 年 5 月

本书导学

1. 关于本书的结构

本书精心设计了 12 个教学单元，也就是 12 个模块。每个模块的理论知识分为 3 个层次：入门知识、必修知识、拓展知识，拓展知识主要以电子活页方式呈现。每个模块的实践操作也分为 3 个层次：简单练习、实例训练、任务训练，任务训练涉及的代码主要以电子活页方式呈现。

2. 关于本书的标识约定

本书所有示例代码中，以"＞＞＞"开头的代码，表示在 Windows【命令提示符】窗口的提示符"＞＞＞"后输入的代码，运行结果表示按【Enter】键后在 Windows【命令提示符】窗口中显示的代码运行结果。

本书命令或语句的基本语法格式中通常包含"＜＞"和"[]"两种符号，其中"＜＞"表示解释或提示性文字，实际应用使用变量名或语句替代；"[]"表示可选项，即有时包含该选项或参数，有时可以省略。

3. 关于本书命令或语句的基本语法格式

本书涉及大量的命令或语句，其基本语法格式没有特意统一为中文或英文，而是根据实际情况合理使用中文或英文，更具灵活性、可读性。

4. 关于本书教学资源的下载与使用

本书提供了丰富的教学资源，学习者可以登录人邮教育社区（www.ryjiaoyu.com）下载与使用。扫描各个单元对应的二维码可以进行在线测试，或查看实例代码、任务代码及其他各种教学资料。

目录 CONTENTS

单元1
程序开发环境构建与数据输入输出

Python 对初级程序员而言，是一种很棒的编程语言，它支持广泛的应用程序开发，包括文字处理到 Web 开发再到游戏开发，并且简单易学。

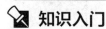 知识入门

1. Python 概述

Python 最初被设计用于编写自动化脚本，随着版本的不断更新和新功能的添加，其越来越多地被用于独立的、大型项目的开发。Python 主要应用于 Web 和 Internet 开发、科学计算和统计、人工智能、大数据处理、网络爬虫、游戏开发、图形处理、界面开发等领域。

Python 的创始人为荷兰人吉多·范罗苏姆（Guido van Rossum）。1989 年圣诞节假期间，在阿姆斯特丹，吉多为了打发无趣的时光，决心开发一种新的脚本解释语言，作为 ABC 语言的一种继承，Python 便应运而生。Python 的名字取自英国 20 世纪 70 年代首播的电视喜剧《蒙提·派森的飞行马戏团》。Python 的标志如图 1-1 所示。

图 1-1　Python 的标志

2. Python 的主要特点

Python 具有以下主要特点，如电子活页 1-1 所示。

（1）易于学习；（2）易于阅读；（3）易于维护；（4）拥有丰富的标准库；（5）支持互动模式；（6）可移植；（7）可嵌入；（8）可扩展；（9）支持数据库应用；（10）支持 GUI 编程。

电子活页 1-1

Python 的主要特点

3. Python 程序的常用开发环境

Python 程序常用的开发环境主要有以下几个。

（1）IDLE：Python 内置的集成开发环境（Integrated Development Environment，IDE），IDLE 随 Python 安装包提供。

（2）PyCharm：由著名的 JetBrains 公司开发，带有一整套可以帮助用户在使用 Python 进行开发时提高其效率的工具，例如 Project 管理、程序调试、语法高亮、代码跳转、智能提示、单元测试以及版本控制工具。此外，该 IDE 提供了一些高级功能，用于支持 Django 框架下的专业 Web 应用程序开发。

另外，Notepad++、EditPlus、UltraEdit 等通用的文本编辑器软件也对 Python 代码编辑提供一

定的支持，例如代码自动着色、提供快捷键等。

Python 主要有两个版本，Python 2.x（简称为 Python 2）和 Python 3.x（简称为 Python 3），本书使用的是 64 位 Python 3.8.2。

4. Python 程序的常用 IDE——PyCharm

Python 的 IDE 非常多，如 Visual Studio Code、Sublime、Notepad++、Python 自带的 IDLE、Jupyter、Eclipse+PyDev 等。PyCharm 是其中深受欢迎、使用非常广泛的 Python 程序集成开发环境，其界面友好、功能丰富，许多程序员选择使用 PyCharm 来构建简洁、易于使用的软件应用程序。无论是入门级程序的开发还是专业应用项目的开发，都可以使用 PyCharm。其主要功能如电子活页 1-2 所示。

电子活页 1-2

PyCharm 的主要功能

5. 交互式编程与脚本式编程

Python 的编程方式主要有交互式编程、脚本式编程两种，如电子活页 1-3 所示。

电子活页 1-3

交互式编程与脚本式编程

6. Python 3 默认的编码格式

在默认情况下，Python 3 源码文件以 UTF-8 编码，所有字符串都是 Unicode 字符串。当然也可以为源码文件指定不同的编码格式。

7. Python 标识符的基本要求

Python 标识符的基本要求如下。

（1）标识符中的第 1 个字符必须是英文字母表中的字母或下画线"_"。

（2）标识符从第 2 个字符开始可以是字母、数字或下画线。

（3）标识符对大小写敏感。

（4）在 Python 3 中，非 ASCII 标识符也是允许使用的。

8. Python 的保留字

保留字即关键字，是 Python 本身的专用单词，不能把它们用作任何标识符名称。如果尝试使用关键字作为变量名，Python 解释器会报错。

Python 3 包含了 35 个关键字，具体如下。

False	None	True	and	as	assert
async	await	break	class	continue	def
del	elif	else	except	finally	for
from	global	if	import	in	is
lambda	nonlocal	not	or	pass	raise
return	try	while	with	yield	

Python 的标准库提供了一个 keyword 模块，可以查看当前版本的所有关键字，输入如下程序。

```
>>>import keyword          #导入 keyword 模块
>>>keyword.kwlist          #显示所有关键字
```

从以上程序可以看出，程序只要先导入 keyword 模块，然后调用 keyword.kwlist 即可查看 Python 包含的所有关键字。运行以上程序，可以看到如下输出结果。

```
['False', 'None', 'True', 'and', 'as', 'assert', 'async', 'await', 'break', 'class', 'continue', 'def', 'del', 'elif', 'else', 'except', 'finally', 'for', 'from', 'global', 'if', 'import', 'in', 'is', 'lambda', 'nonlocal', 'not', 'or', 'pass', 'raise', 'return', 'try', 'while', 'with', 'yield']
```

以上这些关键字都不能作为变量名。

循序渐进

1.1 搭建 Python 开发环境与使用 IDLE 编写 Python 程序

1.1.1 搭建 Python 开发环境

1. 下载与安装 Python

参考电子活页 1-4 介绍的方法，正确下载与安装 Python。

2. 检测 Python 是否成功安装

安装完 Python 后，需要检测 Python 是否成功安装。接下来以 Windows10 操作系统为例说明如何检测 Python 是否成功安装。

微课 1-1　　　　　电子活页 1-4

搭建 Python 开发环境　下载与安装 Python

右键单击 Windows 10 桌面左下角的【开始】按钮，在弹出的快捷菜单中选择【运行】，打开【运行】对话框，在"打开"文本框中输入命令"cmd"，如图 1-2 所示。然后按【Enter】键，启动【命令提示符】窗口，在当前的提示符后面输入"python"，并且按【Enter】键，出现图 1-3 所示的信息，则说明 Python 安装成功，同时进入交互式 Python 解释器，提示符为">>>"，等待用户输入 Python 命令。

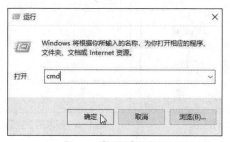

图 1-2　【运行】对话框

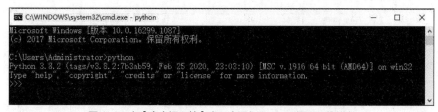

图 1-3　在【命令提示符】窗口中运行 Python 解释器的信息

3. 配置环境变量

如果在【命令提示符】窗口"C:\Users\Administrator>"后输入"python"，并且按【Enter】键后没有出现图 1-3 所示的信息，而是显示"'python'不是内部或外部命令，也不是可运行的程序或批处理文件"，原因是在当前的路径中找不到 Python.exe 可执行文件，解决方法是配置环境变量。这里以 Windows 10 操作系统为例介绍配置环境变量的方法，具体步骤如下。

（1）在 Windows 的桌面上右键单击【此电脑】图标（【此电脑】图标默认不显示，可以在桌面上右键单击，在弹出的快捷菜单中选择【个性化】命令，在弹出的【设置】窗口中选择"主题"选项，然后在"相关的设置"区域单击【桌面图标设置】选项，在弹出的【桌面图标设置】对话框的"桌面图标"区域选择"计算机"复选框即可显示【此电脑】图标），在弹出的快捷菜单中选择【属性】命令，在弹出的【系统】窗口中单击【高级系统设置】，打开【系统属性】对话框。

（2）在【系统属性】对话框中的【高级】选项卡中单击【环境变量】按钮，如图 1-4 所示。

打开【环境变量】对话框，在"Administrator 的用户变量"区域选择"Path"，然后单击【编辑】按钮，打开【编辑环境变量】对话框。在该对话框中单击【新建】按钮，然后在编辑框中输入"D:\Python\Python3.8.2\"，接着多次单击【上移】按钮，将其移至第 1 行。再一次单击【新建】按钮，然后在编辑框中输入"D:\Python\Python3.8.2\Scripts\"，接着多次单击【上移】按钮，将其移至第 2 行。

新增两个变量后的【编辑环境变量】对话框如图 1-5 所示。

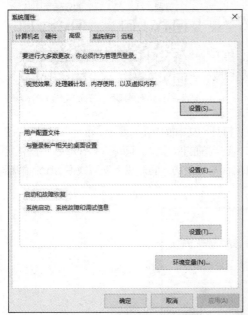

图 1-4 【系统属性】对话框

图 1-5 新增两个变量后的【编辑环境变量】对话框

在【编辑环境变量】对话框中，单击【确定】按钮返回【环境变量】对话框，如图 1-6 所示。

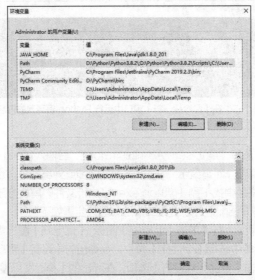

图 1-6 【环境变量】对话框

然后依次在【环境变量】对话框和【系统属性】对话框中单击【确定】按钮完成环境变量的设置。

环境变量配置完成，在【命令提示符】窗口中的提示符后输入 "python"，如果 Python 解释器可以成功运行，说明 Python 配置成功。

4. 创建所需文件夹

在本地计算机 D 盘创建文件夹 PycharmProject，本书所有的 Python 程序文件都存放在文件夹 PycharmProject 中。再在文件夹 PycharmProject 中创建存放单元 1 的 Python 程序文件的子文件夹 Unit01。

1.1.2 使用 IDLE 编写简单的 Python 程序

微课 1-2

使用 IDLE 编写简单的 Python 程序

安装 Python 后，会自动安装 IDLE，IDLE 是 Python 自带的简洁的集成开发环境，也可以利用 Python Shell 编写 Python 程序并与 Python 进行交互。

在任务栏中右键单击【开始】按钮，在弹出的快捷菜单中选择【搜索】命令，弹出【搜索】对话框，在输入文本框中输入 "python"，显示相应最佳匹配列表项，如图 1-7 所示。然后在最佳匹配列表项中选择 "IDLE(Python 3.8 64-bit)" 程序启动项即可打开 IDLE 窗口，如图 1-8 所示。

图 1-7　搜索 "python"

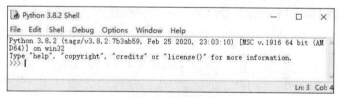

图 1-8　IDLE 窗口

在 IDLE 窗口出现提示符 ">>>"，表示 Python 已经准备好了，等待用户输入 Python 程序代码。在提示符 ">>>" 右侧输入程序代码时，每输入一条语句，并按【Enter】键，就会运行一条语句。

这里输入一条语句 print("Happy to learn Python Programming")，然后按【Enter】键，运行该语句的结果如图 1-9 所示。

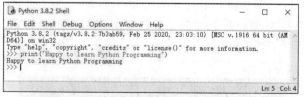

图 1-9　在 IDLE 窗口输入并运行一条语句的结果

而在实际开发程序时，通常一个 Python 程序不能只有一行代码，如果需要编写多行代码，可以创建一个文件保存这些代码，在全部编写完毕后一起运行。

【任务 1-1】输出"Happy to learn Python Programming"的信息

【任务描述】

微课 1-3

（1）在 Python 的 IDLE 中编写 Python 程序 1-1.py，使用 print()函数输出"Happy to learn Python Programming"。

（2）在 Python 的程序编辑窗口运行程序 1-1.py，输出信息。

（3）在 Windows 的【命令提示符】窗口运行程序 1-1.py，输出信息。

输出"Happy to
learn Python
Programming"的信息

【任务实施】

（1）在 Python 的 IDLE 主窗口中，选择【File】菜单，在弹出的下拉菜单中选择【New File】，打开一个【untitled】窗口，如图 1-10 所示。在该窗口中，可以直接编写 Python 代码，并且输入一行代码后按【Enter】键，将自动换到下一行，可继续输入代码。

（2）在代码编辑区中，输入以下代码。

```python
print("Happy to learn Python Programming")
```

（3）在 Python 的程序编辑窗口中，选择【File】菜单，在弹出的下拉菜单中选择【Save】，将该程序保存到"D:\PycharmProject\Unit01"文件夹中，命名为"1-1.py"，其中".py"为 Python 文件的扩展名。程序文件 1-1.py 保存完成后的程序编辑窗口如图 1-11 所示。

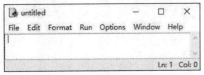

图 1-10 【untitled】窗口

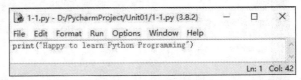

图 1-11 程序文件 1-1.py 保存完成后的程序编辑窗口

（4）运行 Python 程序。在 Python 的程序编辑窗口中，选择【Run】菜单，在弹出的下拉菜单中选择【Run Module】，程序文件 1-1.py 的运行结果如图 1-12 所示。

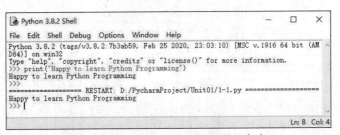

图 1-12 程序文件 1-1.py 的运行结果（1）

（5）在 Windows 的【命令提示符】窗口中运行程序文件 1-1.py。

打开 Windows 的【命令提示符】窗口，然后在提示符后面输入以下命令。

```
Python   D:\PycharmProject\Unit01\1-1.py
```

按【Enter】键即可运行程序文件 1-1.py，程序文件 1-1.py 的运行结果如图 1-13 所示。

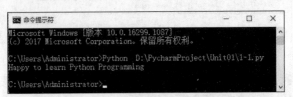

图 1-13 程序文件 1-1.py 的运行结果（2）

1.2 测试 PyCharm 开发环境与编写简单的 Python 程序

1.2.1 测试 PyCharm 开发环境

参考电子活页 1-4 和电子活页 1-5 的安装方法,将 Python 和 PyCharm 成功安装后,可以测试 PyCharm 开发环境。

电子活页 1-5

下载与安装
PyCharm

1. 第 1 次运行 PyCharm

运行 PyCharm 的具体步骤如下。

(1)单击 Windows 桌面的 PyCharm 快捷方式,启动 PyCharm,选择是否导入开发环境配置文件,这里选择不导入,即选择"Do not import settings"单选按钮,如图 1-14 所示。

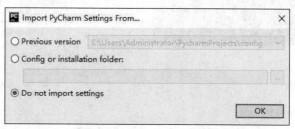

图 1-14 选择【Do not import settings】单选按钮

(2)单击【OK】按钮,进入阅读并同意协议界面,拖曳文本框的滚动条到文本框最下方,表示已阅读完协议内容,然后选择"I confirm that I have read and accept the terms of this User Agreement",这时【Continue】按钮变为可用状态,如图 1-15 所示。

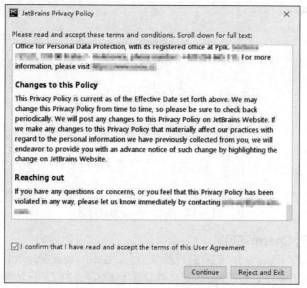

图 1-15 阅读并同意协议界面

(3)单击【Continue】按钮,进入【Set UI theme】界面,这里选择右侧的"Light"单选按钮,如图 1-16 所示。

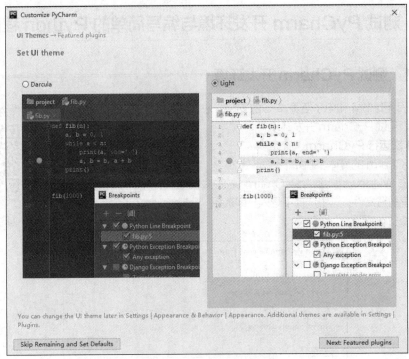

图 1-16 【Set UI theme】界面

（4）单击【Set UI theme】界面左下角的【Skip Remaining and Set Defaults】按钮，省略后面的各项设置，使用系统默认设计的开发环境进行配置，此时将进入 PyCharm 的欢迎界面，如图 1-17所示。

图 1-17　PyCharm 的欢迎界面

2.　创建第 1 个 PyCharm 项目

在图 1-17 所示的 PyCharm 的欢迎界面单击【Create New Project】按钮，创建一个新的PyCharm 项目，PyCharm 会自动为新项目文件设置存储路径，为了更好地管理项目文件，在文本框中输入自行设置的存储路径，例如"D:\PycharmProject\Test"，如图 1-18 所示。

也可以通过单击文本框右侧的按钮，打开【Select Base Directory】对话框，在该对话框中选择已有的文件夹或者新建文件夹，如图 1-19 所示。然后单击【OK】按钮，返回【New Project】对话框即可。

单元 1
程序开发环境构建与数据输入输出

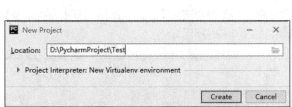

图 1-18　设置 PyCharm 项目文件的存储路径

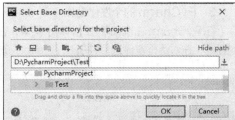

图 1-19　【Select Base Directory】对话框

在【New Project】对话框中单击"Project Interpreter:New Virtualenv environment"左侧的 ▶ 按钮，在其下方展开相关设置项，如图 1-20 所示。将"Location""Base interpreter"等都正确设置好。

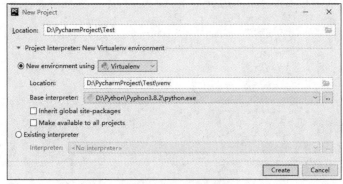

图 1-20　展开相关设置项

设置完成后，单击【Create】按钮，完成 PyCharm 项目的创建，将进入图 1-21 所示的 PyCharm 主窗口。

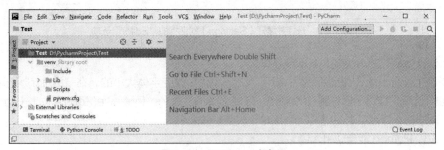

图 1-21　PyCharm 主窗口

PyCharm 启动时显示【Tip of the Day】对话框，该对话框中显示相关功能提示或帮助信息，如图 1-22 所示。如果想关闭"Tip of the Day"功能，可以取消选择"Show tips on startup"复选框，然后单击【Close】按钮即可。

图 1-22　【Tip of the Day】对话框

3. PyCharm 的个性化设置

在 PyCharm 主窗口单击【File】菜单，在弹出的下拉菜单中选择【Settings】，打开【Settings】对话框，在对话框左侧选择并展开"Editor"选项，如图 1-23 所示。

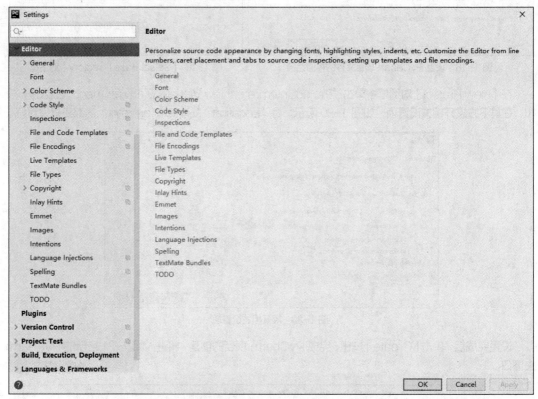

图 1-23　选择并展开【Settings】对话框的"Editor"选项

（1）设置使用"Ctrl+滚轮"能改变字体大小。

在 PyCharm 中默认状态下是不能用"Ctrl+滚轮"改变字体大小的，在"Editor"选项下单击"General"选项，在对话框右侧"Mouse"区域选择"Change font size(Zoom) with Ctrl+Mouse Wheel"复选框，即可实现使用"Ctrl+滚轮"改变字体大小。

（2）设置 Python 能自动引入包。

在【Settings】对话框左侧依次展开"Editor"-"General"，然后选择"Auto Import"选项，在对话框右侧的"Python"区域选择"show import popup"复选框，即可实现 Python 自动引入包的功能。另外，使用【Alt + Enter】组合键还可以自动添加包。

（3）设置显示行号与空白字符。

在【Settings】对话框左侧展开"General"选项，然后选择"Appearance"选项，在对话框右侧依次选择"Show line numbers""Show method separators""Show whitespaces"复选框，如图 1-24 所示。

完成所需的设置后，单击【Apply】或【OK】按钮即可。

（4）设置程序代码的字体与大小。

在【Settings】对话框左侧展开"Editor"选项，然后选择"Font"选项，在对话框右侧分别设置相关参数即可，如图 1-25 所示。

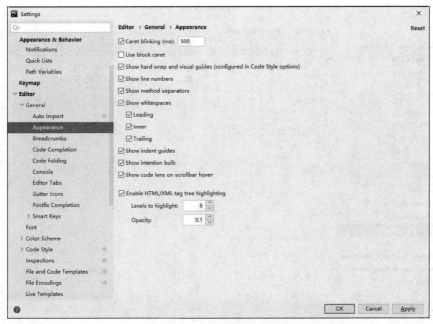

图 1-24　在【Settings】对话框设置显示行号与空白字符

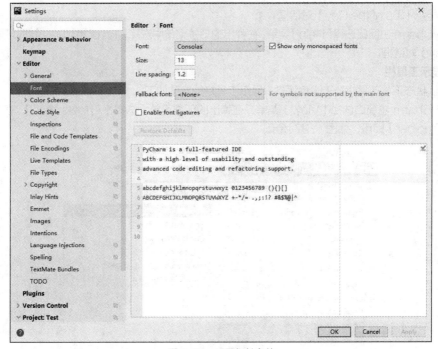

图 1-25　设置相关参数

（5）查看与设置 Python 解析器。

在【Settings】对话框左侧展开"Project:Test"（项目名称）选项，然后选择"Project Interpreter"选项，在对话框右侧可以看到当前的 Python 解析器为"Python 3.8（Test）"，如图 1-26 所示。如果"Project Interpreter"下拉列表中有多个版本的 Python 解析器，可以在该下拉列表中选择合适的版本。改变 Python 解析器的版本后，单击【OK】按钮即可。

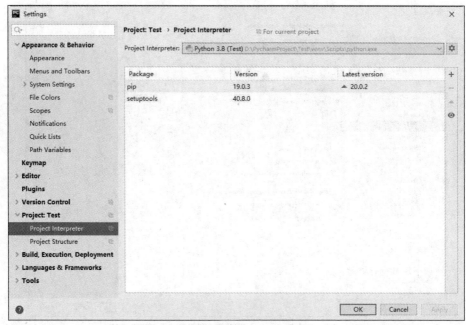

图 1-26　查看 Python 解析器

（6）显示【Tip of the Day】对话框。

在 PyCharm 主窗口选择【Help】菜单，在弹出的下拉菜单中选择【Tip of the Day】，即可显示【Tip of the Day】对话框。

4. 显示工具栏

在默认状态下，工具栏处于隐藏状态，显示工具栏的方法如下。

在 PyCharm 主窗口选择【View】菜单，在弹出的下拉菜单中选择【Appearance】，在其子菜单中选择【Toolbar】即可，如图 1-27 所示。

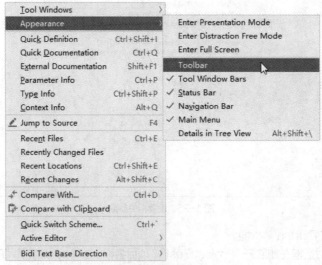

图 1-27　在子菜单中选择【Toolbar】

5. 认识工具栏

PyCharm 主窗口显示的工具栏如图 1-28 所示。

图 1-28　工具栏

该工具栏中从左至右的各按钮依次为【打开】按钮、【保存】按钮、【同步】按钮、【后退】按钮、【向前】按钮、【当前文件名】按钮、【运行】按钮、【调试】按钮、【覆盖运行】按钮、【停止】按钮、【位置】按钮、【查找】按钮。

6. 设置模板内容

在开发程序时，需要在代码中添加一些项目开发信息，例如开发人员信息、开发时间、项目或文件名称、开发工具信息、中文编码等。

在【Settings】对话框左侧展开"Editor"选项，然后选择"File and Code Templates"选项，在对话框右侧选择"Python Script"，然后对模板内容进行编辑。

项目开发信息的通用编辑格式为：${<variable_name>}。

参照编辑格式输入以下代码。

```
# 开发人员: ${USER}
# 开发时间: ${DATE}
# 文件名称: ${NAME}.py
# 开发工具: ${PRODUCT_NAME}
# coding:UTF-8
```

其中${USER}表示当前系统用户名称，${DATE}表示当前开发时间，${NAME}表示文件名称，${PRODUCT_NAME}表示开发工具，UTF-8 表示中文编码格式。

选择"Enable Live Templates"复选框，如图 1-29 所示。激活模板，单击【OK】按钮确认应用模板。

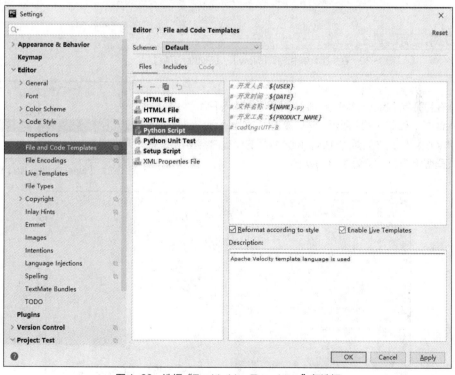

图 1-29　选择"Enable Live Templates"复选框

1.2.2 编写简单的 Python 程序

1. 新建 Python 程序文件

（1）在 PyCharm 主窗口右键单击已建好的 PyCharm 项目"Test"，在弹出的快捷菜单中选择【New】-【Python File】，如图 1-30 所示。

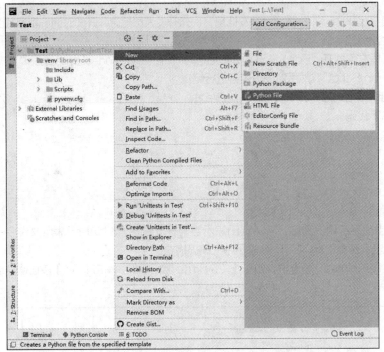

微课 1-4

编写简单的 Python
程序

图 1-30 在快捷菜单中选择【New】-【Python File】

（2）在打开的【New Python file】对话框中输入 Python 文件名"test01"，如图 1-31 所示。然后双击"Python file"选项，完成 Python 程序文件的新建任务，刚才编写的模板内容将自动添加到代码编辑窗口，如图 1-32 所示。

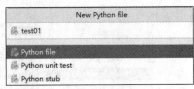

图 1-31 【New Python file】对话框

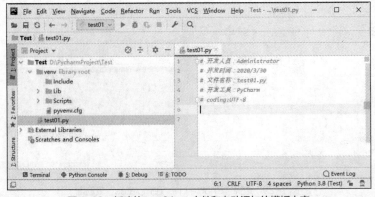

图 1-32 新建的 test01.py 文件和自动添加的模板内容

2. 编写 Python 程序代码

在新建文件 test01.py 的代码编辑窗口已有模板注释内容下面输入以下代码。

```python
print("Happy to learn Python Programming")
```

创建的 Python 文件与输入的代码如图 1-33 所示。

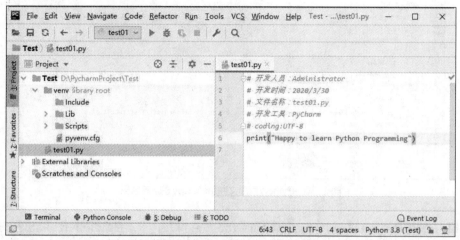

图 1-33 创建的 Python 文件与输入的代码

> **说明**　在程序代码的编辑修改过程中，光标位置恢复（后退、向前）键只能恢复光标位置，不能恢复之前的代码操作。要想恢复之前的代码操作，可以使用组合键【Ctrl+Z】实现恢复操作和【Ctrl+Shift+Z】实现重复操作。也可以选择【Edit】菜单中的【Undo】实现恢复操作或者选择【Redo】实现重复操作。

3. 保存 Python 程序文件

在 PyCharm 主窗口选择【File】菜单，在弹出的下拉菜单中选择【Save All】，保存新编写的程序或者对代码的修改。也可以直接单击工具栏中的【保存】按钮，保存程序文件。

> **说明**　PyCharm 开发环境会自动定时对程序的编辑和修改予以保存。

4. 运行 Python 程序

在 PyCharm 主窗口选择【Run】菜单，在弹出的下拉菜单中选择【Run】，如图 1-34 所示。在弹出的【Run】对话框中选择 "test01" 选项，如图 1-35 所示。程序文件 test01.py 开始运行。

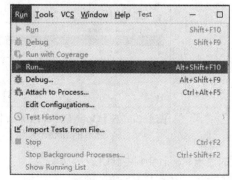

图 1-34　在下拉菜单中选择【Run】

图 1-35　在【Run】对话框中选择 "test01" 选项

如果编写的代码没有错误，将显示图 1-36 所示的运行结果。

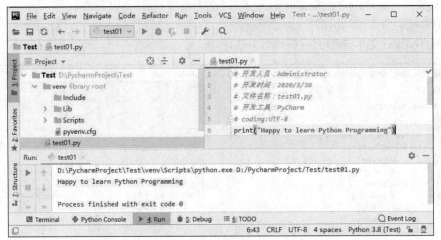

图 1-36　Python 程序文件 test01.py 的运行结果

> **说 明**　在编写 Python 程序时，有时代码下面会出现黄色小灯泡💡，这是编辑器对代码提出的一些建议，例如添加注释等，但程序并没有错误，也不会影响代码的运行结果。

如果程序已运行过一次，使用组合键【Shift+F10】、在【Run】下拉菜单中直接选择【Run 'test01'】或者单击工具栏中的【运行】按钮都可以直接运行程序。

5. 关闭 PyCharm 项目

在 PyCharm 主窗口选择【File】菜单，在弹出的下拉菜单中选择【Close Project】，关闭当前 PyCharm 项目，此时 PyCharm 主窗口也被一同关闭，同时显示图 1-37 所示的欢迎界面。

6. 打开 PyCharm 项目

在欢迎界面中单击【Open】，打开【Open File or Project】对话框，在该对话框中选择需要打开的 PyCharm 项目，这里选择的 PyCharm 项目为"Test"，如图 1-38 所示。

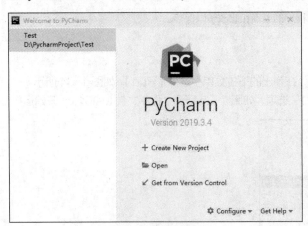

图 1-37　欢迎界面

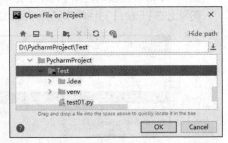

图 1-38　在【Open File or Project】对话框中
选择 PyCharm 项目

然后单击【OK】按钮即可打开所选项目，同时显示 PyCharm 主窗口。
在图 1-37 所示的欢迎界面左侧双击需要打开的项目，也可打开所需的项目。

7. 打开 Python 程序文件

对于当前已打开的 PyCharm 项目中的 Python 程序文件，直接在 PyCharm 主窗口左侧双击对应的程序文件名称，即可打开程序代码进行编辑。

对于当前处于关闭状态的 PyCharm 项目，可以在【File】下拉菜单中选择【Open】，在弹出的【Open File or Project】对话框中先打开对应项目，然后打开 Python 程序文件。

【任务 1-2】输出 "你好，请登录"

【任务描述】

（1）在 PyCharm 集成开发环境中创建项目 Unit01。

（2）在项目 Unit01 中创建 Python 程序文件 1-2.py。

（3）在 Python 程序文件 1-2.py 中输入代码：print("你好，请登录")。

（4）在 PyCharm 集成开发环境中运行程序文件 1-2.py，输出信息：你好，请登录。

微课 1-5

输出 "你好，请登录"

【任务实施】

1. 创建 PyCharm 项目 Unit01

成功启动 PyCharm 后，在其主窗口选择【File】菜单，在弹出的下拉菜单中选择【New Project】，打开【Create Project】对话框，在该对话框的 "Location" 文本框中输入 "D:\PycharmProject\Unit01"，如图 1-39 所示。

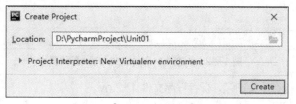

图 1-39 【Create Project】对话框

在【Create Project】对话框中单击【Create】按钮，完成 PyCharm 项目的创建，然后进入 PyCharm 的主窗口，创建项目 Unit01 后的 PyCharm 主窗口如图 1-40 所示。

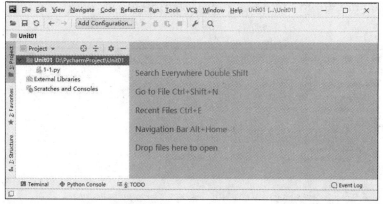

图 1-40 创建项目 Unit01 后的 PyCharm 主窗口

2. 创建 Python 程序文件 1-2.py

在 PyCharm 主窗口右键单击已建好的 PyCharm 项目 "Unit01"，在弹出的快捷菜单中选择

【New】-【Python File】。在打开的【New Python file】对话
框中输入文件名"1-2"，如图 1-41 所示。然后双击"Python file"
选项，完成 Python 程序文件的新建任务，同时 PyCharm 主窗
口显示程序文件 1-2.py 的代码编辑窗口，在该程序文件的代码
编辑窗口自动添加了前面所编写的模板内容。

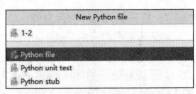

图 1-41　在【New Python file】
对话框输入文件名"1-2"

3. 编写 Python 程序代码

在新建文件 1-2.py 的代码编辑窗口已有模板注释内容下面
输入以下代码。

```python
print("你好，请登录")
```

新建的 1-2.py 文件与输入的代码如图 1-42 所示。

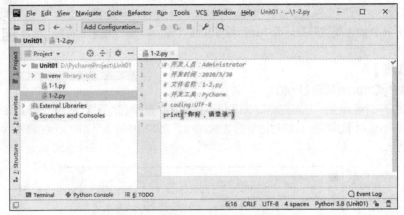

图 1-42　新建的 1-2.py 文件与输入的代码

单击工具栏中的【保存】按钮█，保存程序文件 1-2.py。

4. 运行 Python 程序

在 PyCharm 主窗口选择【Run】菜单，在弹出的下拉菜单中选择
【Run】。在弹出的【Run】对话框中选择"1-2"选项，如图 1-43 所示。
程序文件 1-2.py 开始运行。

如果编写的代码没有错误，程序文件 1-2.py 的运行结果如图 1-44
所示。

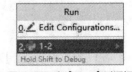

图 1-43　在【Run】对话框
中选择"1-2"选项

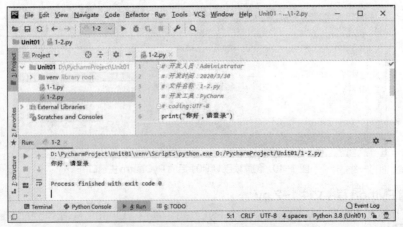

图 1-44　程序文件 1-2.py 的运行结果

程序文件 1-2.py 的完整代码如下所示。

```
# 开发人员：  Administrator
# 开发时间：  2020/3/30
# 文件名称：  1-2.py
# 开发工具：  PyCharm
#  coding:UTF-8
print("你好，请登录")
```

程序文件 1-2.py 的运行结果如下。

```
你好，请登录
```

1.3 Python 程序的基本组成

1.3.1 Python 程序的基本要素

1. 行与缩进

Python 最具特色的就是使用缩进来控制代码块，不需要使用花括号"{}"。缩进的空格数是可变的，但是同一个代码块中的语句必须包含相同的缩进空格数。

缩进可以使用【Space】键或者【Tab】键实现。使用【Space】键时，通常情况下采用 4 个空格作为基本缩进量；而使用【Tab】键时，则采用按一次【Tab】键作为一个缩进量。

在 Python 中，对于流程控制语句、函数定义、类定义以及异常处理语句等，行尾的冒号和下一行的缩进表示一个代码块的开始，而缩进结束则表示一个代码块的结束。

Python 对代码的缩进要求非常严格，同一个级别的代码块的缩进量必须相同。如果采用不合理的代码缩进，将抛出 SyntaxError 异常。

2. 空行

函数之间或类的方法之间用空行分隔，表示一段新的代码的开始。类和函数入口之间也用一行空行分隔，以突出函数入口的开始。

空行与代码缩进不同，空行并不是 Python 语法的要求。书写时不插入空行，Python 解释器运行也不会出错。空行的作用在于分隔两段不同功能或含义的代码，便于日后对代码进行维护或重构。

3. 多行语句

Python 通常是一行写完一条语句，但如果语句很长，可以使用反斜杠"\"来实现多行语句，但多行语句仍属于一条语句，例如：

```
total = item_one + \
        item_two + \
        item_three
```

在"[]""{}"或"()"中的多行语句，可以不需要使用反斜杠，例如：

```
total = ['item_one', 'item_two', 'item_three',
        'item_four', 'item_five']
```

4. 代码组

由缩进相同的一组语句构成的一个代码块，我们称之为代码组。

像 if、while、def 和 class 这样的复合语句，首行以关键字开始，以冒号":"结束，该行之后的一行或多行代码构成代码组。将首行及其后面的代码组称为一个子句（clause）。

例如：

```
if  <expression>:
    < statement1>
elif  <expression>:
    < statement2>
else :
    < statement3>
```

1.3.2 Python 程序的注释

注释是指在代码中对代码功能进行解释说明的提示性内容，可以增强代码的可读性。注释的内容将被 Python 解释器忽略，并不会在运行结果中体现出来。

在 Python 中，通常包括两种类型的注释，分别是单行注释和多行注释。

1. 单行注释

Python 中单行注释使用"#"开头，从符号"#"开始直到换行为止，其后面所有的内容都作为注释的内容而被 Python 解释器忽略。

单行注释可以放在要注释代码的前一行，也可以放在要注释代码的右侧。以下两种注释形式都是正确的。

第一种形式如下。

```
#要求输入整数
num=input("请输入购买数量: ")
```

第二种形式如下。

```
num=input("请输入购买数量: ")        #要求输入整数
```

2. 多行注释

多行注释通常用来为 Python 文件、模块、类或函数等添加版权信息、功能说明等信息。

（1）Python 中多行注释使用多个"#"。

例如：

```
# 开发人员: Administrator
# 开发时间: 2020/3/30
# 文件名称: 1-2.py
# 开发工具: PyCharm
# coding:UTF-8
print("Hello, Python!")
```

（2）多行注释使用 3 个单引号 """ 或者 3 个双引号 """"" 标注。

例如：

```
'''
这是多行注释，用 3 个单引号
这是多行注释，用 3 个单引号
这是多行注释，用 3 个单引号
'''
print("Hello, Python!")
"""
这是多行注释，用 3 个双引号
```

```
这是多行注释，用 3 个双引号
这是多行注释，用 3 个双引号
"""
print("Hello, Python!")
```

【任务 1-3】编写程序计算并输出金额

【任务描述】

（1）在 PyCharm 项目 Unit01 中创建 Python 程序文件 1-3.py。

（2）在 Python 程序文件 1-3.py 中编写程序代码，实现以下功能。

给变量 number、price 赋值；计算金额并赋值给变量 amount；使用 print()函数分别输出变量 number、price、amount 的值。

（3）在 PyCharm 集成开发环境中运行程序文件 1-3.py，显示程序运行结果。

【任务实施】

（1）在 PyCharm 项目 Unit01 中创建 Python 程序文件 1-3.py。

（2）在 Python 程序文件 1-3.py 中编写程序代码，实现所需功能，程序文件 1-3.py 的代码如下所示。程序文件 1-3.py 中注释为使用"""""实现的多行注释。

```
"""
开发人员：Administrator
开发时间：2020/4/2
文件名称：1-3.py
开发工具：PyCharm
coding:UTF-8
"""
number=3
price=25.8
amount=number*price
print(" 数量: ",number)
print(" 价格: ",price,"元")
print(" 金额: {:.2f}元".format(amount))
```

程序文件 1-3.py 的运行结果如图 1-45 所示。

```
数量:  3
价格:  25.8 元
金额：77.40元
```

图 1-45　程序文件 1-3.py 的运行结果

1.4　print()函数的基本用法

在 Python 中，使用内置函数 print()可以将结果输出到 IDLE 或者标准控制台中。

1. print()函数的基本语法格式

print()函数的基本语法格式如下。

```
print(输出内容)
```

其中，输出内容可以是数值，也可以是字符串，如果是字符串需要使用单引号或双引号标注，此类内容将直接输出。如果输出内容是包含运算符的表达式，此类内容将计算结果输出。

输出内容也可以是 ASCII 表示的字符，但需要使用 chr()函数进行转换，例如输出字符 A 使用 print("A")或者使用 print(chr(65))都可以实现。

2. 换行输出与不换行输出

在 Python 中，默认情况下一条 print()语句输出后会自动换行，如果想要一次输出多个内容而且不换行，在 print()函数中需要加上 end=""，也可以将要输出的内容使用半角逗号","分隔予以输出。

【实例 1-1】使用 print()函数实现换行输出

print()函数默认情况下是换行输出的，实例 1-1 的代码如下所示。

```
x="a"
y="b"
print( x )
print( y )
```

实例 1-1 的运行结果如下。

```
a
b
```

【实例 1-2】使用 print()函数实现不换行输出

实例 1-2 的代码如下所示。

```
x="a"
y="b"
print( x, end=" " )
print( y )
print( x , y )
```

实例 1-2 的运行结果如下。

```
a b
a b
```

3. 将输出的值转换成字符串

如果希望将 print()函数输出的值转换成字符串，可以使用 str()或 repr()函数来实现。

str()函数返回一个用户易读的表达形式。

repr()函数产生一个解释器易读的表达形式。

例如：

```
>>>num=123
>>>str(num)
```

运行结果如下。

```
'123'
>>>repr(num)
```

运行结果如下。

```
'123'
>>>str(1/8)
```

运行结果如下。

```
'0.125'
>>>x = 10 * 3.25
>>>y = 100 * 200
>>>str = "x 的值为" + repr(x) + ", y 的值为" +str(y) + " "
>>>print(str)
```

运行结果如下。

```
x 的值为 32.5, y 的值为 20000
```

1.5 input()函数的基本用法

Python 提供了 input()内置函数从标准输入中读入文本，默认的标准输入是键盘。

input()函数的基本语法格式如下。

变量名=input("<提示文字>")

其中，变量名为保存输入结果的变量，双引号内的提示文字用于提示要输入的内容。

例如：

>>>password = input("请输入你的密码：")

运行结果如下。

请输入你的密码：123456

>>>print ("你输入的密码是：", password)

运行结果如下。

你输入的密码是：123456

在 Python 3 中，无论输入的是数字还是字符，输入内容都将被作为字符串读取，如果想要接收的是数值，需要进行类型转换。例如，要将字符串转换为整数，可以使用 int()函数。例如：

>>>num = input("请输入购买数量：")

运行结果如下。

请输入购买数量：3

>>>price=26.8

>>>print("{}件商品的总金额是：{}".format(num,int(num)*price))

运行结果如下。

3 件商品的总金额是：80.4

【任务 1-4】编写程序，模拟实现"京东秒杀"界面的文字内容

【任务描述】

"京东秒杀"是京东商城的一种特卖活动，网页中"京东秒杀"的界面如图 1-46 所示。在 PyCharm 集成开发环境中编写程序，模拟实现图 1-46 所示的"京东秒杀"界面的文字内容。

【任务实施】

（1）在 PyCharm 项目 Unit01 中创建 Python 程序文件 1-4.py。

（2）在 Python 程序文件 1-4.py 中编写程序代码，实现所需功能，程序文件 1-4.py 的代码如电子活页 1-6 所示。

> **说明**
> 程序文件 1-4.py 中字符串格式化的参数含义详见单元 4。

程序文件 1-4.py 的运行结果如图 1-47 所示。

京东秒杀

16:00点场 倒计时

00 : 47 : 13

图 1-46 "京东秒杀"界面

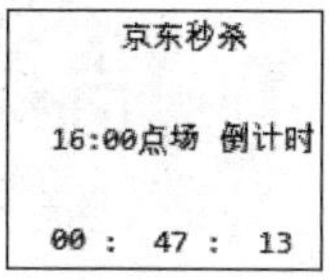

京东秒杀

16:00点场 倒计时

00 ： 47 ： 13

图 1-47 程序文件 1-4.py 的运行结果

电子活页 1-6

程序文件 1-4.py 的代码

【任务 1-5】模拟以表格方式输出商品数据列表

【任务描述】

在 PyCharm 集成开发环境中编写程序，模拟以表格方式输出商品数据列表，运行结果如图 1-48 所示。

请输入购买数量：2			
商品编码	图书名称	数量	商品金额
12563157	给Python点颜色 青少年学编程	2	45.20

图 1-48 运行结果

【任务实施】

（1）在 PyCharm 项目 Unit01 中创建 Python 程序文件 1-5.py。

（2）在 Python 程序文件 1-5.py 中编写程序代码，实现所需功能，程序文件 1-5.py 的代码如电子活页 1-7 所示。

电子活页 1-7

程序文件 1-5.py 的代码

> **说明**
> 程序文件 1-5.py 中字符串格式化的参数含义详见单元 4。

知识拓展

1. 2019.3 版本 PyCharm 的新特点

2019 年 12 月，PyCharm 发布了 2019.3 版本，本书使用的是 64 位 PyCharm 3.4 社区版。2019.3 版本具有许多新特点，其主要新特点如下，详见电子活页 1-8。

（1）优化了 Jupyter。

（2）对 Python 的支持更友好。

（3）提升了多项性能。

（4）支持 MongoDB。

（5）提升了 IDE 功能。

（6）优化了 Web 开发性能。

电子活页 1-8

2019.3 版本 PyCharm 的新特点

2. Python 的常用内置函数

Python 还提供了常用的内置函数，如电子活页 1-9 所示。

这些内置函数的名字也不应该作为标识符，如果使用内置函数的名字作为标识符，Python 解释器不会报错，只是该内置函数就会被这个标识符覆盖，不能再使用。

电子活页 1-9

Python 常用的内置函数

在线测试

单元 2
基本数据类型与运算符应用

Python 程序的主要功能是数据运算与处理，存储与处理的数据有多种不同的表现形式，即数据类型不同。数据运算与处理时，其原始数据、中间结果和最终结果都必须占用一定的内存空间，即分配一定的存储单元，不同类型的数据占用的内存空间大小也会有所不同。本单元主要讲解 Python 3 的基本数据类型、算术运算符及其应用、赋值运算符与变量、Python 3 的日期时间函数。

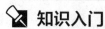 **知识入门**

1. Python 的编码规范

Python 基本的编码规范如下。

（1）每个 import 语句只导入一个模块，尽量避免一次导入多个模块。

（2）不要在行尾添加分号"；"，也不要使用分号"；"将两条语句写在同一行。

（3）建议每行不超过 80 个字符，如果超过，建议使用圆括号"()"将多行内容隐式地连接起来。例如一个字符串文本无法在一行中完全显示，则可以使用圆括号"()"将其分行显示。一般情况不推荐使用反斜杠"\"进行连接，但如果导入模块的语句过长、注释里的 URL 等情况例外。

（4）使用必要的空行可以增加代码的可读性。一般在函数或者类的定义之间空两行，而类内方法定义之间空一行。另外，在用于分隔某些功能的位置也可以空一行。

（5）通常情况下，运算符两侧、函数参数之间、逗号"，"两侧都建议使用一个空格进行分隔。

（6）尽量避免在循环结构中使用"+"和"+="运算符累加字符串，这是因为字符串是不可变的，这样做会创建不必要的临时对象。推荐将每个子字符加入列表，然后在循环结束后使用 join()方法连接列表。

（7）适当使用异常处理结构提高程序容错性，但不能过多依赖异常处理结构，适当的显式判断是必要的。

2. 计算机程序中标识符的命名规则

计算机程序中常用的标识符命名规则包括小驼峰法、大驼峰法、匈牙利命名法、下画线法 4 种。

3. Python 标识符的命名规则

简单地理解，标识符就是一个名字，就好像我们每个人都有属于自己的名字，它的主要作用是作为变量、函数、类、模块以及其他对象的名称。

标识符的命名格式必须统一，这样才会方便不同人之间的编码阅读。使用标识符时，需要遵守一些规则，违反这些规则将引发错误。

Python 标识符的命名规则如下。

（1）标识符中的第 1 个字符必须是英文字母（A~Z 和 a~z）或下画线"_"，第 2 个字符开始可以是字母、数字或下画线"_"。

电子活页 2-1

计算机程序中标识符
的命名规则

（2）Python 中的标识符不能以数字开头，也不能包含空格、"@""%"以及"$"等特殊字符。

（3）由于 Python 3 支持 UTF-8 字符集，因此 Python 3 的标识符可以使用 UTF-8 所能表示的多种语言的字符。在 Python 3 中，非 ASCII 标识符也是允许的，标识符中的字母并不局限于 26 个英文字母，可以包含汉字、日文字符等，但建议尽量不要使用汉字作为标识符名称。

（4）Python 中的标识符对大小写敏感。

在 Python 中，标识符中的字母是严格区分大小写的，也就是说，两个同样的单词，如果大小写格式不一样，所代表的意义是完全不同的，abc 和 Abc 是两个不同的标识符。例如，以下这 3 个变量就是完全毫无关系的，它们是相互独立的个体。

```
number = 0
Number = 0
NUMBER = 0
```

（5）Python 允许使用汉字作为标识符，但我们应尽量避免使用汉字作为标识符，这会避免遇到很多奇怪的错误。

（6）不能将 Python 保留字和内置函数名作为标识符名称，例如 print 等。但标识符名称中可以包含关键字。

例如标识符命名 abc_xyz、HelloWorld、abc、abc1、UserID、name、mode12、user_age 是合法的，xyz#abc（标识符中不允许出现"#"）、$money（标识符不能包含特殊字符"$"）、4abc（标识符不允许以数字开头）、try（try 是保留字，不能作为标识符）是不合法的。

（7）在 Python 中，以下画线开头的标识符有特殊含义。

例如，以单下画线开头的标识符（如_width）表示不能直接访问的类属性，其无法通过 from ... import *的方式导入；以双下画线开头的标识符（如__add）表示类的私有成员；以双下画线作为开头和结尾的标识符（如__init__）是专用标识符。

（8）不要命名以双下画线开头和结尾的变量，这是 Python 专用的标识符。另外，避免使用小写l、大写 O 和大写I作为变量名。

因此，除非特定场景需要，应避免使用以下画线开头的标识符。

标识符的命名除了要遵守以上这几条规则外，不同场景中的标识符，其名称也有一定的规则可循。当标识符用作模块名时，应尽量短小，并且全部使用小写字母，可以使用下画线分割多个字母，例如 game_mian、game_register 等。当标识符用作包的名称时，应尽量短小，也全部使用小写字母，不推荐使用下画线，例如 mypackage.book 等。当标识符用作类名时，应采用单词首字母大写的形式，例如定义一个图书类，可以命名为 Book。模块内部的类名，可以采用"下画线+首字母大写"的形式，例如_Book。函数名、类中的属性名和方法名，应全部使用小写字母，多个单词之间可以用下画线分隔。常量名应全部使用大写字母，单词之间可以用下画线分隔。

4. 本书中 Python 程序的命名约定

命名规则在编写程序代码时起到很重要的作用，遵守命名规则可以更加直观地了解代码所代表的含义。本书中 Python 程序的命名约定如下。

（1）常量名称全部使用大写字母。如果常量名称由多个独立单词组合而成，则使用下画线分隔。例如 YEAR 和 WEEK_OF_MOUTH。

（2）类名称使用大驼峰法命名，首字母采用大写形式。如果类名称由多个独立单词组合而成，可以使用下画线分隔，也可以每个独立单词采用大写形式。

异常名：异常属于类，命名同类命名，通常以 Error 作为结束。例如 FileNotFoundError。

（3）项目名称首字母采用大写形式，应尽量简短，不推荐使用下画线。

（4）包名称全部使用小写字母，应尽量简短，不推荐使用下画线，例如 mypackage。文件名称全部使用小写字母，可使用下画线。

（5）模块名称全部使用小写字母，应尽量简短，如果是多个单词构成，可以使用下画线分隔多个单词。

（6）函数名称、类的属性名称和方法名称全部使用小写字母，多个单词之间使用下画线或大写字母分隔。变量名称全部使用小写字母，如果是多个单词构成，可以用下画线或大写字母分隔。

（7）模块或函数内部受保护的模块变量名称或函数名称使用单下画线"_"开头。

（8）类内部私有的类实例属性名称或方法名称使用双下画线"__"开头。

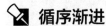 循序渐进

2.1 Python 3 的数据类型

2.1.1 Python 3 基本数据类型

Python 3 中有 6 个标准的数据类型：数值（number）、字符串（string）、列表（list）、元组（tuple）、集合（set）、字典（dictionary）。本单元主要讲解数值类型，其他 5 种数据类型将在单元 4 讲解。

Python 3 的 6 个标准数据类型中，不可变数据类型有 3 个，包括数值、字符串、元组；可变数据类型有 3 个，包括列表、字典、集合。

（1）数值

Python 3 中数值有 4 种类型：整数（int），如 3；浮点数（float），如 1.23、3E-2；复数（complex），如 1 + 2j、1.1 + 2.2j；布尔值（bool），如 True。

（2）字符串

Python 中单引号和双引号的使用方法完全相同，使用三引号（"'''"或""""）可以指定一个多行字符串。Python 没有单独的字符类型，一个字符就是长度为 1 的字符串。

以下都是正确的字符串表示方式。

```
word = '字符串'
sentence = "这是一个句子。"
paragraph = """这是一个段落，
            可以由多行组成"""
```

反斜杠"\"可以用来转义字符，通过在字符串前加 r 或 R 可以让反斜杠不发生转义。例如，r"this is a line with \n"，则\n 会显示，并不是换行。Python 允许处理 Unicode 字符串，在字符串前加 u 或 U 即可，例如，u"this is an unicode string"。

字符串可以根据输入的内容自动转换，例如"this " "is " "string"会被自动转换为 this is string。字符串可以用运算符"+"连接在一起，用运算符"*"重复显示。

2.1.2 Python 3 的数值类型

Python 数值类型用于存储数字形式的数值，就像大多数编程语言一样，数值类型的赋值和计算都是很直观的。

1. 整数

整数可以是正整数、负整数和 0，不带小数点。Python 3 中整数是没有限制大小的。Python 3 只

有一种整数类型，并没有 Python 2 中的 long 类型。

整数可以使用十进制、十六进制、八进制和二进制来表示。

例如：

```
>>>a,b,c=10,100,-786   #十进制
>>>a,b,c
```

运行结果如下。

```
(10, 100, -786)
>>>number = 0xA0F     #十六进制数以 0x 或 0X 开头，由 0~9、A~F 组成
>>>number
```

运行结果如下。

```
2575
>>>number=0o37        #八进制数以 0o 或 0O 开头，由 0~7 组成
>>> number
```

运行结果如下。

```
31
```

2. 浮点数

浮点数由整数部分与小数部分组成，也可以使用科学记数法表示，例如：0.5、1.414、1.732、3.1415926、5e2。

3. 复数

Python 还支持复数，复数由实数部分和虚数部分构成，虚数部分使用 j 或 J 表示。复数可以用 a + bj 或者 complex(a,b)表示，实部 a 和虚部 b 都是浮点数，例如 2.31+6.98j。

4. 布尔值

在 Python 2 中是没有布尔值的，它用数字 0 表示 False，用 1 表示 True。Python 3 中，把 True 和 False 定义成了关键字，但它们的值还是 1 和 0，可以和数字相加。

2.1.3　Python 3 数据类型的判断

1. 使用函数 type()判断变量所指的对象类型

函数 type()可以用来判断变量所指的对象类型，例如：

```
>>>a, b, c, d = 20, 5.6, 4+3j, True
>>>print(type(a), type(b), type(c), type(d))
```

运行结果如下。

```
<class 'int'> <class 'float'> <class 'complex'> <class 'bool'>
```

2. 使用函数 isinstance()判断变量所指的对象类型

函数 isinstance()也可以用来判断变量所指的对象类型，例如：

```
>>>x = 123
>>>isinstance(x, int)
```

运行结果如下。

```
True
```

2.1.4　Python 数据类型的转换

编写 Python 程序时，我们需要对数据类型进行转换。对数据类型的转换，只需要将数据类型作为

函数名即可。表 2-1 所示的内置函数可以进行数据类型之间的转换，这些函数会返回一个新的对象，表示转换的值。

表 2-1 Python 常用数据类型转换函数

序号	语法格式	说明
1	int(x[,base])	将 x 转换为一个整数
2	float(x)	将 x 转换为一个浮点数
3	complex(real[,imag])	创建一个复数
4	complex(x)	将 x 转换为一个复数，实数部分为 x，虚数部分为 0
5	complex(x,y)	将 x 和 y 转换为一个复数，实数部分为 x，虚数部分为 y。x 和 y 是数字表达式
6	str(x)	将对象 x 转换为字符串
7	repr(x)	将对象 x 转换为表达式字符串
8	eval(str)	用来计算在字符串中的有效 Python 表达式，并返回一个对象
9	tuple(s)	将序列 s 转换为一个元组
10	list(s)	将序列 s 转换为一个列表
11	set(s)	转换为可变集合
12	dict(d)	创建一个字典，d 必须是一个(key,value)元组序列
13	frozenset(s)	转换为不可变集合
14	chr(x)	将一个整数转换为一个字符
15	ord(x)	将一个字符转换为它对应的整数值
16	hex(x)	将一个整数转换为一个十六进制字符串
17	oct(x)	将一个整数转换为一个八进制字符串

2.2 Python 的算术运算符及其应用

运算符是一些特殊的符号，主要用于数学计算、比较运算和逻辑运算等。Python 支持算术运算符、赋值运算符、比较（关系）运算符、逻辑运算符、位运算符、成员运算符、身份运算符。使用运算符将不同类型的数据按照一定的规则连接起来的算式，称为表达式。例如，使用算术运算符连接的算式称为算术表达式，使用比较（关系）运算符连接的算式称为比较（关系）表达式，使用逻辑运算符连接的算式称为逻辑表达式。

比较（关系）表达式和逻辑表达式通常作为选择结构和循环结构的条件表达式，位运算符将在第 2 单元学习、比较（关系）运算符、逻辑运算符以及对应的表达式将在单元 3 讲解，本节重点讲解算术运算符和算术表达式。

2.2.1 Python 算术运算符和运算优先级

1. Python 的算术运算符

Python 的算术运算符及其实例如表 2-2 所示。

表 2-2 Python 的算术运算符及其实例

运算符	名称	说明	实例	输出结果
+	加	两个数相加	21+10	31
−	减	得到负数或是一个数减去另一个数	21−10	11
*	乘	两个数相乘或是返回一个被重复若干次的字符串	21*10	210
/	除	x 除以 y	21/10	2.1

续表

运算符	名称	说明	实例	输出结果
%	取余	返回除法的余数，如果除数（第 2 个操作数）是负数，那么结果也是一个负值	21%10	1
			21%(−10)	−9
**	幂	返回 x 的 y 次幂	21**2	441
//	取整除	返回商的整数部分	21//2	10
			21.0//2.0	10.0
			−21//2	−11

2. Python 算术运算符的运算优先级

Python 算术运算符的运算优先级按由高到低顺序排列如下。

第 1 级：**。

第 2 级：*、/、%、//。

第 3 级：+、−。

同级运算符从左至右计算，可以使用"()"调整运算的优先级，加"()"的部分优先运算。

注意

使用除法运算符（"/"或"//"）和取余运算符"%"时，除数不能为 0，否则会出现异常。

2.2.2 Python 算术表达式

Python 的算术表达式由数值类型数据与算术运算符组成，括号可以用来进行运算分组。

1. 包含单一算术运算符的算术表达式

包含单一算术运算符的算术表达式的实例如下。

```
>>>5 + 4    #加法
9
>>>4.3 − 2   #减法
2.3
>>>3 * 7    #乘法
21
>>>2 / 4    #除法，得到一个浮点数
0.5
>>>8 / 5    #总是返回一个浮点数
1.6
```

注意

在不同的计算机上进行浮点运算的结果可能会不一样。

```
>>>17 % 3   #返回除法的余数
2
```

Python 可以使用"**"运算符来进行幂运算，例如：

```
>>>5 ** 2   #5 的平方
25
```

```
>>>2 ** 5   #2 的 5 次方
32
```

浮点数得到 Python 完全的支持，不同类型的数值混合运算时，Python 会把整数转换为浮点数。

2. 包含多种算术运算符的算术表达式

```
>>>5 * 3 + 2
17
>>>50 - 5*6
20
>>>(50 - 5*6) / 4
5.0
>>>3 * 3.75 / 1.5
7.5
```

3. 数值的除法与取整除

数值的除法包含两个运算符。"/"返回一个浮点数。如果只想得到整数的结果，丢弃可能的分数部分，可以使用"//"取整除，返回一个整数。

除法与取整除的实例如下。

```
>>>7.0 / 2
3.5
>>>17 / 3    #整数除法返回浮点数
5.666666666666667
>>>17 // 3   #整数除法返回向下取整后的结果
5
>>>2 // 4    #得到一个整数
0
```

注意

取整除得到的并不一定是整数类型的数，它与分母、分子的数据类型有关系。

例如：

```
>>>7//2
3
>>>7.0//2
3.0
>>>7//2.0
3.0
```

2.3 Python 的赋值运算符与变量

2.3.1 Python 的赋值运算符

Python 的赋值运算符如表 2-3 所示，表 2-3 中变量 x 的初始值为 0。

表 2-3　Python 的赋值运算符

运算符	描述	实例	等效形式	变量 x 的值
=	简单赋值运算符	x=21+10	将 21+10 的运算结果赋值给 x	31
+=	加法赋值运算符	x+=10	x=x+10	41
-=	减法赋值运算符	x-=10	x=x-10	31
*=	乘法赋值运算符	x*=10	x=x*10	310
/=	除法赋值运算符	x/=10	x=x/10	31.0
%=	取余赋值运算符	x%=10	x=x%10	1.0
**=	幂赋值运算符	x**=10	x=x**10	1.0
//=	取整除赋值运算符	x//=10	x=x//10	0.0

2.3.2　变量定义和赋值

Python 中的变量不需要声明变量名及其类型。每个变量在使用前都必须赋值，变量赋值以后该变量才会被创建。在 Python 中，变量就是变量，变量本身没有类型的概念，我们所说的"类型"是变量所指的内存中对象的类型。

1. 变量赋值的基本语法格式

简单赋值运算符用于给变量赋值，变量赋值的基本语法格式如下。

`<变量名>=<变量值>`

简单赋值运算符左边是一个变量名，右边是存储在变量中的值。变量命名应遵循 Python 一般标识符的命名规则，变量值可以是任意类型的数据。

变量赋值之后，Python 解释器不会显示任何结果。例如：

```
>>>width = 20
>>>height = 5*9
>>>width * height
900
```

2. 定义变量

程序中当变量被指定一个值时，对应变量就会被创建。例如：

```
>>>var1 = 6
>>>var2 = 10.5
>>>print("var1=",var1)
>>>print("var2=",var2)
```

运行结果如下。

```
var1= 6
var2= 10.5
```

【实例 2-1】演示定义变量与赋值

实例 2-1 的代码如下所示。

```
number = 100          # 整数变量
distance = 1000.0     # 浮点数变量
name = "LiMing"       # 字符串变量
print (number)
print (distance)
print (name)
```

实例 2-1 运行结果如下。

100
1000.0
LiMing

变量在使用前必须先"定义"（赋予变量一个值），否则会出现错误。

```
>>> n        #尝试访问一个未定义的变量
```

运行结果如下。

```
Traceback (most recent call last):
    File "<stdin>", line 1, in <module>
NameError: name 'n' is not defined
```

3. 变量指向不同类型的对象

Python 是一种动态类型的语言，变量所指向对象的类型可以随时变化。一个变量可以通过赋值指向不同类型的对象。

【实例 2-2】演示变量指向不同类型的对象

实例 2-2 的代码如下所示。

```
x="李明"
print(type(x))
print(id(x))
x=21
print(type(x))
print(id(x))
```

实例 2-2 的运行结果如下。

```
<class 'str'>
2448125806896
<class 'int'>
140722800285984
```

从以上代码示例可以看出，变量 x 名称为 x，变量 x 首先赋值的数据类型为字符串，然后赋值的数据类型为整数，并不是变量 x 的数据类型改变了，而是先后指向不同的内存空间。这就意味着如果改变变量的值，将重新分配内存空间。

Python 中，使用内置函数 id() 返回变量所指的内存空间的地址值。

在 Python 中，允许多个不同变量名的变量指向同一个内存空间，例如：

```
>>>x=100
>>>y=100
>>>print("变量 x 指向的内存空间的地址为：",id(x))
>>> print("变量 y 指向的内存空间的地址为：",id(y))
```

运行结果如下。

```
变量 x 指向的内存空间的地址为：140727202538240
变量 y 指向的内存空间的地址为：140727202538240
```

从以上的运行结果可以看出，两个变量 x、y 先后赋相同的整数值，指向内存空间的地址值相同。

4. 为多个变量赋值

Python 允许同时为多个变量赋值。
例如：

```
>>>a = b = c = 1
```

以上语句，创建一个整数对象，值为 1，从后向前赋值，3 个变量被赋予相同的数值。

也可以为多个对象指定多个变量。

例如：

```
>>>a, b, x = 1, 2, "LiMing"
```

以上语句，两个整数值 1 和 2 赋值给变量 a 和 b，字符串"LiMing"赋值给变量 x。

5. 变量 "_" 的赋值

在 IDLE 交互模式中，一个下画线 "_" 表示解释器中最后一次显示的内容或最后一次语句正确执行的输出结果，这样在把 Python 程序作为一个桌面计算器使用时，使后续计算更方便，例如：

```
>>>tax = 12.5 / 100
>>>price = 100.50
>>>price * tax
12.5625
>>>price + _
113.0625
>>>round(_, 2)
113.06
```

这里的变量 "_" 可以视为只读变量，不要显式地给它赋值，这样将会创建一个具有相同名称的独立的本地变量，并且会屏蔽这个内置变量的功能。

Python 还有常量的概念，所谓常量就是程序运行过程中值不会发生改变的量，例如数学运算中的圆周率。在 Python 中，没有提供定义常量的保留字。

2.3.3　使用 del 语句删除对象引用

del 语句的语法如下。

```
del var1[,var2[,var3[...,varN]]]
```

可以通过使用 del 语句删除单个或多个对象。例如：

```
>>>var=2
>>>del var
>>>print("var=",var)
```

运行结果如下。

```
Traceback (most recent call last):
    File "<stdin>", line 1, in <module>
NameError: name 'var' is not defined
>>>var1=6
>>>print("var1=",var1)
```

运行结果如下。

```
 var1= 6
```

【任务 2-1】计算并输出购买商品的实付总额与平均价格等数据

【任务描述】

（1）在 PyCharm 集成开发环境中创建项目 Unit02。

（2）在项目 Unit02 中创建 Python 程序文件 2-1.py。

（3）在 Python 程序文件 2-1.py 中输入代码实现以下功能：计算购买商品的

微课 2-1

计算并输出购买商品的实付总额与平均价格等数据

总数量、购买商品应支付的总金额、优惠金额、实际支付金额、商品平均购买价格。输出商品总额、商品优惠、实付总额和平均价格数据。

（4）在 PyCharm 集成开发环境中运行程序文件 2-1.py，输出商品总额、商品优惠、实付总额、平均价格数据。

【任务实施】

1. 创建 PyCharm 项目 Unit02

成功启动 PyCharm 后，在其主窗口选择【File】菜单，在弹出的下拉菜单中选择【New Project】，打开【Create Project】对话框，在该对话框的 "Location" 文本框中输入 "D:\PycharmProject\Unit02"，在【Create Project】对话框中单击【Create】按钮，完成 PyCharm 项目 Unit02 的创建。

2. 创建 Python 程序文件 2-1.py

在 PyCharm 主窗口右键单击已建好的 PyCharm 项目 "Unit02"，在弹出的快捷菜单中选择【New】-【Python File】。在打开的【New Python file】对话框中输入文件名 "2-1"，然后双击 "Python file" 选项，完成 Python 程序文件的新建任务。同时 PyCharm 主窗口显示程序文件 2-1.py 的代码编辑窗口，在该程序文件的代码编辑窗口自动添加了模板内容。

3. 编写 Python 程序代码

在新建文件 2-1.py 的代码编辑窗口已有模板注释内容下面输入程序代码，程序文件 2-1.py 的代码如电子活页 2-2 所示。

单击工具栏中的【保存】按钮 🖫，保存程序文件 2-1.py。

4. 运行 Python 程序

在 PyCharm 主窗口选择【Run】菜单，在弹出的下拉菜单中选择【Run】。在弹出的【Run】对话框中选择 "2-1" 选项，程序文件 2-1.py 开始运行。

程序文件 2-1.py 的运行结果如下。

电子活页 2-2

程序文件 2-1.py
的代码

```
商品总额：￥104.5
商品优惠：-￥40.0
实付总额：￥64.5
平均价格：￥52.25
```

2.4 Python 3 的日期时间函数

Python 提供了 time、datetime 和 calendar 模块用于格式化日期和时间。Python 程序能用很多方式处理日期和时间，转换日期格式是一种常见的功能。

2.4.1 时间元组

gmtime()、localtime()、strptime() 都是以时间元组（struct_time）的形式返回，很多 Python 函数使用一个元组组合起来的 9 组数字处理时间，也就是 struct_time 元组，其 9 组数字的含义和取值如表 2-4 所示。

表 2-4　struct_time 元组的 9 组数字的含义和取值

序号	含义	取值
1	4 位数的年份	0000～9999
2	月	1～12
3	日	1～31

续表

序号	含义	取值
4	小时	0~23
5	分钟	0~59
6	秒	0~61
7	星期几	0~6（0表示周一）
8	一年的第几日	1~366（366表示闰年）
9	夏令时标识	1（夏令时）、0（非夏令时）、-1（不确定）

struct_time 元组的结构属性如表 2-5 所示。

表 2-5　struct_time 元组的结构属性

序号	属性名称	属性取值
1	tm_year	0000~9999
2	tm_mon	1~12
3	tm_mday	1~31
4	tm_hour	0~23
5	tm_min	0~59
6	tm_sec	0~61
7	tm_wday	0~6（0表示周一）
8	tm_yday	1~366（366表示闰年）
9	tm_isdst	1（夏令时）、0（非夏令时）、-1（不确定），默认为-1

2.4.2　time 模块

time 模块提供各种与日期时间相关的功能，用于获取和转换时间。与日期时间相关的模块有 time、datetime、calendar。

Python 的 time 模块下有很多函数可以转换常见日期格式，例如，函数 time.time()用于获取当前时间戳，每个时间戳都以自从 1970 年 1 月 1 日午夜（历元）经过了多长时间来表示。时间戳是以秒为单位的浮点数。

例如：

```
>>>import time        #引入 time 模块
>>>ticks=time.time()
>>>print("当前时间戳为: ",ticks)
```

运行结果如下。

当前时间戳为: 1585817589.8098445

时间戳适用于做日期运算，但是 1970 年 1 月 1 日之前的日期无法以此表示。

1. time 模块包含的内置函数

time 模块包含的内置函数如电子活页 2-3 所示，既有进行时间处理的函数，也有转换时间格式的函数。

电子活页 2-3

time 模块包含
的内置函数

2. 获取当前时间

从返回浮点数的时间戳方式向时间元组转换，只要将浮点数传递给如 localtime()之类的函数即可。例如：

```
>>>import time
>>>localtime=time.localtime(time.time())
>>>print("本地时间为：",localtime)
```

运行结果如下。

本地时间为：time.struct_time(tm_year=2020, tm_mon=4, tm_mday=2, tm_hour=17, tm_min=5, tm_sec=38, tm_wday=3, tm_yday=93, tm_isdst=0)

3. 获取格式化的时间

非常简单的获取可读的格式化时间的函数是 asctime()。

例如：

```
>>>import time
>>>localtime=time.asctime(time.localtime(time.time()))
>>print("本地时间为：",localtime)
```

运行结果如下。

本地时间为：　Thu Apr　2 17:07:41 2020

4. 格式化日期数据

可以使用 time 模块的 strftime()函数来格式化日期数据，其基本格式如下。

time.strftime(fmt[,tupletimet])

把一个代表时间的元组或者 struct_time 元组（例如由 time.localtime()和 time.gmtime()返回）转化为格式化的时间字符串。如果 tupletime 未指定，将传入 time.localtime()，如果元组中任意一个元素取值超出允许范围，将会抛出 ValueError 异常。

【实例 2-3】演示格式化日期数据

实例 2-3 的代码如下所示。

```
import time
#格式化成 2020-04-0217:10:32 形式
print(time.strftime("%Y-%m-%d%H:%M:%S",time.localtime()))
#格式化成 ThuApr0217:11:232020 形式
print(time.strftime("%a%b%d%H:%M:%S%Y",time.localtime()))
#将格式字符串转换为时间戳
t="SatMar2822:24:242016"
print(time.mktime(time.strptime(t,"%a%b%d%H:%M:%S%Y")))
```

实例 2-3 的运行结果如下。

```
2020-04-3009:24:26
ThuApr3009:24:262020
1459175064.0
```

电子活页 2-4

Python 的 format
日期时间格式符

Python 的 format 日期时间格式符如电子活页 2-4 所示。

2.4.3 datetime 模块

datetime 模块提供了处理日期和时间的类，既有简单的方式，又有复杂的方式。它虽然支持日期和时间算法，但其实现的重点是为输出格式化和其他操作提供高效的属性提取功能。

1. datetime 模块中定义的类

datetime 模块中定义的类如表 2-6 所示。

表 2-6　datetime 模块中定义的类

序号	类名称	说明
1	datetime.date	表示日期，常用的属性有 year、month 和 day
2	datetime.time	表示时间，常用的属性有 hour、minute、second、microsecond
3	datetime.datetime	表示日期时间
4	datetime.timedelta	表示两个 date、time、datetime 实例之间的时间间隔，分辨率（最小单位）可达到微秒
5	datetime.tzinfo	时区相关信息对象的抽象基类。它们由 datetime 和 time 类使用，以提供自定义时间的调整。
6	datetime.timezone	Python 3.2 中新增的功能，实现 tzinfo 抽象基类的类，表示与 UTC 的固定偏移量

这些类的对象都是不可变的。

2. datetime 模块中定义的常量

datetime 模块中定义的常量如表 2-7 所示。

表 2-7　datetime 模块中定义的常量

序号	常量名称	说明
1	datetime.MINYEAR	datetime.date 或 datetime.datetime 对象所允许的年份的最小值，值为 1
2	datetime.MAXYEAR	datetime.date 或 datetime.datetime 对象所允许的年份的最大值，值为 9999

【任务 2-2】输出当前日期和时间

【任务描述】

（1）在项目 Unit02 中创建 Python 程序文件 2-2.py。

（2）在 Python 程序文件 2-2.py 中输入代码实现以下功能：输出当前日期，获取当前时间的小时数、分钟数、秒数，输出当前时间。

（3）在 PyCharm 集成开发环境中运行程序文件 2-2.py，输出当前日期、当前时间数据。

微课 2-2

输出当前日期和时间

【任务实施】

1. 创建 Python 程序文件 2-2.py

在 PyCharm 主窗口右键单击已建好的 PyCharm 项目"Unit02"，在弹出的快捷菜单中选择【New】-【Python File】。在打开的【New Python file】对话框中输入文件名"2-2"，然后双击"Python file"选项，完成 Python 程序文件的新建任务。同时 PyCharm 主窗口显示程序文件 2-2.py 的代码编辑窗口，在该程序文件的代码编辑窗口自动添加了模板内容。

2. 编写 Python 程序代码

在新建文件 2-2.py 的代码编辑窗口已有模板注释内容下面输入程序代码，程序文件 2-2.py 的代码如电子活页 2-5 所示。

电子活页 2-5

程序文件 2-2.py
的代码

3. 运行 Python 程序

在 PyCharm 主窗口选择【Run】菜单，在弹出的下拉菜单中选择【Run】。在弹出的【Run】对话框中选择"2-2"选项，程序文件 2-2.py 开始运行。

程序文件 2-2.py 的运行结果如下。

当前日期： 2020 年 04 月 02 日

当前时间: 17 时 23 分 1 秒

【任务 2-3】计算与输出购买商品的实付总额等数据

【任务描述】

（1）在项目 Unit02 中创建 Python 程序文件 2-3.py。

（2）在 Python 程序文件 2-3.py 中输入代码实现以下功能：计算并输出购买商品的总金额、运费、返现金额、折扣率、商品优惠金额、实付总额。

（3）在 PyCharm 集成开发环境中运行程序文件 2-3.py，输出总商品金额、运费、返现、折扣率、商品优惠、实付总额数据。

微课 2-3

计算与输出购买商品的实付总额等数据

【任务实施】

1. 创建 Python 程序文件 2-3.py

在 PyCharm 主窗口右键单击已建好的 PyCharm 项目"Unit02"，在弹出的快捷菜单中选择【New】-【Python File】。在打开的【New Python file】对话框中输入文件名"2-3"，然后双击"Python file"选项，完成 Python 程序文件的新建任务。同时 PyCharm 主窗口显示程序文件 2-3.py 的代码编辑窗口，在该程序文件的代码编辑窗口自动添加了模板内容。

2. 编写 Python 程序代码

在新建文件 2-3.py 的代码编辑窗口已有模板注释内容下面输入程序代码，程序文件 2-3.py 的代码如电子活页 2-6 所示。

电子活页 2-6

程序文件 2-3.py 的代码

3. 运行 Python 程序

在 PyCharm 主窗口选择【Run】菜单，在弹出的下拉菜单中选择【Run】。在弹出的【Run】对话框中选择"2-3"选项，程序文件 2-3.py 开始运行。

程序文件 2-3.py 的运行结果如下。

请输入购买数量: 3

3 件商品，总商品金额：¥275.40

运费：☺¥15.00

返现： -¥150.00

折扣率： -¥91.98%

商品优惠： -¥15.00

实付总额： ¥125.40

📝 知识拓展

1. Python 位运算符与运算法则

位运算是把数字转换为二进制形式来进行计算的，Python 中的位运算符主要包括&（位与）、|（位或）、^（位异或）、~（位取反）、<<（左移位）、>>（右移位）。

电子活页 2-7

Python 中的位运算符与运算法则

2. 日历（calendar）模块

日历（calendar）模块的函数都是与日历相关的，例如输出某月的字符月历。calendar 模块有多种方法用来处理年历和月历，例如输出某年某月的月历：

```
>>>import calendar
>>>cal=calendar.month(2020,7)
```

```
>>>print("以下输出 2020 年 7 月份的日历：")
>>>print(cal)
```

运行结果如下。

电子活页 2-8

日历（calendar）
模块的内置函数

```
以下输出 2020 年 7 月份的日历：
      July 2020
Mo  Tu  We  Th  Fr  Sa  Su
             1   2   3   4   5
 6   7   8   9  10  11  12
13  14  15  16  17  18  19
20  21  22  23  24  25  26
27  28  29  30  31
```

在线测试

单元 3
逻辑运算与流程控制

流程结构主要包括选择结构和循环结构，选择结构主要根据条件表达式的结果选择运行不同语句的流程结构，循环结构则是在一定条件下反复运行某段程序的流程结构，被反复运行的语句体称为循环体，决定循环是否终止的判断条件称为循环条件。流程控制语句的条件表达式主要为比较（关系）表达式和逻辑表达。本单元主要讲解 Python 中的比较表达式、逻辑表达式和流程控制语句。

 知识入门

1. Python 的程序结构

计算机程序主要有 3 种基本结构：顺序结构、选择结构、循环结构。如果没有流程控制，整个程序都将按照语句的编写顺序（从上至下的顺序）来运行，而不能根据需求决定程序运行的顺序。

2. Python 的流程控制

流程控制对任何一门编程语言来说都是非常重要的，因为它提供了控制程序运行的方法。

Python 3 根据判断条件表达式的运算结果而选择不同路径的运行方式。Python 选择语句是通过一条或多条语句的运行结果（True 或者 False）来决定运行的代码块。

可以通过图 3-1 来简单了解选择语句的运行过程。如果条件表达式的值为 True，则执行代码块；否则不执行代码块。

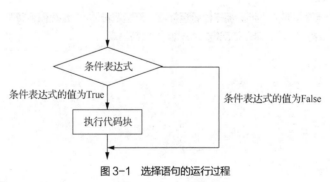

图 3-1　选择语句的运行过程

这里的条件表达式通常使用比较（关系）表达式或逻辑表达式。

3. range()函数

Python 中的 range()函数可创建一个整数列表，一般用在 for 循环中。

range()函数的基本语法格式如下。

```
range(start , end , step)
```

其中 start 用于指定起始值，可以省略，如果省略则从 0 开始；end 用于指定计数的结束值（但不包括该值，如 range(5)得到的值为 0~4，不包括 5 ），不能省略，当 range()函数中只指定一个参数时，即表示指定计数的结束值；step 用于指定增量（也称为"步长"），两个数之间的增量可以省略，如果省略则表示增量为 1。例如 range(1,5)得到 1、2、3、4。

使用 range()函数时，如果只指定一个参数，那么该参数表示 end，即结束值；如果指定两个参数，则表示指定的是 start 和 end，即起始值和结束值；只有指定 3 个参数时，最后一个参数才表示增量。

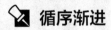 **循序渐进**

3.1 Python 的比较运算符及其应用

3.1.1 Python 的比较运算符与比较表达式

比较运算符，也称为关系运算符。用于对变量或表达式的结果进行大小比较、真假比较等，如果比较结果为成立则返回 True，如果为不成立则返回 False。

Python 的比较运算符及应用实例如表 3-1 所示，所有比较运算符的运行结果返回 1 表示真，返回 0 表示假，这分别与布尔值 True 和 False 等价，True 和 False 的首字母必须大写。表 3-1 中的实例假设变量 x 为 21、变量 y 为 10，即 x=21、y=10。

表 3-1 Python 的比较运算符及应用实例

运算符	名称	说明	实例	运行结果
==	等于	比较 x 和 y 两个对象是否相等	x == y	False
!=	不等于	比较 x 和 y 两个对象是否不相等	x != y	True
>	大于	比较 x 是否大于 y	x > y	True
<	小于	比较 x 是否小于 y	x < y	False
>=	大于或等于	比较 x 是否大于或等于 y	x >= y	True
<=	小于或等于	比较 x 是否小于或等于 y	x <= y	False

 注意 运算符"=="是两个"="，属于比较运算符。而运算符"="是赋值运算符。Pyhton 3 已不支持运算符"<>"，可以使用运算符"!="代替。

例如：

```
>>>x = 5
>>>y = 8
>>>print(x == y)
>>>print(x != y)
```

以上实例的运行结果如下。

```
False
True
```

比较运算符与比较对象（变量或表达式）构建的比较表达式也称为关系表达式。比较表达式通常在选择语句和循环语句中作为"条件表达式"。

3.1.2 逻辑值测试

在 Python 中，所有的对象都可以进行逻辑值测试。以下情况逻辑值测试结果为 False，即在选择语句和循环语句中表示条件不成立。

（1）False、None。

（2）数值中的零，包括 0、0.0、虚数 0。

（3）空序列，包括空字符串、空列表、空元组、空字典。

（4）自定义对象的实例，该对象的__bool__()方法返回 False，或者__len__()方法返回 0。

【实例 3-1】演示逻辑值测试

实例 3-1 的代码如下所示。

```
test=None
if test:
    print("None 为逻辑真")
else:
    print("None 为逻辑假")
```

实例 3-1 的运行结果如下。

```
None 为逻辑假
```

在 Python 中，要判断特定的值是否存在于序列中，可以使用关键字 in；判断特定的值是否不存在于序列中，可以使用关键字 not in。

【任务 3-1】应用比较运算符设置查询条件表达式

【任务描述】

（1）在 PyCharm 集成开发环境中创建项目 Unit03。

（2）在项目 Unit03 中创建 Python 程序文件 3-1.py。

（3）参考图 3-2 所示的京东购物网站图书高级搜索界面中的多种查询选项设置，分别按图书名称、出版社、价格、出版日期设置查询条件表达式。

（4）有一本出版的图书，其主要信息是：图书名称为《HTML5+CSS3 网页设计与制作实战》，出版社为人民邮电出版社，价格为 59.80 元，出版日期为 2019 年 11 月。分别以图书名称、出版社、价格、出版日期为查询选项，设置相应的查询条件表达式。

（5）在 PyCharm 集成开发环境中运行程序文件 3-1.py，输出查询条件表达式的值。

图 3-2 京东购物网站图书高级搜索界面

【任务实施】

1. 创建 PyCharm 项目 Unit03

成功启动 PyCharm 后，在指定位置"D:\PycharmProject\"创建 PyCharm 项目 Unit03。

2. 创建 Python 程序文件 3-1.py

在 PyCharm 项目 Unit03 中新建 Python 程序文件 3-1.py，同时 PyCharm 主窗口显示程序文件 3-1.py 的代码编辑窗口，在该程序文件的代码编辑窗口自动添加了模板内容。

3. 编写 Python 程序代码

在新建程序文件 3-1.py 的代码编辑窗口已有模板注释内容下面输入程序代码，程序文件 3-1.py 的代码如电子活页 3-1 所示。

单击工具栏中的【保存】按钮![save]，保存程序文件 3-1.py。

电子活页 3-1

程序文件 3-1.py 的
代码

4. 运行 Python 程序

在 PyCharm 主窗口选择【Run】菜单，在弹出的下拉菜单中选择【Run】。在弹出的【Run】对话框中选择"3-1"选项，程序文件 3-1.py 开始运行。

程序文件 3-1.py 的运行结果如下。

```
判断图书名称： True False
判断出版社： False True
判断价格 1： True
判断价格 2： False
判断价格 3： True
判断价格 4： False
判断出版日期 1： True
判断出版日期 2： False
判断出版日期 3： True
判断出版日期 4： False
```

3.2　Python 的逻辑运算符及其应用

逻辑运算符是对 True 和 False 两种布尔值进行运算，运算后的结果仍是一个布尔值。

3.2.1　Python 的逻辑运算符与逻辑表达式

Python 支持逻辑运算符，Python 的逻辑运算符及应用实例如表 3-2 所示。表 3-2 中的实例假设变量 x 为 21、y 为 10、z 为 0，即 x=21、y=10、z=0。

表 3-2　Python 的逻辑运算符及应用实例

运算符	名称	逻辑表达式	结合方向	说明	实例	运算结果
and	逻辑与	x and y	从左到右	如果 x 为 False 或 0，x and y 返回 False 或 0，否则返回 y 的计算值	x and y	10
					x and z	0
					z and x	0
or	逻辑或	x or y	从左到右	如果 x 为 True，则返回 x 的值，否则返回 y 的计算值	x or y	21
					x or z	21
					z or x	21
not	逻辑非	not x	从右到左	如果 x 为 True，则返回 False。如果 x 为 False，则返回 True	not x	False
					not y	False
					not (x and y)	False
					not (x or y)	False
					not z	True

3.2.2　Python 运算符优先级

所谓运算符的优先级，是指在 Python 程序中哪一个运算符先运算，哪一个运算符后运算，与数学中的四则运算应遵循的"先算乘除、后算加减"是一个道理。

Python 运算符的运算规则是：优先级高的运算符先运行，优先级低的运算符后运行，同一优先级的运算符则按照从左到右的顺序进行。可以使用圆括号"()"改变优先级，括号内的运算符最先运行。编写程序时尽量使用圆括号来主动控制运算次序，以免运算次序不确定或发生错误。

Python 所有运算符从最高到最低的优先级如表 3-3 所示，表 3-3 中同一行中的运算符具有相同优先级，它们的结合方向决定求值顺序。

表 3-3　Python 所有运算符从最高到最低的优先级

序号	运算符	说明
1	**	幂（最高优先级）
2	~、+、-	位取反、正号和负号
3	*、/、%、//	算术运算符：乘、除、取余和取整除
4	+、-	算术运算符：加、减
5	>>、<<	位运算符：右移位、左移位
6	&	位运算符：位与
7	|、^	位运算符：位或、位异或
8	<=、<>、>=	比较运算符
9	==、!=	等于、不等于
10	=、+=、-=、*=、**=、/=、//=、%=	赋值运算符
11	is、is not	身份运算符
12	in、not in	成员运算符
13	not、or、and	逻辑运算符

【实例 3-2】演示 Python 运算符优先级的操作
实例 3-2 的代码如下所示。

```
a = 20
b = 10
c = 15
d = 5
e = 0
e = (a + b) * c / d                     #( 30 * 15 ) / 5
print("(a + b) * c / d 运算结果为：", e)
e = ((a + b) * c) / d                   # (30 * 15 ) / 5
print("((a + b) * c) / d 运算结果为：", e)
e = (a + b) * (c / d);      #30 * (15/5)
print("(a + b) * (c / d) 运算结果为：", e)
e = a + (b * c) / d;              #20 + (150/5)
print("a + (b * c) / d 运算结果为：", e)
```

实例 3-2 的运行结果如下。

```
(a + b) * c / d 运算结果为：  90.0
((a + b) * c) / d 运算结果为：  90.0
(a + b) * (c / d) 运算结果为：  90.0
a + (b * c) / d 运算结果为：  50.0
```

【实例 3-3】演示逻辑运算符的优先级
逻辑运算符 and 拥有更高优先级，实例 3-3 的代码如下所示。

```
x = True
y = False
z = False
if x or y and z:
```

```
    print("YES")
else:
    print("NO")
```

实例 3-3 的运行结果如下。

```
YES
```

【任务 3-2】应用比较运算符与逻辑运算符设置条件表达式

【任务描述】

（1）在项目 Unit03 中创建 Python 程序文件 3-2.py。

（2）参考图 3-2 所示的京东购物网站图书高级搜索界面中价格区间和出版时间区间的设置，分别按价格、出版日期设置区间查询条件表达式。

（3）有一本出版的图书，其主要信息是：图书名称为《HTML5+CSS3 网页设计与制作实战》，出版社为人民邮电出版社，价格为 59.80 元，出版日期为 2019 年 11 月。分别以图书名称与出版社、价格与出版日期为查询选项，设置相应的查询条件表达式。

（4）在 PyCharm 集成开发环境中运行程序文件 3-2.py，输出区间查询条件表达式的值。

【任务实施】

1. 创建 Python 程序文件 3-2.py

在 PyCharm 项目 Unit03 中新建 Python 程序文件 3-2.py，同时 PyCharm 主窗口显示程序文件 3-2.py 的代码编辑窗口，在该程序文件的代码编辑窗口自动添加了模板内容。

电子活页 3-2

程序文件 3-2.py 的代码

2. 编写 Python 程序代码

在新建程序文件 3-2.py 的代码编辑窗口已有模板注释内容下面输入程序代码，程序文件 3-2.py 的代码如电子活页 3-2 所示。

单击工具栏中的【保存】按钮 ，保存程序文件 3-2.py。

3. 运行 Python 程序

在 PyCharm 主窗口选择【Run】菜单，在弹出的下拉菜单中选择【Run】。在弹出的【Run】对话框中选择 "3-2" 选项，程序文件 3-2.py 开始运行。

程序文件 3-2.py 的运行结果如下。

```
判断价格范围 1：   True
判断价格范围 2：   False
判断出版日期范围 1：   True
判断出版日期范围 2：   False
判断出版日期范围 3：   True
判断图书名称与出版社：   True
判断价格与出版日期：   True
```

3.3 Python 的选择结构及其应用

Python 的选择结构主要根据条件表达式的结果选择运行不同语句的流程结构，选择语句也称为条件语句，即按照条件选择运行不同的代码片段，Python 中选择语句主要有 3 种形式：if 语句、if…else 语句和 if…elif…else 语句。在 Python 中可使用 if…elif…else 多分支语句或者 if 语句的嵌套结构实现多重选择。

3.3.1　if 语句及其应用

Python 中使用 if 保留字来构成选择语句，if 语句的一般形式如下。

if　<条件表达式>：
　　<语句块>

Python 中 if 语句的代码运行过程如图 3-3 所示。

条件表达式可以是一个单纯的布尔值或变量，也可以是比较表达式或逻辑表达式。如果条件表达式的值为 True，则运行"<语句块>"；如果条件表达式的值为 False，就跳过"<语句块>"，继续运行后面的语句。

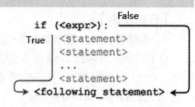

图 3-3　if 语句的代码运行过程

例如：

>>> password= input("请输入密码: ")

运行结果如下。

请输入密码: 123456
>>> if　password =="123456":
　　print("输入的密码正确")

运行结果如下。

输入的密码正确

【实例 3-4】演示 Python 中 if 语句的用法

实例 3-4 的代码如下所示。

```
var1 = 100
if var1:
    print("1-if 表达式条件为 True")
    print(var1)
var2 = 0
if var2:
    print("2-if 表达式条件为 True")
    print(var2)
print("Good bye!")
```

实例 3-4 的运行结果如下。

```
1-if 表达式条件为 True
100
Good bye!
```

从结果可以看到由于变量 var2 为 0，所以对应的 if 内的语句没有运行。

> **说明**　使用 **if** 语句，如果只有一条语句，语句块可以直接写在":"右侧，例如以下代码。
>
> 　　if a>b : print("a 大于 b")
>
> 但是，为了保持程序代码的可读性，建议不这样写，仍然分两行写，如下所示。
>
> 　　if a>b :
> 　　　　print("a 大于 b")

【任务 3-3】应用 if 语句实现用户登录

【任务描述】

（1）在项目 Unit03 中创建 Python 程序文件 3-3.py。

（2）假设目前用户状态为 False，应用 if 语句实现用户登录，并输出"你好，欢迎登录"的欢迎信息。

【任务实施】

1. 创建 Python 程序文件 3-3.py

在 PyCharm 项目 Unit03 中新建 Python 程序文件 3-3.py，同时 PyCharm 主窗口显示程序文件 3-3.py 的代码编辑窗口，在该程序文件的代码编辑窗口自动添加了模板内容。

2. 编写 Python 程序代码

在新建程序文件 3-3.py 的代码编辑窗口已有模板注释内容下面输入程序代码，程序文件 3-3.py 的代码如下所示。

```
userState=False
if not userState:
    print("你好，欢迎登录")
```

单击工具栏中的【保存】按钮 ，保存程序文件 3-3.py。

3. 运行 Python 程序

在 PyCharm 主窗口选择【Run】菜单，在弹出的下拉菜单中选择【Run】。在弹出的【Run】对话框中选择"3-3"选项，程序文件 3-3.py 开始运行。

程序文件 3-3.py 的运行结果如下所示。

```
你好，欢迎登录
```

3.3.2 if...else 语句及其应用

Python 中 if...else 语句的一般形式如下。

```
if  <条件表达式>:
    <语句块 1>
else:
    <语句块 2>
```

if...else 语句主要是实现二选一的问题，使用 if...else 语句时，条件表达式可以是一个单纯的布尔值或变量，也可以是比较表达式或逻辑表达式。如果条件表达式的值为 True，则运行 if 语句后面的语句块 1，否则运行 else 后面的语句块 2。

【实例 3-5】演示 Python 中 if...else 语句的用法

实例 3-5 的代码如下所示。

```
password= input("请输入密码: ")
if   password =="123456":
    print("输入的密码正确")
else:
    print("输入的密码错误")
```

实例 3-5 的运行结果如下。

```
请输入密码: 666
输入的密码错误
```

【任务 3-4】应用 if...else 语句实现用户登录

【任务描述】

（1）在项目 Unit03 中创建 Python 程序文件 3-4.py。

（2）假设用户名称为"jdchenchkps PLUS"，目前用户状态为 True，应用 if...else 语句实现用户登录，并输出"你好，请登录 免费注册"的信息。

【任务实施】

1. 创建 Python 程序文件 3-4.py

在 PyCharm 项目 Unit03 中新建 Python 程序文件 3-4.py，同时 PyCharm 主窗口显示程序文件 3-4.py 的代码编辑窗口，在该程序文件的代码编辑窗口自动添加了模板内容。

2. 编写 Python 程序代码

在新建程序文件 3-4.py 的代码编辑窗口已有模板注释内容下面输入程序代码，程序文件 3-4.py 的代码如下所示。

```python
user="jdchenchkps PLUS"
userState=True
if userState:
    print(user)
else:
    print("你好，请登录 免费注册")
```

单击工具栏中的【保存】按钮🖫，保存程序文件 3-4.py。

3. 运行 Python 程序

在 PyCharm 主窗口选择【Run】菜单，在弹出的下拉菜单中选择【Run】。在弹出的【Run】对话框中选择"3-4"选项，程序文件 3-4.py 开始运行。

程序文件 3-4.py 的运行结果如下。

```
jdchenchkps PLUS
```

3.3.3 if...elif...else 语句及其应用

Python 中 if...elif...else 语句的一般形式如下。

```
if  <条件表达式 1>：
    <语句块 1>
elif  <条件表达式 2>：
    <语句块 2>
else：
    <语句块 N>
```

Python 中用 elif 代替了 else if，所以多分支选择结构的关键字为：if、elif 和 else。

if...elif...else 语句运行的规则如下。

条件表达式 1 和条件表达式 2 可以是一个单纯的布尔值或变量，也可以是比较表达式或逻辑表达式。

如果条件表达式 1 的值为 True 将运行语句块 1；如果条件表达式 1 的值为 False，将判断条件表达式 2，如果条件表达式 2 的值为 True 将运行语句块 2；如果条件表达式 1 和条件表达式 2 的值都为 False，将运行语句块 N。

【实例 3-6】演示 Python 中 if...elif...else 语句的用法

实例 3-6 的代码如下所示。

```
score=86
grade=""
if score>=90:
    grade="A"
elif score>=80:
    grade="B"
elif score>=60:
    grade="C"
else:
    grade="D"
print("考试成绩为：{}，等级为：{}等。".format(score,grade))
```

实例 3-6 的运行结果如下。

考试成绩为：86，等级为：B 等。

> **注意** （1）Python 中 if 语句每个条件后面要使用冒号"："，表示接下来是满足条件后要运行的语句块。
>
> （2）使用缩进来划分语句块，相同缩进数的语句在一起组成一个语句块。
>
> （3）if 和 elif 都需要判断条件表达式的真假，而 else 则不需要判断；另外，elif 和 else 都必须跟 if 一起使用，不能单独使用。
>
> （4）在 Python 中没有 switch...case 语句。

【任务 3-5】应用 if...elif...else 语句计算分期付款的服务费

【任务描述】

（1）在项目 Unit03 中创建 Python 程序文件 3-5.py。

（2）在京东网上商城购置商品时可以选择京东白条分期付款方式，分期的期数分别有 1 期、3 期、6 期、12 期、24 期，假设每期收取的服务费分别为 0 元、11.53元、5.87 元、3.03 元、1.61 元，京东网上商城的白条分期服务费标准如图 3-4 所示。应用 if...elif...else 语句计算白条分期的服务费，并输出服务费，小数位保留 2位有效位。

微课 3-1

应用 if...elif...else
语句计算分期付款的
服务费

图 3-4　京东网上商城的白条分期服务费标准

【任务实施】

1. 创建 Python 程序文件 3-5.py

在 PyCharm 项目 Unit03 中新建 Python 程序文件 3-5.py，同时 PyCharm 主窗口显示程序文件3-5.py 的代码编辑窗口，在该程序文件的代码编辑窗口自动添加了模板内容。

2. 编写 Python 程序代码

在新建程序文件 3-5.py 的代码编辑窗口已有模板注释内容下面输入程序代码，程序文件 3-5.py

的代码如下所示。

```
term=int(input("请选择分几期付款(1、3、6、12、24)："))
if term==1:
    serviceFee=0
elif term==3:
    serviceFee = term * 11.53
elif term==6:
    serviceFee = term * 5.87
elif term==12:
    serviceFee = term * 3.03
elif term==24:
    serviceFee = term * 1.61
print("服务费为：{:.2f}元".format(serviceFee))
```

单击工具栏中的【保存】按钮🖫，保存程序文件 3-5.py。

3. 运行 Python 程序

在 PyCharm 主窗口选择【Run】菜单，在弹出的下拉菜单中选择【Run】。在弹出的【Run】对话框中选择"3-5"选项，程序文件 3-5.py 开始运行。

程序文件 3-5.py 的运行结果如下。

```
请选择分几期付款(1、3、6、12、24)：6
服务费为：35.22 元
```

3.3.4 if 语句的嵌套结构

前面介绍了 3 种形式的 if 选择语句，这 3 种形式的选择语句可以互相进行嵌套。if 选择语句可以有多种嵌套方式，编写程序时可以根据需要选择合适的嵌套方式，例如，if 语句中可以嵌套 if…else 语句，if…else 语句可以嵌套 if…else 语句，if…elif…else 语句可以嵌套另一个 if…elif…else 语句。if 语句的嵌套一定要严格控制好不同级别代码块的缩进量。

Python 中 if 语句的嵌套结构的一般形式如下。

```
if  <表达式 11>：
    <语句 11>
    if <表达式 21>：
        <语句 21>
    elif <表达式 22>：
        <语句 22>
    else：
        <语句 23>
elif <表达式 12>：
    <语句 12>
else：
    <语句 13>
```

【实例 3-7】演示 if 语句的嵌套结构的用法
实例 3-7 的代码如下所示。

```
num=int(input("输入一个数字："))
```

```
if num%2==0:
    if num%3==0:
        print("输入的数字可以被2和3整除。")
    else:
        print("输入的数字可以被2整除，但是不能被3整除。")
else:
    if num%3==0:
        print("输入的数字可以被3整除，但不能被2整除。")
    else:
        print("输入的数字不能被2和3整除。")
```

实例 3-7 的运行结果如下。

输入一个数字：7
输入的数字不能被2和3整除。

【任务 3-6】应用 if 选择语句计算网上购物的运费与优惠金额等

【任务描述】

从京东商城购买 4 本 Python 编程图书《Python 从入门到项目实践（全彩版）》，该书原价为 99.80 元。由于京东商城针对不同等级的会员有不同的优惠价格，对于普通会员的优惠价格为 77.80 元，对于"粉丝"（FAN）会员的优惠价格为 76.80元，对于 PLUS 会员的优惠价格为 75.50 元。如果购买图书满 148 元可以直减 5元，满 299 元可以直减 15 元；另外，购买图书每满 100 元，还可以直减 50 元现金，相关优惠信息如图 3-5 所示。

微课 3-2

应用 if 选择语句计算
网上购物的运费与
优惠金额等

图 3-5　京东商城图书《Python 从入门到项目实践（全彩版）》的优惠信息

在京东商城购买图书的运费收取标准为：如果订单金额小于 49 元，收取基础运费 6 元；如果订单金额大于或等于 49 元，则免收基础运费。

（1）在项目 Unit03 中创建 Python 程序文件 3-6.py。

（2）编写程序，应用 if 选择语句的多种形式，计算并且输出购买 4 本 Python 编程图书《Python从入门到项目实践（全彩版）》的应付总商品金额、运费、返现金额、优惠金额、优惠总额、实付总额。

【任务实施】

1. 创建 Python 程序文件 3-6.py

在 PyCharm 项目 Unit03 中新建 Python 程序文件 3-6.py，同时 PyCharm主窗口显示程序文件 3-6.py 的代码编辑窗口，在该程序文件的代码编辑窗口自动添加了模板内容。

2. 编写 Python 程序代码

在新建程序文件3-6.py的代码编辑窗口已有模板注释内容下面输入程序代码，

电子活页 3-3

程序文件 3-6.py
的代码

程序文件 3-6.py 的代码如电子活页 3-3 所示。

单击工具栏中的【保存】按钮💾，保存程序文件 3-6.py。

3. 运行 Python 程序

在 PyCharm 主窗口选择【Run】菜单，在弹出的下拉菜单中选择【Run】。在弹出的【Run】对话框中选择"3-6"选项，程序文件 3-6.py 开始运行。

程序文件 3-6.py 的运行结果如下。

```
4 件商品，应付总商品金额：¥307.20
        运费：☺¥0.00
    返现金额：-¥150.00
    优惠金额：-¥15.00
商品已享用 3 次优惠，优惠总额：-¥165.00
    实付总额：¥142.20
```

【任务 3-7】应用 if 选择语句验证用户名和密码实现登录

【任务描述】

（1）在项目 Unit03 中创建 Python 程序文件 3-7.py。

（2）编写程序，应用 if 选择语句的多种形式，分别验证是否输入用户名、是否输入密码、用户名与密码是否正确，并根据验证情况分别输入相应的提示信息。

【任务实施】

1. 创建 Python 程序文件 3-7.py

在 PyCharm 项目 Unit03 中新建 Python 程序文件 3-7.py，同时 PyCharm 主窗口显示程序文件 3-7.py 的代码编辑窗口，在该程序文件的代码编辑窗口自动添加了模板内容。

2. 编写 Python 程序代码

在新建程序文件 3-7.py 的代码编辑窗口已有模板注释内容下面输入程序代码，程序文件 3-7.py 的代码如电子活页 3-4 所示。

单击工具栏中的【保存】按钮💾，保存程序文件 3-7.py。

3. 运行 Python 程序

在 PyCharm 主窗口选择【Run】菜单，在弹出的下拉菜单中选择【Run】。在弹出的【Run】对话框中选择"3-7"选项，程序文件 3-7.py 开始运行。

程序文件 3-7.py 的运行结果如下。

```
用户名长度为：4
密码长度为：6
成功登录！
```

微课 3-3

应用 if 选择语句验证用户名和密码实现登录

电子活页 3-4

程序文件 3-7.py 的代码

3.4 for 循环语句及其应用

循环结构是在一定条件下反复运行某段程序的流程结构，被反复运行的语句体称为循环体，决定循环是否终止的判断条件称为循环条件。

Python 中的循环语句有 for 和 while 两种类型。Python 中 for 循环也称为计次循环，其循环语句可以遍历任何序列数据，例如列表或者字符串。while 循环也称为条件循环，可以一直进行循环，直到条件不满足时才结束循环。

3.4.1　for 循环语句

for 循环是计次循环，通常适用于枚举或遍历序列，以及迭代对象中的元素，一般应用于循环次数已知的情况下。

1. for 循环语句的基本格式

for 循环语句的基本格式如下。

```
for  <循环变量>  in  <序列结构>:
    <语句块>
```

循环变量用于保存取出的值，序列结构为要遍历或迭代的序列对象，例如字符串、列表、元组等，语句块为一组被重复运行的多条语句。

for 循环语句的运行流程如图 3-6 所示。

Python 中 for 循环的实例如下。

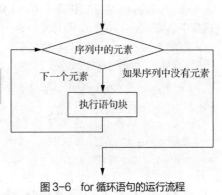

图 3-6　for 循环语句的运行流程

```
>>>publisher = ["人民邮电出版社","高等教育出版社","电子工业出版社"]
>>>for item in publisher:
    print(item)
```

运行结果如下。

```
人民邮电出版社
高等教育出版社
电子工业出版社
```

2. 使用内置 range()函数生成序列数据

使用内置 range()函数生成序列数据，然后使用 for 语句遍历序列，例如：

```
>>>for item in range(5):
    print(item, end=" ")
```

运行结果如下。

```
0  1  2  3  4
```

> **说明**　在 Python 3 中，使用 print()函数时，如果想让输出的内容在一行上显示，并且显示的数据之间留有空格，需要加上 ", end=" ""。

也可以使用 range()函数指定区间的值生成序列数据，然后使用 for 语句遍历序列，例如：

```
>>>for item in range(5,9) :
    print(item, end=" ")
```

运行结果如下。

```
5  6  7  8
```

> **说明**　range(5,9)表示从 5 开始，到 8 为止，不包含 9。

也可以使用 range()函数指定数据序列开始数值、终点数值、增量（也称为"步长"），然后使用 for 语句遍历序列，例如：

```
>>>for item in range(1, 10, 3) :
    print(item, end=" ")
```

运行结果如下。

```
1   4   7
```

range()函数中指定的增量也可以是负数，例如：

```
>>>for item in range(10, 1, -3):
    print(item, end="  ")
```

运行结果如下所示。

```
10   7   4
```

【实例 3-8】结合 range()函数、len()函数遍历一个列表

实例 3-8 的代码如下所示。

```
publisher = ["人民邮电出版社", "高等教育出版社", "电子工业出版社"]
for item in range(len(publisher)):
    print(item+1, publisher[item])
```

实例 3-8 的运行结果如下。

```
1 人民邮电出版社
2 高等教育出版社
3 电子工业出版社
```

3.4.2 for...else 语句

Python 中的 for 循环语句可以有 else 语句，它在 for 循环穷尽序列导致循环终止时被运行，但循环被 break 语句终止时不运行。

for...else 语句的基本语法格式如下。

```
for <变量> in <序列结构>:
    <语句块 1>
else:
    <语句块 2>
```

当 for 循环没有被 break 语句终止时，运行 else 语句。

【实例 3-9】演示应用循环结构判断质数

实例 3-9 的代码如下所示。

```
for n in range(2, 8):
    for m in range(2, n):
        if n % m == 0:
            print(n, '=', m, '*', n//m)
            break
    else:
        print(n, '是质数')    #循环中没有找到元素
```

实例 3-9 的运行结果如下。

```
2 是质数
3 是质数
4 = 2 * 2
5 是质数
6 = 2 * 3
7 是质数
```

【任务 3-8】应用 for 循环语句显示进度的百分比

【任务描述】

（1）在项目 Unit03 中创建 Python 程序文件 3-8.py。

（2）编写程序，应用 for 循环语句实现在一行中显示下载百分比进度。

【任务实施】

1. 创建 Python 程序文件 3-8.py

在 PyCharm 项目 Unit03 中新建 Python 程序文件 3-8.py，同时 PyCharm 主窗口显示程序文件 3-8.py 的代码编辑窗口，在该程序文件的代码编辑窗口自动添加了模板内容。

2. 编写 Python 程序代码

在新建程序文件 3-8.py 的代码编辑窗口已有模板注释内容下面输入程序代码，程序文件 3-8.py 的代码如下所示。

```python
import time
for x in range(101):
    mystr = "百分比： " + str(x) + "%"
    print(mystr,end = "")
    print("\b" * (len(mystr)*2),end = "",flush=True)
    time.sleep(0.5)
```

单击工具栏中的【保存】按钮🖫，保存程序文件 3-8.py。

程序文件 3-8.py 的代码解读如下。

（1）range(101)：使用 range()函数产生一个数字列表，从 0 开始到 100 结束。

（2）str(x)：把 x 变量转换成字符串。

（3）print(mystr,end = "")：输出字符串之后不换行，即 end=""。

（4）print("\b" * (len(mystr)*2),end = "",flush=True)：其中"\b" * (len(mystr)*2)表示输出"\b" 这个转义字符的次数为"len(mystr)*2"次。len()函数得到字符串长度，为什么要乘以 2 呢？原因是输出的字符串是中文，而 1 个中文字符的占位长度相当于 2 个英文字符，所以如果字符串是英文字符则可以不乘以 2，但是中文字符就不同了。"flush = True"表示开启缓冲区，"\b"转义字符表示退格功能，相当于在编辑文件的时候按【BackSpace】键，从光标位置往前删掉一个字符。

（5）time.sleep(0.5)：让程序暂停 0.5 秒。

这样就能实现每次运行 print()之后，"\b"帮我们把一行内的字符都清光，这就是我们要获得字符串长度的原因。

3. 在 Windows 的【命令提示符】窗口运行 Python 程序

打开 Windows 的【命令提示符】窗口，然后在提示符后面输入以下命令。

```
python D:\PycharmProject\Unit03\3-8.py
```

按【Enter】键即可运行程序文件 3-8.py。进度为 28%时运行结果如图 3-7 所示，下载完毕进度为 100%时运行结果如图 3-8 所示。

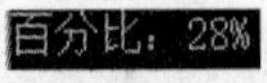

百分比： 28%   百分比： 100%

图 3-7　进度为 28%    图 3-8　进度为 100%

3.5　while 循环语句及其应用

Python 中的 while 循环是指通过一个条件表达式来控制是否要继续反复运行循环体中的语句块。

3.5.1 while 循环语句

Python 中 while 语句的一般形式如下。

```
while <条件表达式>:
    <语句块>
```

当 while 语句的条件表达式的值为 True 时，则运行循环体的语句块；运行一次后重新判断条件表达式的值，直到条件表达式的值为 False 时，退出 while 循环。

while 循环语句的运行流程如图 3-9 所示。

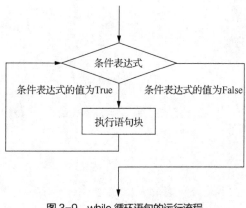

图 3-9　while 循环语句的运行流程

> **注意**（1）Python 中 while 循环语句的条件表达式后面要使用冒号 "："，表示接下来是满足条件后要运行的语句块。
> （2）使用缩进来划分语句块，相同缩进数的语句在一起组成一个语句块。
> （3）在 Python 中没有 do...while 循环语句。

【实例 3-10】演示使用 while 循环语句计算 1 到 10 的总和

实例 3-10 的代码如下所示。

```python
n = 10
sum = 0
number = 1
while number <= n:
    sum = sum + number
    number += 1
print("1 到{}之和为: {}".format(n,sum))
```

实例 3-10 的运行结果如下。

```
1 到 10 之和为: 55
```

3.5.2 while...else 语句

Python 中的 while 循环语句也可以有 else 子句，它在 while 循环语句的条件表达式的值为 False 导致循环终止时被运行，但循环被 break 语句终止时不会运行。

while…else 语句的基本语法格式如下。

```
while <判断条件>:
    <语句块 1>
else:
    <语句块 2>
```

while 循环的条件表达式为 False 时，当 while 循环没有被 break 语句终止时，运行 else 后面的语句块 2。else 语句可以理解为：作为"正常"完成循环的奖励。

【实例 3-11】演示应用循环输出数字，并判断大小

实例 3-11 的代码如下所示。

```
count = 0
while count < 5:
    print (count, "小于 5")
    count = count + 1
else:
    print (count, "大于或等于 5")
```

实例 3-11 的运行结果如下。

```
0 小于 5
1 小于 5
2 小于 5
3 小于 5
4 小于 5
5 大于或等于 5
```

3.5.3 循环中的跳转语句

循环中的 break 语句用于跳出并结束当前的整个循环，运行循环后的语句。continue 语句用于结束当次循环，继续运行后续次数的循环。while 循环中 break 语句和 continue 语句的运行流程如图 3-10 所示。

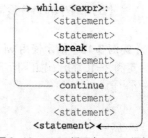

1. for 循环中使用 break 语句

break 语句用于提前终止当前的 for 循环，一般结合 if 语句搭配使用，表示在某种条件下跳出循环。如果是嵌套循环，break 语句将会跳出最内层的循环。

for 循环中使用 break 语句的基本格式如下。

图 3-10　while 循环中 break 语句和 continue 语句的运行流程

```
for  <循环变量> in <序列结构>:
    <语句块>
    if <条件表达式>:
        break
```

其中，条件表达式用于判断何时调用 break 语句跳出循环。

【实例 3-12】演示 for 循环中使用 break 语句

实例 3-12 的代码如下所示。

```
publisher=["人民邮电出版社","高等教育出版社","电子工业出版社","清华大学出版社"]
for item in publisher:
```

```
        if item == "电子工业出版社":
            print("跳出 for 循环")
            break
        print("循环数据: " + item)
    else:
        print("没有循环数据")
print("循环结束")
```

实例 3-12 的运行结果如下。

```
循环数据: 人民邮电出版社
循环数据: 高等教育出版社
跳出 for 循环
循环结束
```

在循环到"电子工业出版社"时，if 语句的条件表达式的值为 True，运行 break 语句跳出循环。

2. while 循环中使用 break 语句

循环中使用 break 语句可以跳出 for 或 while 循环，如果从 for 或 while 循环中终止，任何对应的循环 else 语句块将不运行。

while 循环中使用 break 语句的基本格式如下。

```
while <条件表达式 1>:
    <语句块>
    if <条件表达式 2>:
        break
```

其中，条件表达式 2 用于判断何时调用 break 语句跳出循环。

【实例 3-13】演示 while 循环中使用 break 语句

实例 3-13 的代码如下所示。

```
n = 5
while n > 0:
    n -= 1
    if n == 2:
        break
    print(n)
print("循环结束。")
```

实例 3-13 的运行结果如下。

```
4
3
循环结束。
```

3. for 循环中使用 continue 语句

continue 语句只能终止本次循环而提前进入下一次循环。一般会结合 if 语句搭配使用，表示在某种条件下跳过当前循环的剩余语句，然后继续运行下一轮循环。如果是嵌套循环，continue 语句将只跳过最内层循环中的剩余语句。

for 循环中使用 continue 语句的格式如下。

```
for <循环变量> in <序列结构>:
    <语句块>
```

```
    if <条件表达式>:
        continue
```

其中，条件表达式用于判断何时调用 continue 语句终止本次循环。

【实例 3-14】演示 for 循环中使用 continue 语句

实例 3-14 的代码如下所示。

```
publisher=["人民邮电出版社","高等教育出版社","电子工业出版社","清华大学出版社"]
for item in publisher:
    if item == "电子工业出版社":
        print("终止本次循环")
        continue
    print("循环数据: " + item)
print("循环结束")
```

实例 3-14 的运行结果如下。

```
循环数据: 人民邮电出版社
循环数据: 高等教育出版社
终止本次循环
循环数据: 清华大学出版社
循环结束
```

4. while 循环中使用 continue 语句

while 循环中使用 continue 语句可以跳过当前循环中的剩余语句，然后继续进行下一轮循环。

while 循环中使用 continue 语句的格式如下。

```
while <条件表达式 1>:
    <语句块>
    if <条件表达式 2>:
        continue
```

其中，条件表达式 2 用于判断何时调用 continue 语句终止本次循环。

【实例 3-15】演示 while 循环中使用 continue 语句

实例 3-15 的代码如下所示。

```
n = 5
while n > 0:
    n -= 1
    if n == 2:
        continue
    print(n)
print("循环结束。")
```

实例 3-15 的运行结果如下。

```
4
3
1
0
循环结束。
```

【任务 3-9】应用 while 循环语句实现网上抢购倒计时功能

【任务描述】

（1）在项目 Unit03 中创建 Python 程序文件 3-9.py。

（2）编写程序，应用 while 循环语句与 if...else 语句的嵌套结构实现网上抢购倒计时功能。

【任务实施】

1. 创建 Python 程序文件 3-9.py

在 PyCharm 项目 Unit03 中新建 Python 程序文件 3-9.py，同时 PyCharm 主窗口显示程序文件 3-9.py 的代码编辑窗口，在该程序文件的代码编辑窗口自动添加了模板内容。

微课 3-4

应用 while 循环语句
实现网上抢购倒计时
功能

2. 编写 Python 程序代码

在新建程序文件 3-9.py 的代码编辑窗口已有模板注释内容下面输入程序代码，程序文件 3-9.py 的代码如电子活页 3-5 所示。

单击工具栏中的【保存】按钮█，保存程序文件 3-9.py。

电子活页 3-5

程序文件 3-9.py
的代码

3. 运行 Python 程序

在 PyCharm 主窗口选择【Run】菜单，在弹出的下拉菜单中选择【Run】。在弹出的【Run】对话框中选择"3-9"选项，程序文件 3-9.py 开始运行。

程序文件 3-9.py 的运行结果的部分内容如下。

```
距结束 6 时 37 分 7 秒
距结束 6 时 37 分 6 秒
距结束 6 时 37 分 5 秒
距结束 6 时 37 分 4 秒
距结束 6 时 37 分 3 秒
距结束 6 时 37 分 2 秒
距结束 6 时 37 分 1 秒
距结束 6 时 37 分 0 秒
距结束 6 时 36 分 59 秒
```

【任务 3-10】综合应用循环结构的嵌套结构实现倒计时功能

【任务描述】

（1）在项目 Unit03 中创建 Python 程序文件 3-10.py。

（2）编写程序，综合应用 while 循环语句、for 循环语句、if 语句与 break 语句及嵌套结构实现倒计时功能。

【任务实施】

1. 创建 Python 程序文件 3-10.py

在 PyCharm 项目 Unit03 中新建 Python 程序文件 3-10.py，同时 PyCharm 主窗口显示程序文件 3-10.py 的代码编辑窗口，在该程序文件的代码编辑窗口自动添加了模板内容。

电子活页 3-6

程序文件 3-10.py
的代码

2. 编写 Python 程序代码

在新建程序文件 3-10.py 的代码编辑窗口已有模板注释内容下面输入程序代码，程序文件 3-10.py 的代码如电子活页 3-6 所示。

3. 在 Windows 的【命令提示符】窗口运行 Python 程序

打开 Windows 的【命令提示符】窗口，然后在提示符后面输入以下命令。

```
python D:\PycharmProject\Unit03\3-10.py
```

按【Enter】键即可运行程序文件 3-10.py。图 3-11 所示为倒计时 1 时 59 分 47 秒的运行结果，图 3-12 所示为倒计时 0 时 54 分 56 秒的运行结果。

```
倒计时：1 时 59 分 47 秒
```
图 3-11　时间为 1 时 59 分 47 秒

```
倒计时：0 时 54 分 56 秒
```
图 3-12　时间为 0 时 54 分 56 秒

知识拓展

1. 循环嵌套

在 Python 中，允许在一个循环体中嵌入另一个循环语句，这称为循环嵌套结构。for 循环和 while 循环可以进行循环嵌套。

2. 无限循环

可以通过设置 while 循环语句的条件表达式永远为 True 来实现无限循环，也称为永真循环，无限循环对在服务器上客户端的实时请求非常有用。

【实例 3-16】演示无限循环

实例 3-16 的代码如下所示。

```
while True :        #条件表达式永远为 True
    num =input("输入一个数字：")
    print("所输入的数字是：", num)
```

实例 3-16 的运行结果如下。

```
输入一个数字：3
所输入的数字是： 3
输入一个数字：2
所输入的数字是： 2
输入一个数字：
```

在 PyCharm 集成开发环境中可以使用【Ctrl+F2】组合键来终止当前的无限循环。

电子活页 3-7

循环嵌套

电子活页 3-8

pass 语句

注意　使用 while 循环语句时，一定要添加将循环条件改变为 False 的代码，否则将产生死循环。

3. pass 语句

Python 中的 pass 语句是空语句，是为了保持程序结构的完整性。pass 语句"不做任何事情"，一般用作占位语句。

在线测试

单元 4
序列数据与正则表达式操作

Python 中列表（list）、元组（tuple）、字典（dictionary）、集合（set）、字符串（string）都属于序列（sequence）。本单元分别讲解 Python 中 5 种常用的序列（列表、元组、字典、集合和字符串）的使用方法。

知识入门

1. Python 序列

序列也称为数列，是指按照一定顺序排列的一列数据。在 Python 中序列是最基本的数据结构之一，它是一块用于存放多个值的内存空间，并且按一定顺序排列，每一个值（称为元素）都分配一个顺序号，称为索引或位置。通过该索引可以取出相应的值。

在 Python 中，序列具有一些通用的特征和操作。

（1）索引。

序列中的每一个元素都有一个编号，也称为索引。从左向右计数为正数索引，正数索引从 0 开始递增，即索引值为 0 表示第 1 个元素，索引值为 1 表示第 2 个元素，以此类推。从右向左计数为负数索引，负数索引从最后一个元素开始计数，即最后一个元素的索引值是-1，倒数第 2 个元素的索引值是-2，以此类推。序列和索引如图 4-1 所示。

元素	元素 1	元素 2	元素 3	元素 4	……	元素 n-1	元素 n
正索引	0	1	2	3	……	n-2	n-1
负索引	-n	-(n-1)	-(n-2)	-(n-3)	……	-2	-1

图 4-1　序列和索引

通过索引可以访问序列中的任何元素。

（2）计算序列的长度、最大值和最小值。

在 Python 中，可以使用内置函数 len()计算序列的长度，即返回序列包含多少个元素；使用 max() 函数返回序列中的最大值元素；使用 min()函数返回序列中的最小值元素。

（3）检查某个元素是否是序列的成员。

在 Python 中，可以使用 in 关键字检查某个元素是否是序列的成员，即检查某个元素是否包含在该序列中。如果某个元素是序列的成员，则返回 True，否则返回 False。

也可以使用 not in 关键字检查某个元素是否不包含在指定的序列中。如果某个元素不是序列的成员，则返回 True，否则返回 False。

（4）序列相加。

在 Python 中，支持两个相同类型的序列进行连接，即使用"+"运算符实现两个相同类型序列进行连接。

在进行序列连接时，相同类型的序列是指同为列表、元组、集合或字符串等，序列中的元素类型可以不同。

（5）截取序列。

序列可以通过截取操作访问一定范围内的元素，生成一个新的序列。可以使用方括号的形式截取序列，截取序列的基本语法格式如下。

序列名称[start:end:step]

其中，start 表示序列截取的开始位置（包括该位置），如果不指定开始位置，则默认开始位置为 0，即从序列的第 1 个元素开始截取。

end 表示序列截取的结束位置（不包括该位置），如果不指定结束位置，则默认结束位置为最后一个元素。

step 表示序列截取的步长，按照该步长遍历序列的元素，如果省略步长，则默认步长为 1，即一个一个遍历序列。当省略步长时，最后一个冒号也可以省略。

如果想要复制整个序列，可以将 start 和 end 参数都省略，但是中间的冒号需要保留，例如，sequence[:]就表示复制整个名称为 sequence 的序列。

2. Python 成员运算符

Python 支持成员运算符，Python 的成员运算符如表 4-1 所示。

表 4-1　Python 的成员运算符

序号	运算符	描述
1	in	如果在指定的序列中找到元素，则返回 True，否则返回 False
2	not in	如果在指定的序列中没有找到元素，则返回 True，否则返回 False

以下实例演示了 Python 成员运算符的操作。

```
>>>a = 10
>>>b = 20
>>>list = [1, 2, 3, 4, 5];
>>>print( a in list )
>>>print( b not in list )
```

运行结果如下。

```
False
True
```

```
>>>a = 2        #修改变量 a 的值
>>>print( a in list )
```

运行结果如下。

```
True
```

3. Unicode 字符串

在 Python 2 中，普通字符串是以 8 位 ASCII 进行存储的，而 Unicode 字符串则存储为 16 位 Unicode 字符串，这样能够表示更多的字符集。在 Python 3 中，所有的字符串都是 Unicode 字符串。

4. Python 字符所占的字节数

在 Python 中，不同类型的字符所占的字节数不同，数字、英文字母、小数点、下画线、空格等半角字符只占 1 个字节；汉字在 GB2312/GBK 编码中占 2 个字节，在 UTF-8/Unicode 中一般占 3 个字节。

5. Python 转义字符

需要在字符中使用特殊字符时，Python 使用反斜杠 "\\" 表示转义字符，Python 转义字符如表 4-2 所示。

表 4-2　Python 转义字符

序号	转义字符	描述
1	\（在行尾时）	续行符
2	\\	反斜杠符号
3	\'	单引号
4	\"	双引号
5	\a	响铃符
6	\b	退格（BackSpace）符
7	\0	空
8	\n	换行符
9	\v	纵向制表符
10	\t	横向制表符，用于横向跳到下一制表位
11	\r	回车符
12	\f	换页符
13	\oyy	八进制数 yy 代表的字符，例如\o12 代表换行，其中 o 是字母，不是数字 0
14	\xyy	十六进制数 yy 代表的字符，例如\x0a 代表换行
15	\other	其他字符以普通格式输出

例如，使用横向制表符"\t"和换行符"\n"将一行变成多行输出，且添加空白。

```
>>>print("\tI\n\tlove\n\tPython")
```

运行结果如下。

```
I
love
Python
```

如果不想让反斜杠发生转义，可以在字符串前面添加一个"r"，表示原始字符串原样输出，不会发生转义。这里的"r"指 raw，即 raw string。

例如：

```
>>>print('D:\some\name')
```

运行结果如下。

```
D:\some
ame
```

```
>>>print(r'D:\some\name')
```

运行结果如下。

```
D:\some\name
```

另外，反斜杠可以作为续行符，在每行最后一个字符后使用反斜杠来表示下一行是上一行逻辑上的延续，例如：

```
>>>bookData=["1","HTML5+CSS3 移动 Web 开发实战","58.00",\
            "50676377587","人民邮电出版社"]
print(bookData)
```

运行结果如下。

```
['1', 'HTML5+CSS3 移动 Web 开发实战', '58.00', '50676377587', '人民邮电出版社']
```

还可以使用"""""""或"""""跨越多行。使用三引号时，换行符不需要转义，它们会包含在字符串中。

6. Python 的三引号

Python 使用三引号（"""""""或"""""）允许一个字符串跨多行，字符串中可以包含换行符"\n"、横向制表符"\t"以及其他特殊字符。

三引号让程序员从引号和特殊字符串的"泥潭"里解脱出来，自始至终保持一小块字符串的格式是所谓的所见即所得（WYSIWYG）格式。

三引号的典型使用场合是：HTML 代码编辑、SQL 语句编辑。实例代码如下所示。

```
strHtml="""
<!DOCTYPE html>
<html lang="en">
<head>
    <meta charset="UTF-8">
    <title>Title</title>
</head>
<body>
</body>
</html>
"""
strSQL='''
Create Table books (
    商品ID integer(8) Not Null ,
    商品编号  Varchar(12) Not Null,
    图书名称  Varchar(50) Not Null,
    价格  Decimal(8,2) Default Null,
    Primary Key (商品ID)
);
'''
```

循序渐进

4.1 列表的创建与应用

列表（list）是一种可变序列，是 Python 中使用最频繁的数据类型之一。

4.1.1 创建列表

Python 中的列表是由一系列按特定顺序排列的元素组成，列表元素写在方括号"[]"内、两个相邻元素使用逗号","分隔。列表中元素的类型可以不相同，因为各个列表元素之间没有相关关系，列表支持数字、字符串，甚至可以包含列表（列表嵌套）。

1. 使用赋值运算符直接创建列表

可以使用赋值运算符"="直接将一个列表赋值给变量，其基本语法格式如下。

变量名称=[元素 1,元素 2,元素 3,…,元素 n]

列表元素的数据类型和元素个数都没有限制，只要是 Python 支持的数据类型都可以，但为了提高程序的可读性，一般情况下，列表中各个元素的数据类型是相同的。

例如：

```
>>>x = ['a', 'b', 'c']
```

```
>>>n = [1, 2, 3]
```

2. 创建空列表

在 Python 中，可以创建空列表，其基本语法格式如下。

```
变量名=[]
```

3. 使用 list()函数创建数值列表

在 Python 中，可以使用 list()函数创建数值列表，其基本语法格式如下。

```
list(data)
```

其中，data 表示可以转换为列表的数据，其类型可以是 range 对象、字符串、元组或者其他可迭代类型的数据。

可以直接使用 range()函数创建数值列表，例如：

```
>>>list(range(5,15,2))
```

运行结果如下。

```
[5, 7, 9, 11, 13]
```

4. 创建嵌套列表

在 Python 中还可以使用嵌套列表，即在列表里创建其他列表，例如：

```
>>>x = ['a', 'b', 'c']
>>>n = [1, 2, 3]
>>>list = [x, n]
>>>list
```

运行结果如下。

```
[['a', 'b', 'c'], [1, 2, 3]]
>>>list[0]
```

运行结果如下。

```
['a', 'b', 'c']
>>>list[0][1]
```

运行结果如下。

```
'b'
```

4.1.2 访问列表元素

列表中的每一个元素都有一个编号，也称为索引。该索引从左至右的编号从 0 开始递增，即索引为 0 表示第 1 个元素，索引为 1 表示第 2 个元素，以此类推。列表的索引也可以从右至左进行编号，并且编号使用负数，最后一个元素的索引为-1，倒数第 2 个元素的索引为-2，以此类推，列表和索引如图 4-2 所示。

元素	元素1	元素2	元素3	元素4	……	元素n-1	元素n
正索引	0	1	2	3	……	n-2	n-1
负索引	-n	-(n-1)	-(n-2)	-(n-3)	……	-2	-1

图 4-2 列表和索引

使用索引可以访问列表中的任何元素，访问列表元素的基本格式如下。

```
列表[索引]
```

对于列表 list=['a', 'b', 'c', 'd', 'e']，访问列表元素的各种形式如表 4-3 所示。

表 4-3　访问列表元素的各种形式

序号	基本语法格式	说明	实例
1	列表名	返回列表所有元素	list
2	列表名[i]	返回列表中索引为 i 的元素，即第 i+1 个元素	list[0]、list[1]、list[2]
3	列表名[-i]	返回列表中从右开始往左的第 i 个元素	list[-1]、list[-2]

【实例 4-1】演示多种形式访问列表中的值

实例 4-1 的代码如下所示。

```
fieldName=["商品 ID","图书名称","价格","商品编码","出版社"]
print("输出列表 fieldName 所有元素：",fieldName)
print("逐个输出列表 fieldName 的前 3 个元素：",fieldName[0],fieldName[1],fieldName[2])
print("逐个输出列表 fieldName 的后 2 个元素：",fieldName[-2],fieldName[-1])
```

实例 4-1 中的 fieldName[0],fieldName[1],fieldName[2]分别表示从列表的左侧开始读取第 1、2、3 个元素，fieldName[-2],fieldName[-1]分别表示从列表的右侧开始读取倒数第 2、1 个元素。

实例 4-1 的运行结果如下。

```
输出列表 fieldName 所有元素：　['商品 ID', '图书名称', '价格', '商品编码', '出版社']
逐个输出列表 fieldName 的前 3 个元素：　商品 ID 图书名称 价格
逐个输出列表 fieldName 的后 2 个元素：　商品编码 出版社
```

从运行结果可以看出，使用列表名称输出列表所有元素时，结果中包括方括号"[]"；通过列表的索引输出指定的列表元素时，结果中不包括方括号"[]"，如果是字符串，也不包括左右的引号。

4.1.3　截取列表

截取操作是访问列表元素的一种方法，它可以访问一定范围内的多个元素，列表被截取后返回一个包含所需元素的新列表。

对于列表 list=['a', 'b', 'c', 'd', 'e']，截取列表元素的各种形式如表 4-4 所示。

表 4-4　截取列表元素的各种形式

序号	基本语法格式	说明	实例
1	列表名[i:j]	截取列表中索引值为 i 至 j 的元素	list[1:3]
2	列表名[i:]	截取列表中索引值为 i 的元素至最后 1 个的所有元素	list[2:]
3	列表名[:j]	截取列表中第 1 个元素至索引值为 j-1 的所有元素	list[:3]
4	列表名[:]	截取列表中所有元素	list[:]
5	列表名[i:j:k]	从列表中第 i 个元素开始，每隔 k 个截取 1 个列表中的元素，直至列表第 j-1 个元素为止	list[1:3:2]

对于列表 list=['a', 'b', 'c', 'd', 'e']，从左向右的索引值分别为 0、1、2、3、4，从右向左的索引值分别为-1、-2、-3、-4、-5。

list[1:3]表示从列表 list 左侧开始读取第 2、3 个元素，其返回值为['b', 'c']；list[:4]表示从列表 list 左侧开始读取第 1 个至第 4 个的所有元素，其返回值为['a', 'b', 'c', 'd']；list[3:]表示从列表 list 的第 3 个元素开始往后的所有元素，其返回值为['d', 'e']；list[:]表示从列表 list 读取所有元素，其返回值为['a', 'b', 'c', 'd', 'e']，与 t[:5]的返回值相同，即返回一个包含所有元素的新列表。

列表 list 的截取示意如图 4-3 所示。

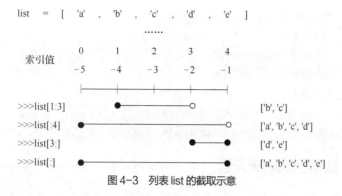

图 4-3 列表 list 的截取示意

【实例 4-2】演示多种形式列表的截取

实例 4-2 的代码如下所示。

```
bookData=["1","HTML5+CSS3 移动 Web 开发实战","58.00","50676377587"
                ,"人民邮电出版社"]
print("输出列表 bookData 所有元素 1：",bookData)
print("输出列表 bookData 所有元素 2：",bookData[:])
print("输出列表 bookData 第 2 至第 3 个元素：",bookData[1:3])
print("输出列表 bookData 第 2 个与第 5 个元素：",bookData[1:5:3])
```

说明（1）bookData 与 bookData[:]都表示输出列表所有元素。

（2）bookData[1:3]表示从第 2 个元素开始输出到第 3 个元素。

（3）bookData[1:5:3]表示从第 2 个元素开始输出到第 5 个元素，每隔 3 个元素予以输出，这里表示输出第 2 个和第 5 个元素。

实例 4-2 的运行结果如图 4-4 所示。

```
输出列表bookData所有元素1： ['1', 'HTML5+CSS3移动Web开发实战', '58.00', '50676377587', '人民邮电出版社']
输出列表bookData所有元素2： ['1', 'HTML5+CSS3移动Web开发实战', '58.00', '50676377587', '人民邮电出版社']
输出列表bookData第2至第3个元素： ['HTML5+CSS3移动Web开发实战', '58.00']
输出列表bookData第2个与第5个元素： ['HTML5+CSS3移动Web开发实战', '人民邮电出版社']
```

图 4-4 实例 4-2 的运行结果

4.1.4 连接与重复列表

列表支持连接与重复操作，加号"+"是列表连接运算符，星号"*"是列表重复操作符。

将列表 list1 的元素增加到列表 list 中的基本语法格式如下。

```
list+=list1
```

也可以使用 extend()来实现，基本语法格式如下。

```
list.extend(list1)
```

将 list 列表的元素重复 n 次的基本语法格式如下。

```
list*=n
```

其含义是将原列表重复 n 次生成一个新列表。

【实例 4-3】演示列表的连接与重复操作

实例 4-3 的代码如下所示。

```
publisher=["人民邮电出版社"]
```

69

```
bookData1=["2","给 Python 点颜色 青少年学编程"]
bookData2=["59.80","54792975925","人民邮电出版社"]
print("输出重复 2 次的列表: ",publisher*2)
print("输出两个列表的连接结果: ",bookData1+bookData2)
```

实例 4-3 的运行结果如下。

输出重复 2 次的列表: ['人民邮电出版社', '人民邮电出版社']

输出两个列表的连接结果: ['2', '给 Python 点颜色 青少年学编程', '59.80', '54792975925', '人民邮电出版社']

4.1.5 修改与添加列表元素

可以对列表的数据项进行修改或添加，列表中的元素是可以改变的。

1. 修改列表元素

修改列表中的元素只需要通过索引找到该元素，然后为其重新赋值即可。

修改列表元素的基本语法格式如下。

```
list[i]=x
```

即替换列表 list 中索引值为 i 的元素值为 x。

例如:

```
>>>list = [1, 2, 3, 4, 5, 6]
>>>list [0] = 9            #修改列表元素值
>>>list [2:5] = [13, 14, 15]   #修改列表元素值
>>>list
```

运行结果如下。

```
[9, 2, 13, 14, 15, 6]
```

也可以修改指定区间的列表元素值，用列表 list1 替换列表 list 中第 i 至 j 项数据的基本语法格式如下。

```
list[i:j]=list1
```

例如:

```
>>>letters = ['a', 'b', 'c', 'd', 'e', 'f', 'g']
>>>list1=['B', 'C', 'D']
>>>letters[1:3] =list1           #替换一些元素值
>>>letters
```

运行结果如下。

```
['a', 'B', 'C', 'D', 'd', 'e', 'f', 'g']
```

2. 在列表末尾添加元素

可以通过使用 append()方法在列表的末尾添加新元素，在 list 列表的末尾添加元素 x 的基本语法格式如下。

```
list.append(x)
```

例如:

```
>>>list = [1, 2, 3, 4, 5, 6]
>>>list.append(7)    #在 list 列表中添加新元素
>>>list
```

运行结果如下。

```
[1, 2, 3, 4, 5, 6, 7]
```

4.1.6　删除列表元素

1. 给列表元素赋空值

在 Python 中，列表中的元素是可以删除的。

例如：

```
>>>list = [1, 2, 3, 4, 5, 6]
>>>list[2:5] = []    #删除列表中第 3 个至第 5 个元素
>>>list
```

运行结果如下。

```
[1, 2, 6]
>>>list[:] = []    #清除列表
>>>list
```

运行结果如下。

```
[]
```

2. 使用 del 语句删除列表元素

在 Python 中，可以使用 del 语句删除列表中的元素，删除列表 list 中第 i 至第 j 项以 k 为步长的元素的基本语法格式如下。

```
del list[i:j:k]
```

例如：

```
>>>list = [1, 2, 3, 4, 5, 6]
>>>del list[2]
>>>print ("删除列表中第 3 个元素后的列表：",list)
>>>list
```

运行结果如下。

```
删除列表中第 3 个元素后的列表：[1, 2, 4, 5, 6]
```

从输出结果可以看出，第 3 个元素"3"被删除了。

```
>>>letters = ['a', 'b', 'c', 'd', 'e', 'f', 'g']
>>>del letters[2:7:2]
>>>print ("删除列表中第 3 至第 7 项以 2 为步长的元素后的列表：", letters)
```

运行结果如下。

```
删除列表中第 3 至第 7 项以 2 为步长的元素后的列表：  ['a', 'b', 'd', 'f']
```

从输出结果可以看出，第 3、5、7 个元素"c""e""g"被删除了。

4.1.7　列表运算符

列表的运算符如表 4-5 所示。

表 4-5　列表的运算符

序号	Python 表达式	运算结果	说明
1	[1, 2, 3] + [4, 5, 6]	[1, 2, 3, 4, 5, 6]	组合
2	['go!'] * 3	['go!', 'go!', 'go!']	重复
3	3 in [1, 2, 3]	True	元素是否存在于列表中
4	for x in [1, 2, 3]: 　　print(x, end=" ")	1 2 3	迭代

　　Python 中列表的成员运算符有 in 和 not in，in 用于检查指定元素是否是列表成员，即检查列表中是否包含了指定元素。基本语法格式如下。

元素　in　列表

例如：

>>>list=[1,2,3,4]

>>>3 in list

运行结果如下。

True

如果在列表中存在指定元素，则返回值为 True，否则返回值为 False。

在 Python 中，也可以使用 not in 检查指定元素是否不包含在指定的列表中。基本语法格式如下。

元素　not in　列表

例如：

>>>list=[1,2,3,4]

>>>5 not in list

运行结果如下。

True

4.1.8　列表的内置函数与基本方法

1. Python 列表的内置函数

Python 列表的内置函数如表 4-6 所示。

表 4-6　Python 列表的内置函数

序号	函数	说明
1	len(list)	返回列表 list 元素的个数，即列表的长度
2	max(list)	返回列表 list 元素的最大值
3	min(list)	返回列表 list 元素的最小值
4	sum(list[,start])	返回列表 list 元素的和，其中 start 用于指定统计结果的开始位置，是可选参数，如果没有指定，默认值为 0
5	sorted(list, key=None ,reverse=False)	对列表 list 元素进行排序，并且使用该函数进行排序会建立一个原列表的副本，该副本为排序后的列表，原列表的元素顺序不会改变。其中，key 用于指定排序规则；reverse 为可选参数，如果将其值指定为 True，则表示降序排列，如果为 False，则表示升序排列，默认为升序排列
6	reversed(list)	反向排列列表 list 中的元素
7	str(list)	将列表 list 转换为字符串
8	list(seq)	将元组 seq 转换为列表
9	enumerate(list)	将列表 list 组合为索引列表，多用于 for 循环语句中

【实例 4-4】演示 Python 列表的内置函数的应用

实例 4-4 的代码如电子活页 4-1 所示。

实例 4-4 的运行结果如图 4-5 所示。

2. Python 列表的基本方法

Python 列表的基本方法如表 4-7 所示。

电子活页 4-1

实例 4-4 的代码

```
计算列表fieldName的长度：5
输出价格最高的图书：89.8
输出价格最低的图书：49.0
输出列表amount中金额49.00出现的次数：2
输出列表amount中金额49.00首次出现的索引：3
输出列表amount中金额合计：385.4
输出列表bookData1初始长度：2
输出列表bookData1添加1个元素的长度：3
输出添加1个元素的列表bookData1所有元素：['2', '给Python点颜色 青少年学编程', '59.80']
输出bookData1列表删除1个元素的长度：2
输出删除1个元素的列表bookData1所有元素：['2', '给Python点颜色 青少年学编程']
```

图 4-5　实例 4-4 的运行结果

表 4-7　Python 列表的基本方法

序号	方法	说明
1	list.append(x)	在列表 list 末尾添加新的元素 x
2	list.extend(seq)	在列表 list 末尾一次性追加另一个序列中的多个元素（用新列表扩展原来的列表）
3	list.insert(i,x)	在列表 list 的第 i 项位置插入新元素 x
4	list.copy()	复制列表 list 生成新的列表
5	list.pop([index=-1])	移除列表 list 中的一个元素（默认为最后一个元素），且返回该元素的值
	list.pop(i)	将列表 list 中的第 i 项元素删除
6	list.remove(x)	移除列表 list 中 x 元素值的第一个匹配项
7	list.clear()	清空列表 list，即删除列表 list 中的所有元素
8	list.reverse()	反向列表 list 中的元素
9	list.sort(key=None,reverse=False)	对原列表 list 进行排序，并且使用该方法进行排序会改变原列表的元素排列顺序。其中 key 表示指定一个从每个列表元素中提取一个用于比较的键；reverse 为可选参数，如果将其值指定为 True，则表示降序排列，如果为 False，则表示升序排列，默认为升序排列
10	list.index(x)	从列表 list 中找出指定元素值首次匹配项的索引值
11	list.count(x)	统计指定元素在列表 list 中出现的次数

电子活页 4-2

实例 4-5 的代码

【实例 4-5】演示 Python 列表的基本方法和成员运行符的应用

实例 4-5 的代码如电子活页 4-2 所示。

实例 4-5 的运行结果如图 4-6 所示。

```
输出添加2个列表后book的所有元素：['2', '给Python点颜色 青少年学编程', '59.80', '54792975925', '人民邮电出版社']
输出修改了第4个元素值的列表fieldName的所有元素：['商品ID', '图书名称', '价格', '图书编码', '出版社']
输出列表fieldName反向后的所有元素：['出版社', '图书编码', '价格', '图书名称', '商品ID']
输出列表price升序排列后的所有元素：[49.0, 58.0, 59.8, 79.8, 89.8]
输出列表price降序排列后的所有元素：[89.8, 79.8, 59.8, 58.0, 49.0]
输出列表amount升序排列元素：[49.0, 49.0, 58.0, 59.8, 79.8, 89.8]
输出列表amount降序排列元素：[89.8, 79.8, 59.8, 58.0, 49.0, 49.0]
输出列表amount原排列元素：[58.0, 59.8, 79.8, 49.0, 89.8, 49.0]
输出列表price打九五折后的价格排列元素：
85.31  75.81  56.81  55.10  46.55
输出列表price中价格高于50元的价格排列元素：[89.8, 79.8, 59.8, 58.0]
检查指定元素是否为列表bookData的成员：True
检查指定元素是否为列表bookData的成员：True
```

图 4-6　实例 4-5 的运行结果

【任务 4-1】遍历列表

微课 4-1

遍历列表

【任务描述】

（1）在 PyCharm 集成开发环境中创建项目 Unit04。

（2）在项目 Unit04 中创建 Python 程序文件 4-1.py。

（3）使用 for 循环语句遍历列表，输出列表所有元素的值。

（4）使用 for 循环语句结合 enumerate()函数遍历列表，输出列表所有元素的索引值和元素值。

【任务实施】

1. 创建 PyCharm 项目 Unit04

成功启动 PyCharm 后，在指定位置"D:\PycharmProject\"创建 PyCharm 项目 Unit04。

2. 创建 Python 程序文件 4-1.py

在 PyCharm 项目 Unit04 中新建 Python 程序文件 4-1.py，同时 PyCharm 主窗口显示程序文件 4-1.py 的代码编辑窗口，在该程序文件的代码编辑窗口自动添加了模板内容。

电子活页 4-3

程序文件 4-1.py 的代码

3. 编写 Python 程序代码

在新建文件 4-1.py 的代码编辑窗口已有模板注释内容下面输入程序代码，程序文件 4-1.py 的代码如电子活页 4-3 所示。

单击工具栏中的【保存】按钮🔲，保存程序文件 4-1.py。

4. 运行 Python 程序

在 PyCharm 主窗口选择【Run】菜单，在弹出的下拉菜单中选择【Run】。在弹出的【Run】对话框中选择"4-1"选项，程序文件 4-1.py 开始运行。

程序文件 4-1.py 的运行结果如下。

遍历输出列表 bookData 所有元素值：

1 HTML5+CSS3 移动 Web 开发实战　58.00　50676377587　人民邮电出版社

遍历输出列表 bookData 所有元素的索引值和元素值：

1 1

2 HTML5+CSS3 移动 Web 开发实战

3 58.00

4 50676377587

5 人民邮电出版社

4.2 元组的创建与应用

Python 中的元组（tuple）与列表类似，也是由一系列按特定顺序排列的元素组成，不同之处在于元组一旦创建其元素不能修改，所以又称为不可变的列表。

4.2.1 创建元组

1. 使用赋值运算符创建元组

创建元组很简单，只需要将元组的所有元素放在圆括号"()"中，两个相邻元素之间用逗号","隔开。创建元组时，可以使用赋值运算符"="直接将一个元组赋值给变量，基本语法格式如下。

变量名=(元素 1,元素 2,元素 3,…,元素 n)

可以将整数、浮点数、字符串、列表、元组等 Python 支持的任何类型的内容作为元素值放入元组中，并且在同一个元组中元素的类型也可以不同，因为元组的元素之间没有相关关系。元组中元素的个数没有限制。

例如：

```
>>>tuple1 = (1, 2, 3, 4, 5 )
>>>tuple1
>>>tuple2 = "a", "b", "c", "d"      #不使用括号也可以，圆括号并不是必需的
>>>tuple2
```

运行结果如下。

```
(1, 2, 3, 4, 5)
('a', 'b', 'c', 'd')
>>>type(tuple2)
```

运行结果如下。

```
<class 'tuple'>
```

2. 创建空元组

在 Python 中，也可以创建空元组，创建空元组（包含 0 个元素的元组）的基本语法格式如下。

```
tuple = ()    #空元组
```

空元组可以应用在为函数传递一个空值或者返回空值的情况。

3. 创建只包含 1 个元素的元组

创建包含 0 个或 1 个元素的元组是特殊的问题，所以有一些额外的语法规则。元组中只包含 1 个元素时，需要在元素后面添加逗号，否则括号会被当作运算符使用，例如：

```
>>>tuple1 = (50,)     #1 个元素的元组，需要在元素后添加逗号
>>>type(tuple1)       #加逗号，类型为元组
```

运行结果如下。

```
<class 'tuple'>
>>>tuple2 = (50)
>>>type(tuple2)       #不加逗号，类型为整数
<class 'int'>
```

4. 创建元素类型不同的元组

元组中元素的元素类型可以不相同，例如：

```
>>>bookData=(2,"给 Python 点颜色 青少年学编程",59.80,"人民邮电出版社")
>>>bookData
```

运行结果如下。

```
(2, '给 Python 点颜色 青少年学编程', 59.8, '人民邮电出版社')
```

5. 使用 tuple()函数创建数值元组

在 Python 中，可以使用 tuple()函数创建数值元组，基本语法格式如下。

```
tuple(data)
```

其中，data 表示可以转换为元组的数据，其类型可以是 range 对象、字符串、元组或者其他可迭代类型的数据。

可以直接使用 range()函数创建数值元组，例如：

```
>>>tuple(range(5,15,2))
```

运行结果如下。

```
 (5, 7, 9, 11, 13)
```

4.2.2 访问元组元素

可以使用索引值来访问元组中的值，元组可以被索引且索引值从 0 开始。

例如：

```
>>>tuple = (1, 2, 3, 4, 5, 6, 7 )
>>>print(tuple)              #输出完整元组，结果包括圆括号 "()"
>>>print(tuple[0])          #输出元组的第 1 个元素
>>>print(tuple[2])          #输出元组的第 3 个元素
>>>print(tuple[-2])         #反向读取，输出元组的倒数第 2 个元素
```

运行结果如下。

```
(1, 2, 3, 4, 5, 6, 7)
1
3
6
```

4.2.3 截取元组

因为元组是一个序列，所以可以访问元组中指定位置的元素，也可以截取索引中的一段元素。

例如：

```
>>>tuple = (1, 2, 3, 4, 5, 6, 7 )
>>>print(tuple)              #输出元组的全部元素
>>>print(tuple[1:3])        #输出从第 2 个元素开始到第 3 个元素的所有元素
>>>print(tuple[2:])         #输出从第 3 个元素开始的所有元素
(1, 2, 3, 4, 5, 6, 7)
(2, 3)
(3, 4, 5, 6, 7)
```

4.2.4 连接与重复元组

元组也支持连接与重复操作，加号 "+" 是元组连接运算符，星号 "*" 是元组重复操作符。

例如：

```
>>>tuple1, tuple2 = (1, 2, 3), (4, 5, 6)
>>>tuple= tuple1+tuple2    #连接元组，连接的对象必须都是元组
>>>print(tuple)
>>>print(tuple * 2)         #输出 2 次元组
(1, 2, 3, 4, 5, 6)
(1, 2, 3, 4, 5, 6, 1, 2, 3, 4, 5, 6)
```

说 明 在进行元组连接操作时，连接的对象必须都是元组，不能将元组和列表或者字符进行连接。如果要连接的元组只有 1 个元素时，不要忘记在这个元素后面添加逗号 ","。

【实例 4-6】演示多种形式访问元组中的值

实例 4-6 的代码如下所示。

```
fieldName=("商品 ID","图书名称","价格","商品编码","出版社")
```

```
bookData=("1","HTML5+CSS3 移动 Web 开发实战","58.00","50676377587"
            ,"人民邮电出版社")
print("输出元组 fieldName 所有元素：",fieldName)
print("输出元组 bookData 所有元素：",bookData[:])
print("输出元组 fieldName 第 2 个元素：",fieldName[1])
print("输出元组 fieldName 倒数第 1 个元素：",fieldName[-1])
print("输出元组 bookData 第 2 个与第 5 个元素：",bookData[1:5:3])
print("输出元组 bookData 第 2 至第 3 个元素：",bookData[1:3])
```

实例 4-6 的运行结果如图 4-7 所示。

```
输出元组fieldName所有元素：('商品ID', '图书名称', '价格', '商品编码', '出版社')
输出元组bookData所有元素：('1', 'HTML5+CSS3移动Web开发实战', '58.00', '50676377587', '人民邮电出版社')
输出元组fieldName第2个元素：图书名称
输出元组fieldName倒数第1个元素：出版社
输出元组bookData第2个与第5个元素：('HTML5+CSS3移动Web开发实战', '人民邮电出版社')
输出元组bookData第2至第3个元素：('HTML5+CSS3移动Web开发实战', '58.00')
```

图 4-7　实例 4-6 的运行结果

4.2.5　修改元组元素

元组中的单个元素值是不允许修改的，例如：

```
>>>tuple = (1, 2, 3, 4, 5, 6)
>>>print(tuple[0], tuple[1:5])
```

运行结果如下。

```
1 (2, 3, 4, 5)
```

```
>>>tuple[0] = 11        #修改元组元素的操作是非法的
```

会出现如下所示的异常信息。

```
Traceback (most recent call last):
  File "<stdin>", line 1, in <module>
TypeError: 'tuple' object does not support item assignment
```

但可以对元组进行重新赋值，例如：

```
>>>bookData=("1","HTML5+CSS3 移动 Web 开发实战","58.00","人民邮电出版社")
>>>bookData=("3","零基础学 Python（全彩版）","79.80","吉林大学出版社")
>>>print("输出元组 bookData 修改后的所有元素：",bookData)
```

运行结果如下。

输出元组 bookData 修改后的所有元素：('3', '零基础学 Python（全彩版）','79.80','吉林大写出版社')

虽然元组的元素不可改变，但它可以包含可变的对象，如 list 列表。例如：

```
>>>tuple = (1, 2, 3, 4, [5, 6])
>>>print(tuple)
```

运行结果如下。

```
(1, 2, 3, 4, [5, 6])
```

```
>>>tuple[4][0] = 15        #修改元组 tuple 中列表元素的元素是可以的
>>>print(tuple)
```

运行结果如下。

(1, 2, 3, 4, [15, 6])

4.2.6 删除元组元素

元组中的元素值是不允许删除的，但可以使用 del 语句删除整个元组，例如：

>>>tuple = (1, 2, 3, 4, 5, 6)

>>>tuple[0]=()

会出现以下异常信息。

File "<stdin>", line 1, in <module>

TypeError: 'tuple' object does not support item assignment

>>>del tuple

>>>print(tuple[0])

以上元组被删除后，输出元组的元素会出现异常信息，输出结果如下所示。

Traceback (most recent call last):

File "<stdin>", line 1, in <module>

TypeError: 'type' object is not subscriptable

4.2.7 元组运算符

元组运算符如表 4-8 所示。

表 4-8　元组运算符

序号	Python 表达式	运算结果	说明
1	(1, 2, 3) + (4, 5, 6)	(1, 2, 3, 4, 5, 6)	连接
2	('Go!',) * 3	('Go!', 'Go!', 'Go!')	重复
3	3 in (1, 2, 3)	True	元素是否存在
4	for item in (1, 2, 3): 　　print(item, end="　")	1　2　3	迭代

4.2.8 元组的内置函数与基本方法

1. Python 元组的内置函数
Python 元组的内置函数如表 4-9 所示。

表 4-9　Python 元组的内置函数

序号	函数	说明	实例	结果
1	len(tuple)	计算元组中元素的个数	>>>tuple = ('1', '2', '3') >>>len(tuple)	3
2	max(tuple)	返回元组中元素的最大值	>>>tuple = ('5', '4', '8') >>>max(tuple)	8
3	min(tuple)	返回元组中元素的最小值	>>>tuple = ('5', '4', '8') >>>min(tuple)	4

2. Python 元组的基本方法
Python 元组主要有以下方法。

（1）count()方法，用于统计元组中指定元素中出现的次数，例如 tuple.count('str')。

（2）index()方法，用于查看指定元素的索引值，例如 tuple.index('str')。

（3）sorted()方法，用于对指定元组的元素进行排序，例如 sorted(tuple)。

```
>>>tuple = ('1', '2', '3', '1', '2', '3')
>>>tuple.index('2')
>>>tuple.count('2')
>>>sorted(tuple)
```

运行结果如下。

```
1
2
['1', '1', '2', '2', '3', '3']
```

【实例 4-7】演示元组运算符、内置函数与基本方法的应用

实例 4-7 的代码如下所示。

```
fieldName=("商品 ID","图书名称","价格","商品编码","出版社")
bookData=("1","HTML5+CSS3 移动 Web 开发实战","58.00","50676377587",
            "人民邮电出版社")
bookData1=("2","PPT 设计从入门到精通")
bookData2=("79.00","12528944","人民邮电出版社")
publisher=("人民邮电出版社")
price=(58.00,59.80,79.80,49.00,89.80)
book=()
print("计算元组 fieldName 的长度：",len(fieldName))
print("输出价格最高图书的价格：",max(price))
print("输出价格最低图书的价格：",min(price))
print("输出 bookData1 元组初始长度：",len(bookData1))
book=bookData1+bookData2
print("输出添加 2 个元组后元组 book 的长度：",len(book))
print("输出添加 2 个元组后元组 book 的所有元素：",book[:])
print("输出重复多次的子元组：",publisher*2)
print("检查指定元素是否为元组 bookData 的成员：","人民邮电出版社" in bookData)
print("检查指定元素是否不为元组 bookData 的成员：","高等教育出版社" not in bookData)
```

实例 4-7 的运行结果如图 4-8 所示。

```
计算元组fieldName的长度：5
输出价格最高图书的价格：89.8
输出价格最低图书的价格：49.0
输出bookData1元组初始长度：2
输出添加2个元组后元组book的长度：5
输出添加2个元组后元组book的所有元素：('2', 'PPT设计从入门到精通', '79.00', '12528944', '人民邮电出版社')
输出重复多次的子元组：人民邮电出版社人民邮电出版社
检查指定元素是否为元组bookData的成员：True
检查指定元素是否不为元组bookData的成员：True
```

图 4-8 实例 4-7 的运行结果

【任务 4-2】遍历元组

【任务描述】

（1）在项目 Unit04 中创建 Python 程序文件 4-2.py。

（2）使用 for 循环语句遍历元组，输出元组所有元素的值。

（3）使用 for 循环语句结合 enumerate()函数遍历元组，输出元组所有元素的索引值和元素值。

微课 4-2

遍历元组

【任务实施】

1. 创建 Python 程序文件 4-2.py

在 PyCharm 项目 Unit04 中新建 Python 程序文件 4-2.py，同时 PyCharm 主窗口显示程序文件 4-2.py 的代码编辑窗口，在该程序文件的代码编辑窗口自动添加了模板内容。

2. 编写 Python 程序代码

在新建文件 4-2.py 的代码编辑窗口已有模板注释内容下面输入程序代码，程序文件 4-2.py 的代码如电子活页 4-4 所示。

单击工具栏中的【保存】按钮🔚，保存程序文件 4-2.py。

电子活页 4-4

程序文件 4-2.py
的代码

3. 运行 Python 程序

在 PyCharm 主窗口选择【Run】菜单，在弹出的下拉菜单中选择【Run】。在弹出的【Run】对话框中选择"4-2"选项，程序文件 4-2.py 开始运行。

程序文件 4-2.py 的运行结果如下。

```
遍历输出元组 fieldName 和 bookData 所有元素:
商品 ID          图书名称              价格        商品编码           出版社
1      HTML5+CSS3 移动 Web 开发实战    58.00    50676377587      人民邮电出版社
遍历输出元组 bookData 所有元素的索引值和元素值:
1 1
2 HTML5+CSS3 移动 Web 开发实战
3 58.00
4 50676377587
5 人民邮电出版社
```

4.3 字典的创建与应用

字典（dictionary）也是 Python 中一种非常有用的数据类型。字典是一种映射类型（mapping type），用花括号"{}"标识，它的元素是"键值"对。

列表是有序的对象集合，字典是无序的对象集合。两者之间的区别在于字典当中的元素是通过键来存取的，而不是通过偏移存取。

4.3.1 创建字典

字典是一个无序的键值对的集合，字典以键（key）为索引，一个键对应一个值（value）信息，可以存储 Python 支持的任意类型对象。

1. 直接使用花括号"{}"创建字典

定义字典时，字典的所有元素放入花括号"{}"中，每个元素都包含 "键"和"值"两个部分，字典的每个键和值之间用冒号":"分隔，如 key:value，每个元素（键值对）之间用逗号","分隔，基本语法格式如下所示。

```
dictionary = {key1 : value1, key2 : value2,···, keyn : valuen}
```

例如：

```
>>>dict = {"name":"李明","age":21,"gender":"男","math":86,"english":92}
>>>dict1 = {"name":"李明","age":21,"gender":"男"}
>>>dict2 = {"math":86,"english":92}
```

字典中值可以是任何 Python 对象，既可以是标准的对象，也可以是用户定义的对象，但键不行。字典中键的特性如下。

（1）同一个字典中，键必须是唯一的，必须互不相同。

不允许同一个键出现两次。创建字典时如果同一个键被赋值两次，后一个值会被记住，例如：

```
>>>dict = {"name":"李明","age":21,"gender":"男","math":86,"english":92,"name":"LiMing"}
>>>print(dict)
>>>print(dict["name"])
```

运行结果如下。

```
{'name': 'LiMing', 'age': 21, 'gender': '男', 'math': 86, 'english': 92}
LiMing
```

（2）字典的键必须是不可变类型，而值可以取任何数据类型，并且值不必唯一。

字典的键必须是不可变的类型，可以用数字、字符串或元组充当，但列表和包含可变类型元素的元组不能作为键。

2. 创建空字典

（1）使用空"{}"创建空字典，例如：

```
>>>dictionary = {}   #创建空字典
>>> print(dictionary)
```

运行结果如下。

```
{}
```

（2）使用 dict()方法创建空字典，例如：

```
>>>dictionary=dict()
>>>print(dictionary)
```

运行结果如下。

```
{}
```

3. 通过映射函数创建字典

使用 dict()方法和 zip()函数通过已有数据快速创建字典的基本语法格式如下。

```
dictionary=dict(zip(listkey,listvalue))
```

其中，zip()函数用于将多个列表或元组对应位置的元素组合为元组，并返回包含这些内容的 zip 对象。如果想得到元组，可以使用 tuple()函数将 zip 对象转换为元组；如果想得到列表，则可以使用 list()函数将其转换为列表。

listkey 是一个用于指定要生成字典的键的列表，listvalue 是一个用于指定要生成字典的值的列表。例如：

```
>>>listkey=["name","age","gender"]
>>>listvalue =["李明",21, "男"]
>>>dictionary=dict(zip(listkey,listvalue))
>>>print(dictionary)
```

运行结果如下。

{'name': '李明', 'age': 21, 'gender': '男'}

4. 通过给定的"键参数"创建字典

使用 dict()方法，通过给定的"键参数"创建字典的基本语法格式如下。

dictionary =dict(key1=value1, key2=value2,…, keyn=valuen)

其中，key1、key2、……、keyn 表示参数名，必须是唯一的，并且要求符合 Python 标识符的命名规则，这些参数名会转换为字典的键。value1、value2、……、valuen 表示参数值，可以是任何数据类型，不是必须唯一的，这些参数值将被转换为字典的值。

例如：

>>>dictionary = dict(name="李明",age=21,gender="男")

>>>print(dictionary)

运行结果如下。

{'name': '李明', 'age': 21, 'gender': '男'}

在 Python 中，还可以使用 dict 对象的 fromkeys()方法创建值为空的字典，其基本语法格式如下。

dictionary=dict.fromkeys(list)

其中，list 表示字典的键列表。

也可以通过已经存在的元组和列表创建字典，基本语法格式如下。

dictionary={tuple:list}

其中，tuple 表示作为键的元组，list 表示作为值的列表。

4.3.2 访问字典的值

1. 通过键值对访问字典的值

字典中的元素以键信息为索引进行访问，把相应的键放入方括号中即可访问字典的值。Python 中使用字典的 get()方法也可获取指定键的值。

【实例 4-8】演示多种形式访问字典的键与值

实例 4-8 的代码如下所示。

```
dict = {"name":"李明","age":21,"gender":"男","math":86,"english":92}
print(dict["name"]," ",dict["age"])      #通过键查询
print(dict)                   #输出完整的字典
print(dict.keys())           #输出所有键
print(dict.values())         #输出所有值
```

实例 4-8 的运行结果如下。

```
李明    21
{'name': '李明', 'age': 21, 'gender': '男', 'math': 86, 'english': 92}
dict_keys(['name', 'age', 'gender', 'math', 'english'])
dict_values(['李明', 21, '男', 86, 92])
```

如果使用字典里没有的键访问数据，会出现异常，例如：

>>>print(dict["Name"])

会出现以下异常信息。

```
Traceback (most recent call last):
  File "D:/PycharmProject/Practice/Unit04/p4-8.py", line 11, in <module>
```

```
    print(dict["Name"]," ",dict["age"])
KeyError: 'Name'
```

2. 遍历字典

Python 提供了遍历字典的方法，使用字典的 items()方法可以获取字典的全部键值对列表，其基本语法格式如下。

```
dictionary.items()
```

其中，dictionary 表示字典对象，返回值为可遍历的键值对的元组。想要获取具体的键值对，可以通过 for 循环遍历该元组。

Python 中还提供了 keys()方法和 values()方法，分别用于返回字典的键和值的列表，想要获取具体的键和值，也要通过 for 循环遍历该列表。

4.3.3 修改与添加字典的值

字典长度是可变的，可以通过对键赋值的方法实现增加或修改键值对。向字典中添加元素的基本语法格式如下。

```
dictionary[key]=value
```

其中，key 表示要添加元素的键，必须是唯一的，并且不可变，可以是字符串、数字或元组。value 表示要添加元素的值，可以是任何 Python 支持的数据类型，不必须唯一。

可以先创建空字典，然后添加字典的值，例如：

```
>>>dict = {}
>>>dict["name"] = "李明"
>>>dict["age"]=22
>>>dict["gender"]="男"
>>>print(dict)
```

运行结果如下。

```
{'name': '李明', 'age': 22, 'gender': '男'}
```

由于在字典中键必须是唯一的，如果新添加元素的键与已经存在的键重复，则将使用新值替换原来该键的值，这就相当于修改字典的元素。

例如：

```
>>>dict = {"name":"李明","age":21,"gender":"男"}
>>>dict["age"]=23      #修改 age 的值
>>>dict["math"]=90     #添加一个键值对
>>>print(dict)
```

运行结果如下。

```
{'name': '李明', 'age': 23, 'gender': '男', 'math': 90}
```

4.3.4 删除字典元素

在 Python 中，使用 del 语句可以删除字典中的某个元素，也能删除字典。使用 clear()方法可以清空字典，使用 pop()方法可以删除并返回指定键的元素。

例如：

```
>>>dict = {"name":"李明","age":21,"gender":"男"}
>>>del dict["age"]      #删除 1 个键值对 age
```

```
>>>print(dict)
```

运行结果如下。

```
{'name': '李明', 'gender': '男'}
```

如果删除一个不存在的键时，将会出现异常。

例如：

```
>>>del dict            #删除字典 dict
>>>print(dict["name"])
```

运行结果如下。

```
Traceback (most recent call last):
   File "<stdin>", line 1, in <module>
```

TypeError: 'type' object is not subscriptable

引发异常的原因是使用 del 语句执行删除字典的操作后，该字典已不再存在。

【实例 4-9】演示访问、修改与删除字典的值

实例 4-9 的代码如下所示。

```
bookData={"商品 ID":"1","图书名称":"HTML5+CSS3 移动 Web 开发实战","价格":"58.00"}
bookData1={"商品 ID":"4","图书名称": "给 Python 点颜色 青少年学编程"}
print("输出字典 bookData 所有元素：",bookData)
print("输出字典 bookData 中指定键'图书名称'的值：",bookData['图书名称'])
print("输出 bookData3 字典初始长度为：",len(bookData1))
bookData1['价格']=59.80
print("bookData3 字典添加 1 个元素的长度为：",len(bookData1))
print("输出添加 1 个元素的字典 bookData1 所有元素：",bookData1)
del bookData1['价格']
print("bookData3 字典删除 1 个元素的长度为：",len(bookData1))
print("输出删除 1 个元素的字典 bookData3 所有元素：",bookData1)
bookData['价格']=45.20
print("输出修改了价格键对应值的字典 bookData 所有元素：",bookData)
```

实例 4-9 的运行结果如图 4-9 所示。

```
输出字典bookData所有元素：{'商品ID': '1', '图书名称': 'HTML5+CSS3移动Web开发实战', '价格': '58.00'}
输出字典bookData中指定键'图书名称'的值：HTML5+CSS3移动Web开发实战
输出bookData3字典初始长度为：2
bookData3字典添加1个元素的长度为：3
输出添加1个元素的字典bookData1所有元素：{'商品ID': '4', '图书名称': '给Python点颜色 青少年学编程', '价格': 59.8}
bookData3字典删除1个元素的长度为：2
输出删除1个元素的字典bookData3所有元素：{'商品ID': '4', '图书名称': '给Python点颜色 青少年学编程'}
输出修改了价格键对应值的字典bookData所有元素：{'商品ID': '1', '图书名称': 'HTML5+CSS3移动Web开发实战', '价格': 45.2}
```

图 4-9   实例 4-9 的运行结果

4.3.5   字典的内置函数与基本方法

1. 字典的内置函数

Python 字典包含的内置函数如表 4-10 所示。对于已定义的字典 dict = {"name":"李明","age":21,"gender":"男"}，各实例的运行结果如表 4-10 所示。

表 4-10　Python 字典包含的内置函数

序号	函数	说明	实例	结果
1	len(dict)	计算字典中元素的个数，即键的总数	len(dict)	3
2	str(dict)	输出字典，以可打印的字符串表示	str(dict)	"{'name': '李明', 'age': 21, 'gender': '男'}"
3	type(variable)	返回输入的变量的类型，如果变量是字典就返回字典类型	type(dict)	<class 'dict'>

2. 字典的基本方法

Python 中字典的基本方法如电子活页 4-5 所示。

【实例 4-10】演示 Python 中多种内置函数与方法的应用

实例 4-10 的代码如下所示。

电子活页 4-5

Python 中字典的
基本方法

```
fieldName1=["商品 ID","图书名称","价格","商品编码"]
fieldName2=("图书名称","价格","商品编码")
bookData1=["2","PPT 设计从入门到精通","79.00","12528944"]
bookData2=["零基础学 Python（全彩版）","79.80","12353915"]
book=dict(zip(fieldName1,bookData1))
print("计算字典 book 的长度：",len(book))
print("输出字典 book 的所有元素：",book)
print("输出字典 book 中指定键'价格'的值：",book['价格'] if '价格' in book else '没有该键')
print("输出字典 book 中指定键'商品编码'的值：",book.get('商品编码','没有该键'))
bookDict={fieldName2:bookData2}
print("输出字典 bookDict 的长度：",len(bookDict))
print("输出字典 bookDict 的所有元素：",bookDict)
```

实例 4-10 的运行结果如下。

```
计算字典 book 的长度：　4
输出字典 book 的所有元素：{'商品 ID':'2', '图书名称': 'PPT 设计从入门到精通', '价格': '79.00', '商品编码':
'12528944'}
输出字典 book 中指定键'价格'的值：　79.00
输出字典 book 中指定键'商品编码'的值：　12528944
输出字典 bookDict 的长度：　1
输出字典 bookDict 的所有元素：　{('图书名称', '价格', '商品编码'): ['零基础学 Python（全彩版）', '79.80',
'12353915']}
```

【任务 4-3】遍历字典

【任务描述】

（1）在项目 Unit04 中创建 Python 程序文件 4-3.py。

（2）使用 for 循环语句遍历字典，输出字典所有元素的值。

（3）使用 for 循环语句结合 items() 方法遍历字典，输出字典所有元素的键和值。

【任务实施】

在 PyCharm 项目 Unit04 中创建 Python 程序文件 4-3.py。在程序文件
4-3.py 中编写程序代码，实现所需功能，程序文件 4-3.py 的代码如下所示。

微课 4-3

遍历字典

```
bookData={"商品 ID": "1","图书名称": "HTML5+CSS3 移动 Web 开发实战","价格": "58.00"}
print("遍历输出字典 bookData 所有元素：")
```

```
for item in bookData.items():
    print(item)
print("遍历输出字典 bookData 所有键与值：")
for key,value in bookData.items():
    print(key,":",value,end="   ")
```

程序文件 4-3.py 的运行结果如下。

遍历输出字典 bookData 所有元素：

('商品 ID', '1')

('图书名称', 'HTML5+CSS3 移动 Web 开发实战')

('价格', '58.00')

遍历输出字典 bookData 所有键与值：

商品 ID：1　图书名称：HTML5+CSS3 移动 Web 开发实战　价格：58.00

【任务 4-4】综合应用列表、元组、字典输出商品信息与商品详情

【任务描述】
（1）在项目 Unit04 中创建 Python 程序文件 4-4.py。
（2）综合应用列表、元组、字典输出商品信息与商品详情。

【任务实施】
在 PyCharm 项目 Unit04 中创建 Python 程序文件 4-4.py。在程序文件 4-4.py 中编写程序代码，实现所需功能，程序文件 4-4.py 的代码与运行结果如电子活页 4-6 所示。

电子活页 4-6

程序文件 4-4.py 的代码与运行结果

4.4 集合的创建与应用

集合（set）是一个无序的不重复元素序列，由一个或数个形态各异的整体组成，构成集合的事物或对象称作元素或成员。

4.4.1 创建集合

集合使用花括号"{}"表示，元素间用逗号分隔；集合中的每个元素都是唯一的，不存在相同元素，集合元素之间无序。

可以使用花括号"{}"或者 set() 函数创建集合，创建空集合只能使用 set() 函数实现，而不能使用花括号"{}"实现。因为在 Python 中，直接使用花括号"{}"表示创建空字典，而不是空集合。

1. 直接使用花括号"{}"创建集合
使用花括号"{}"创建集合的基本语法格式如下。

```
sets = {element1, element2, element3,...,elementn}
```

其中，sets 表示集合的名称，可以是任何符合 Python 命名规则的标识符；element1、element2、element3、……、elementn 表示集合中的元素，元素个数没有限制，并且只要是 Python 支持的数据类型就可以。

在创建集合时，如果出现了重复的元素，Python 会自动只保留一个元素，重复的元素被自动去掉。例如：

```
>>>fruits = {"苹果","橘子","苹果","梨","橘子","香蕉"}
>>>print(fruits)          #输出集合，重复的元素被自动去掉
```

运行结果如下。

```
{'苹果', '梨', '香蕉', '橘子'}
```

2. 使用 set()函数创建集合

在 Python 中创建集合时推荐使用 set()函数实现，可以使用 set()函数将列表、元组等其他可迭代对象转换为集合。使用 set()函数创建集合的基本语法格式如下。

```
sets =set(iteration)
```

其中，iteration 表示要转换为集合的可迭代对象，可以是列表、元组、range 对象等。另外，也可以是字符串，如果是字符串，返回的集合将包含全部不重复字符的集合。

例如：

```
>>>fruits1 = set(["苹果", "橘子", "梨","香蕉"])
>>>print(fruits1)
```

运行结果如下。

```
{'苹果', '梨', '香蕉', '橘子'}
>>>fruits2 = set(("苹果", "橘子", "梨", "香蕉"))
>>>print(fruits2)
```

运行结果如下。

```
{'苹果', '梨', '香蕉', '橘子'}
```

4.4.2 修改与添加集合的元素

添加集合元素的基本语法格式如下。

```
sets.add( x )
```

将元素 x 添加到集合 sets 中，添加的元素内容只能使用字符串、数字、布尔值、元组等不可变对象，不能使用列表、字典等可变对象。如果元素已存在，则不进行任何操作。

例如：

```
>>>fruits = {"苹果", "橘子"}
>>>fruits.add("香蕉")
>>>print(fruits)
```

运行结果如下。

```
{'苹果', '香蕉', '橘子'}
```

还有一个方法也可以添加元素，并且参数可以是列表、字典等可变对象，其基本语法格式如下。

```
sets.update( x )
```

添加的元素可以有多个，用逗号分开。

```
>>>fruits = {"苹果", "橘子"}
>>>fruits.update({"香蕉"})
>>>print(fruits)
```

运行结果如下。

```
{'苹果', '香蕉', '橘子'}
>>>fruits = {"苹果", "橘子"}
>>>fruits.update(["香蕉", "梨"])
>>>print(fruits)
```

运行结果如下。

```
{'苹果', '梨', '香蕉', '橘子'}
```

4.4.3 删除集合元素

1. 删除指定集合元素

从集合中删除指定集合元素的基本语法格式如下。

sets.remove(x)

将元素 x 从集合 sets 中删除，如果指定的元素不存在，则会出现异常。

例如：

```
>>>fruits = {"苹果", "橘子", "梨", "香蕉"}
>>>fruits.remove("梨")
>>>print(fruits)
```

运行结果如下。

```
{'苹果', '香蕉', '橘子'}
>>>fruits = {"苹果", "橘子", "梨", "香蕉"}
>>>fruits.remove("樱桃")        #待删除集合元素不存在时，会出现异常
Traceback (most recent call last):
   File "<stdin>", line 1, in <module>
KeyError: '樱桃'
```

使用 discard()也能删除集合中的指定元素，并且即使指定元素不存在也不会出现异常。
基本语法格式如下所示。

sets.discard(x)

例如：

```
>>>fruits = {"苹果", "橘子", "梨", "香蕉"}
>>>fruits.discard ("梨")
>>>fruits.discard ("樱桃")        #待删除集合元素不存在也不会出现异常
>>>print(fruits)
```

运行结果如下。

```
{'苹果', '香蕉', '橘子'}
```

2. 随机删除集合中的一个元素

使用 pop()方法可以实现随机删除集合中的一个元素，其基本语法格式如下。

sets.pop()

集合的 pop()方法会对集合进行无序的排列，然后将这个无序排列集合的左边第一个元素删除。

例如：

```
>>>fruits = {"苹果", "橘子", "梨", "香蕉"}
>>>fruits.pop()
```

运行结果如下。

```
'苹果'
>>>fruits.pop()
```

运行结果如下。

```
'梨'
```

使用 pop()方法随机删除集合中的元素时，多次运行测试的结果可能不一样。

3. 清空集合

使用 clear()方法可以删除集合中的全部元素，实现清空集合，其基本语法格式如下。

```
sets.clear()
```

例如：

```
>>>fruits = {"苹果","橘子","梨","香蕉"}
>>>fruits.clear()
>>>print(fruits)
```

运行结果如下。

```
set()
```

【实例 4-11】演示在 Python 集合中添加与删除元素的操作

实例 4-11 的代码如下所示。

```
bookData1={"2","PPT 设计从入门到精通"}
bookData2={"3","零基础学 Python（全彩版）","79.80","12353915","吉林大学出版社"}
bookData1.add("79.00")
bookData1.add("12528944")
bookData1.add("人民邮电出版社")
print("输出添加了 3 个元素的集合 bookData1：",bookData1)
bookData2.remove('12353915')
print("输出删除了指定元素的集合 bookData2：",bookData2)
bookData2.pop()
print("输出删除了 1 个元素的集合 bookData2：",bookData2)
bookData2.clear()
print("输出清空的集合 bookData2：",bookData2)
```

实例 4-11 的运行结果如图 4-10 所示。

```
输出添加了3个元素的集合bookData1：{'2', '人民邮电出版社', '12528944', '79.00', 'PPT设计从入门到精通'}
输出删除了指定元素的集合bookData2：{'零基础学Python（全彩版）', '79.80', '3', '吉林大学出版社'}
输出删除了1个元素的集合bookData2：{'79.80', '3', '吉林大学出版社'}
输出清空的集合bookData2：set()
```

图 4-10 实例 4-11 的运行结果

4.4.4 集合的内置函数与基本方法

1. 计算集合元素个数

使用 len()函数可以计算集合的元素个数，其基本语法格式如下。

```
len(sets)
```

例如：

```
>>>fruits = {"苹果","橘子","梨","香蕉","樱桃"}
>>>len(fruits)
```

运行结果如下。

```
5
```

【实例 4-12】演示 Python 中集合的内置函数的应用

实例 4-12 的代码如下所示。

```
bookData=set(["1","HTML5+CSS3 移动 Web 开发实战","58.00"])
```

```
price={58.00,59.80,79.80,49.00,89.80,45.00}
print("计算集合 fieldName 的长度：",len(bookData))
print("输出价格最高的图书的价格：",max(price))
print("输出价格最低的图书的价格：",min(price))
```

实例 4-12 的运行结果如下。

```
计算集合 fieldName 的长度： 3
输出价格最高的图书的价格： 89.8
输出价格最低的图书的价格： 45.0
```

2. 判断元素是否在集合中存在

使用成员运算符 in 或 not in 可以判断元素在集合中是否存在或是否不存在。

（1）使用 in 判断。

使用运算符 in 的基本语法格式如下。

```
x in sets
```

判断元素 x 是否在集合 sets 中，x 在集合 sets 中则返回 True，否则返回 False。

（2）使用 not in 判断。

使用运算符 not in 的基本语法格式如下。

```
x not in sets
```

判断元素 x 是否不在集合 sets 中，x 不在集合 sets 中则返回 True，否则返回 False。

例如：

```
>>>fruits = {"苹果","橘子","梨","香蕉","樱桃"}
>>>"樱桃" in fruits
```

运行结果如下。

```
True
>>>"草莓" not in fruits
```

运行结果如下。

```
True
```

3. 集合的基本方法

集合的基本方法如表 4-11 所示。

表 4-11　集合的基本方法

序号	方法	说明
1	add()	为集合添加元素
2	update()	为集合添加元素
3	remove()	删除集合中指定的元素（如果指定元素不存在会引发异常）
4	discard()	删除集合中指定的元素（如果指定元素存在）
5	pop()	随机删除集合中的元素
6	difference_update()	删除集合中的元素，但该元素在指定集合中仍存在
7	clear()	删除集合中的所有元素，即清空集合
8	copy()	复制一个集合，返回集合的一个副本
9	union()	返回两个集合的并集
10	intersection()	返回集合的交集
11	intersection_update()	返回集合的交集
12	difference()	返回多个集合的差集

续表

序号	方法	说明
13	symmetric_difference()	返回两个集合中不重复的元素集合
14	symmetric_difference_update()	删除当前集合中与另外一个指定集合相同的元素，并将另外一个指定集合中不同的元素插入当前集合
15	isdisjoint()	判断两个集合是否包含相同的元素，如果没有返回 True，否则返回 False
16	issubset()	判断指定集合是否为该方法参数集合的子集
17	issuperset()	判断该方法的参数集合是否为指定集合的子集

4.4.5 集合运算

两个集合可以进行集合运算，较常见的集合运算是并运算（使用"|"运算符）、交运算（使用"&"运算符）、差运算（使用"−"运算符）。

【实例 4-13】演示两个集合间的多种运算

实例 4-13 的代码如下所示。

```
basket= {"苹果","橘子","梨","香蕉","樱桃","桂圆"}
box={"柚子","橘子","荔枝","桂圆"}
bag={"橘子","桂圆"}
print(basket | box)      #并运算，集合 basket 和 box 中包含的所有元素
print(basket & box)      #交运算，集合 basket 和 box 中同时都包含的公共元素
print(basket-box)        #差运算，集合 basket 中包含而集合 box 中不包含的元素
print(basket ^ box)      #包括集合 basket 和 box 中的非相同元素
print(bag<box)           #返回 True 或者 False，判断 bag 是否为 box 的子集
print(basket>bag)        #返回 True 或者 False，判断 basket 是否包含 box
```

实例 4-13 的运行结果如下。

```
{'桂圆', '梨', '橘子', '苹果', '香蕉', '柚子', '荔枝', '樱桃'}
{'桂圆', '橘子'}
{'苹果', '樱桃', '香蕉', '梨'}
{'梨', '苹果', '香蕉', '柚子', '荔枝', '樱桃'}
True
True
```

【任务 4-5】遍历集合

【任务描述】
（1）在项目 Unit04 中创建 Python 程序文件 4-5.py。
（2）使用集合名称输出集合所有元素的值。
（3）使用 for 循环语句遍历集合，输出集合所有元素的值。

【任务实施】
在 PyCharm 项目 Unit04 中创建 Python 程序文件 4-5.py。在程序文件 4-5.py 中编写程序代码，实现所需功能，程序文件 4-5.py 的代码与运行结果如电子活页 4-7 所示。

微课 4-4

遍历集合

电子活页 4-7

程序文件 4-5.py 的代码与运行结果

//// **4.5** 字符串的常用方法及其应用

Python 中的字符串（string）使用单引号 "''"、双引号 """"、三引号 "''''''" 或 """"""" 标注，这 3 种引号形式在语义上没有差别，只是在形式上有些差别。其中单引号和双引号内的字符序列必须在一行中，而三引号内的字符序列可以分布在连续的多行上。

Python 不支持单字符类型，单字符在 Python 中是作为一个字符串使用，一个字符就是长度为 1 的字符串。

4.5.1 创建字符串

创建字符串很简单，只要为变量分配一个值即可。例如：

```
str1 = 'Hello Python!'
str2 = 'LiMing'
str3="The quick brown fox jumps over a lazy dog"
```

如果字符串本身包含单引号但不含双引号，则通常会用双引号将字符串标注，否则通常使用单引号标注。这样标识的字符串，print()函数会产生更易读的输出结果。

 注意 字符串开始处和结尾处使用的引号形式必须一致。另外，当需要表示复杂字符串时，还可以嵌套使用。这种灵活性使得能够在字符串中包含单引号和双引号，例如：

```
>>>str1 = "I'm David"
>>>str2 = 'I told my friend:"I love Python"'
```

同时还可以使用反斜杠"\"转义引号和使用其他特殊字符来准确地表示所需字符。

4.5.2 访问字符串中的值

在 Python 中，可以使用方括号及其索引值来访问子字符串。各种访问字符串中字符值的方法与列表的方法类似，请参考列表部分的相关内容，这里只给出实例说明。

字符串是字符的序列，可以把字符串看作一种特殊的元组，可以按照单个字符或字符片段进行索引。Python 中的字符串有两种索引方式，第 1 种是从左往右计数，索引值以 0 为开始值依次增加，字符串的第 1 个字符的索引值为 0，图 4-11 中第 2 行的数字 0、1、2、3、4、5 表示各个字符的索引值；第 2 种是从右往左计数，使用负数，以−1 为末尾的开始位置，从−1 开始依次减少，图 4-11 中第 4 行的数字表示相应的负数索引值。

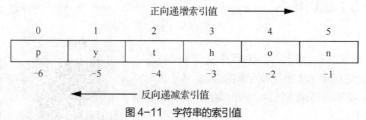

图 4-11 字符串的索引值

【实例 4-14】演示多种形式访问字符串中的值
实例 4-14 的代码如下所示。

```
str='python'
```

```
print(str)              #输出字符串
print(str[0])           #输出第 1 个字符
print(str[-1])          #输出倒数第 1 个字符
print(str[3])           #输出第 4 个字符
print(str[-3])          #输出倒数第 3 个字符
print('Hello\npython')  #使用\n 转义特殊字符，换行输出
print(r'Hello\npython') #在字符串前面添加一个 r，表示原始字符串，不会发生转义
```

实例 4-14 的运行结果如下。

```
python
p
n
h
h
Hello
python
Hello\npython
```

4.5.3　截取字符串

可以对字符串进行截取操作，获取一段子字符串。

截取字符串的基本语法格式如下。

变量[头索引值:尾索引值:步长]

前 2 个参数表示索引值，用冒号分隔两个索引值，截取的范围是前闭后开的，并且两个索引值都可以省略。默认的第 1 个索引值为 0，如果第 1 个索引值为 0，那么第 2 个索引值默认为字符串可以被截取的长度。对于非负数截取部分，如果索引都在有效范围内，截取部分的长度就是索引的差值。例如，str[1:3]的长度是 2。

例如：

str[i:j]表示截取从第 i+1（索引值为 i）个字符开始，到第 j（索引值为 j-1）个字符的全部字符，但截取的子字符串不包括索引值为 j 的字符。

字符串的索引值与截取长度如图 4-12 所示。

```
从左往右索引    0        1        2        3        4        5
从右往左索引   -6       -5       -4       -3       -2       -1
              +        +        +        +        +        +        +
              |   a    |   b    |   c    |   d    |   e    |   f    |
              +        +        +        +        +        +        +
从左往右截取   :        1        2        3        4        5        :
从右往左截取   :       -5       -4       -3       -2       -1        :
```

图 4-12　字符串的索引值与截取长度

注意

截取字符串时，如果指定的索引不存在，则会出现异常。

第 3 个参数为截取的步长，如果省略，则默认为 1，当省略该参数时，最后一个冒号也可以省略。

例如，在索引 1 到索引 9 范围内，设置步长为 3（间隔 2 个位置）来截取字符串，代码如下所示。

```
>>>str='Better life'
>>>print(str[1:9:3])
```

运行结果如下。

```
eel
```

如果第 3 个参数为负数，则表示逆向读取。

3 个参数都可以省略，例如 print(str[::])，表示输出字符串的所有字符。

【实例 4-15】演示多种形式访问字符串中的值

实例 4-15 的代码如下所示。

```
str ='abcdef'
print(str[:])               #输出字符串的所有字符
print(str[::])              #输出字符串的所有字符
print(str[0:3])             #输出第 1、2、3 个字符
print(str[0:-3])            # 输出第 1 个至倒数第 4 个字符
print(str[2:4])             # 输出第 3、4 个字符
print(str[-4:-2])           # 输出倒数第 4 个、倒数第 3 个字符
print(str[2:])              # 输出第 3 个字符及其后面的所有字符
print(str[:4])              # 输出第 1 个至第 4 个字符
```

实例 4-15 的运行结果如下。

```
abcdef
abcdef
abc
abc
cd
cd
cdef
abcd
```

4.5.4 连接与重复字符串

1. 连接字符串

加号"+"是字符串的连接运算符，使用运算符"+"可以连接多个字符串并产生一个新的字符串。例如：

```
>>>first_name = "Li"
>>>last_name = "Ming"
>>>full_name = first_name + " " + last_name      # 连接字符串
>>>print(full_name)
>>>print(full_name + ',你好')            # 连接字符串
```

运行结果如下。

```
Li Ming
Li Ming,你好
```

也可以截取字符串的一部分并与其他字段连接，例如：

```
>>>str = 'Hello World!'
>>>print ("新字符串: ", str[:6] + 'Python!')
```

运算结果如下。

新字符串： Hello Python!

 注意 字符串不允许直接与其他类型的数据进行连接，例如将字符串与整数直接进行连接是不允许的，但可以使用 **str()**函数先将整数转换为字符串，再进行连接。

2. 重复字符串

使用运算符"*****"实现字符串重复多次，星号"*****"表示重复当前字符串，与之结合的数字为重复的次数。例如：

```
>>>str='go!'
>>>print(str * 3)     # 输出字符串 3 次
```

运行结果如下。

go!go!go!

【实例 4-16】演示字符串的访问、连接等多种操作

实例 4-16 的代码如下所示。

```
fieldName="图书名称"
fieldPrice="图书价格"
bookName="HTML5+CSS3 移动 Web 开发实战"
bookPrice=58.00
print("字符串的基本操作")
#分别输出第 1 个、第 2 个、倒数第 2 个、倒数第 1 个字符
print("输出载取不同长度的字符串 1: ",bookName[0]+"  "+bookName[1]+"  "\
                                    +bookName[-2]+"  "+bookName[-1])
#分别输出第 1 个开始到第 10 个字符，第 13 个开始到第 15 个字符
print("输出载取不同长度的字符串 2: ",bookName[:10]+"  "+bookName[12:15])
#分别输出第 11 个开始后到第 12 个字符，第 16 个开始后的所有字符
print("输出载取不同长度的字符串 3: ",bookName[10:12]+"  "+bookName[15:])
#使用"+"连接字符串
print("输出连接字符串 1: ",fieldName+"为"+bookName)
print("输出连接字符串 2: ",fieldPrice+"为"+str(bookPrice))
```

实例 4-16 的运行结果如下。

字符串的基本操作
输出载取不同长度的字符串 1: H T 实 战
输出载取不同长度的字符串 2: HTML5+CSS3   Web
输出载取不同长度的字符串 3: 移动   开发实战
输出连接字符串 1: 图书名称为 HTML5+CSS3 移动 Web 开发实战
输出连接字符串 2: 图书价格为 58.0

4.5.5 修改与添加字符串中的字符

由于 Python 中的字符串不能被改变，如果给一个字符串的某个索引位置赋值，会出现异常信息。例如：

```
>>>str='go'
>>>str[0]= 't'
```

運行後會出現以下異常信息。

```
File "<stdin>", line 1, in <module>
TypeError: 'str' object does not support item assignment
>>>str[2]= 's'
```

運行後也會出現以下異常信息。

```
File "<stdin>", line 1, in <module>
TypeError: 'str' object does not support item assignment
```

所以不能修改字符串中的任意字符，也不能在字符串末尾添加字符，但可以通過截取子字符串與連接字符串的方法對字符串中的字符進行修改與添加。

```
>>>str="go"
>>>print("Let's "+str)
>>>print("t"+str[1:])
>>>print(str+"es")
```

運行結果如下。

```
Let's go
to
goes
```

4.5.6 字符串運算符

Python 字符串運算符如表 4-12 所示。表 4-12 實例中的變量 a 的值為字符串 "Hello"，變量 b 的值為 "Python"。

表 4-12　Python 字符串運算符

序號	操作符	說明	實例	結果
1	+	連接字符串	a + b	HelloPython
2	*	複製字符串	a*2	HelloHello
3	[]	通過索引獲取字符串中的字符	a[1]	e
4	[:]	截取字符串中的一部分，遵循左閉右開原則，str[0:2]是不包含第 3 個字符的	a[1:4]	ell
5	in	成員運算符：如果字符串中包含給定的字符返回 True，否則返回 False	'H' in a	True
6	not in	成員運算符：如果字符串中不包含給定的字符返回 True，否則返回 False	'M' not in a	True
7	r/R	表示原始字符串，所有的字符串都是直接按照字面的字符串輸出，沒有轉義或不能打印的字符。原始字符串除在字符串的第一個引號前加上字母 r（可以大寫）以外，與普通字符串有著幾乎完全相同的語法	print(r'\n') print(R'\n')	\n \n

4.5.7 字符串常用的內置函數與基本方法

1. 計算字符串長度

Python 中使用 len()函數計算字符串的長度，其基本語法格式如下。

```
len(string)
```

該函數返回字符串的長度，默認情況下，計算字符串的長度時不區分英文字母、數字和漢字，每個字符的長度都計為 "1"。

例如：

96

```
>>>str = "python"
>>>print(len(str))
6
```

如果要获取字符串实际所占的字节数,可以使用encode()方法编码后再进行获取,获取采用UTF-8编码的字符串的长度的基本语法格式为: len(str.encode()),获取采用 GBK 编码的字符串的长度的基本语法格式为: len(str.encode("GBK"))。

2. 计算字符串中值最大与最小的字符

(1)max(str)方法。

max(str)方法返回字符串 str 中值最大的字符。

(2)min(str)方法。

min(str)方法返回字符串 str 中值最小的字符。

3. 检索字符串

Python 对字符串对象提供了多个字符串查找方法,这里介绍几种常用的方法。

(1)count()方法。

count()方法用于检索指定的字符串在另一个字符串中出现的次数,其基本语法格式如下。

```
count(str [,start=0 [,end=len(string)]])
```

该方法返回 str 在指定字符串中出现的次数,如果 start 或者 end 指定则返回指定范围内 str 出现的次数。如果检索的字符串不存在,则返回 0,否则返回出现的次数。

例如:

```
>>>str = "hello python"
>>>print(str.count('o'))
2
```

(2)find()方法与 rfind()方法。

find()方法用于检索是否包含指定的子字符串,其基本语法格式如下。

```
find(str[,start=0[,end=len(string)]])
```

该方法检测指定字符串是否包含 str,如果包含则返回首次出现该字符串时的索引值,否则返回-1。如果指定 start 和 end,则在指定范围内检查。可以根据 find()方法的返回值是否大于-1 来判断指定的字符串是否存在。

例如:

```
>>>str = "hello python"
>>>print(str.find('o'))
4
>>>print(str.find('x'))
-1
```

rfind(str[,start=0[,end=len(string)]])方法的功能类似于 find()方法,只是从右边开始查找。

(3)index()方法与 rindex()方法。

index()方法的功能与 find()方法的功能一样,也是用于检索是否包含指定的子字符串,只不过如果指定的子字符串不在字符串中会抛出异常。其基本语法格式如下。

```
index(str[,start=0[,end=len(string)]])
```

rindex(str[,start=0[,end=len(string)]])方法的功能类似于 index()方法的功能,只是从右边开始查找。

(4)startswith()方法。

startswith()方法用于检查字符串是否以指定子字符串 substr 开头,如果是则返回 True,否则返回 False。如果指定 start 和 end,则在指定范围内检查。其基本语法格式如下。

```
startswith(substr[,start=0[,end=len(string)]])
```

（5）endswith()方法。

endswith()方法用于检查字符串是否以 suffix 子字符串结束，如果是则返回 True，否则返回 False。如果指定 start 和 end，则在指定范围内检查是否以 suffix 子字符串结束。其基本语法格式如下。

```
endswith(suffix[,start=0[,end=len(string)]])
```

4. 分割字符串

split()方法可以实现字符串分割，也就是将一个字符串按照指定的分隔符分隔为字符串列表，该列表的元素中不包括分隔符。其基本语法格式如下。

```
split([sep[,max=string.count(str)]])
```

其中，sep 用于指定分隔符，可以包含多个字符，默认为 None，即所有空字符（包括空格、换行符"\n"、制表符"t"等）。max 为可选参数，用于指定分割的次数，如果不指定或者是-1，则分割次数没有限制，否则返回结果中元素个数最多为 max 值。如果不指定 sep 参数，那么也不能指定 max 参数。

例如：

```
>>>str = "hello python"
>>>print(str.split(' '))
['hello', 'python']
>>>print(str.split(' ',0))
['hello python']
```

5. 去除字符串的空格和特殊字符

用户在输入数据时，可能会在无意中输入多余的空格，或在一些情况下字符串前后不允许出现空格和特殊字符，此时就需要去除字符串中的空格和特殊字符。这里的特殊字符一般是指回车符"\r"、换行符"\n"、制表符"\t"。

（1）strip()方法。

strip()方法用于去掉字符串左、右两侧的空格和特殊字符，其基本语法格式如下。

```
strip([chars])
```

其中，chars 为可选参数，用于指定要去除的字符，可以指定多个字符，如果不指定 chars 参数，默认将去除空格、回车符"\r"、换行符"\n"、制表符"\t"等。

```
>>>str =" python "
>>>print(str.strip())     #删除字符串两端空格
python
```

（2）lstrip()方法。

lstrip()方法用于去掉字符串左侧的空格和特殊字符，其基本语法格式如下。

```
lstrip([chars])
```

可选参数 chars 的说明见 strip()方法的相关内容。

例如：

```
>>>str =" python "
>>>print(str.lstrip())       #删除字符串左端空格
python
```

（3）rstrip()方法。

rstrip()方法用于去掉字符串右侧的空格和特殊字符，其基本语法格式如下。

```
rstrip([chars])
```

可选参数 chars 的说明见 strip()方法的相关内容。

例如：

```
>>>str = " python "
>>>print(str.rstrip())      #删除字符串右端空格
 python
```

6. 字母的大小写转换

（1）lower()方法。

lower()方法用于将字符串中所有大写字母全部转换为小写字母。

例如：

```
>>>str = "Hello Python"
>>>print(str.lower())    #将字符串改为全部小写
hello python
```

（2）upper()方法。

upper()方法用于将字符串中的所有小写字母全部转换为大写字母。

例如：

```
>>>str = "I love python"
>>>print(str.upper())    #将字符串改为全部大写
I LOVE PYTHON
```

（3）title()方法。

title()方法返回"标题化"的字符串，所有单词都是以大写字母开始，其余字母均为小写。

例如：

```
>>>str = "hello python"
>>>print(str.title())
Hello Python
```

7. 替换字符串

replace()方法用于替换字符串中的部分字符或子字符串，其基本语法格式如下。

```
replace(str1,str2[,max])
```

该方法将字符串中的 str1 替换成 str2，如果指定 max，则替换不超过 max 次。

例如：

```
>>>str = " python "
>>>print(str.replace(' ',''))    #删除字符串中的全部空格
python
```

Python 中字符串的基本方法如电子活页 4-8 所示。

电子活页 4-8

Python 中字符串的
基本方法

【实例 4-17】演示字符串多种函数与方法的应用

实例 4-17 的代码如下所示。

```
bookName="HTML5+CSS3 移动 Web 开发实战"
userName="  @admin is   trator. "
password="admin_123"
linkUrl="//item.jd.com/64881864221.html"
print("字符串函数与方法的应用")
print("输出图书名称字符串的长度: ",len(bookName))
print("输出 UTF-8 编码的字符串的长度: ",len(bookName.encode()))
print("输出 GBK 编码的字符串的长度: ",len(bookName.encode('GBK')))
print("输出 GB2312 编码的字符串的长度: ",len(bookName.encode('GB2312')))
```

```
print("输出密码字符串的长度：",len(password))
print("输出转换为大写字母的字符串：",bookName.upper())
print("输出转换为小写字母的字符串：",bookName.lower())
print("输出去除字符串中左右两侧的空格：","|"+userName.strip()+"|")
print("输出去除字符串中左右两侧的空格和特殊字符：","|"+userName.strip('@. ')+"|")
print("输出去除字符串中左侧的空格和特殊字符：","|"+userName.lstrip('@ ')+"|")
print("输出去除字符串中右侧的空格和特殊字符：","|"+userName.rstrip('. ')+"|")
print("输出分割字符串1：",linkUrl.split("/"))
print("输出分割字符串2：",linkUrl.split("."))
print("输出分割字符串3：",linkUrl.split(".",2))
print("字符8在字符串""",linkUrl,"""中出现了",linkUrl.count('8'),"次")
print("字符"."在字符串""",linkUrl,"""中首次出现的索引为",linkUrl.find('.'))
print("字符"."在字符串""",linkUrl,"""中首次出现的索引为",linkUrl.index('.'))
print("字符"."在字符串""",linkUrl,"""中首次出现的索引为",linkUrl.rindex('.'))
print("输出检索字符串是否以"//"子字符串开头：",linkUrl.startswith('//'))
print("输出检索字符串是否以"html"子字符串结束：",linkUrl.endswith('html'))
```

实例 4-17 的运行结果如电子活页 4-9 所示。

【任务 4-6】应用字符串的方法实现字符串翻转操作

电子活页 4-9

实例 4-17 的运行结果

【任务描述】

（1）在项目 Unit04 中创建 Python 程序文件 4-6.py。

（2）分别应用字符串的方法 split()、join()和字符串的访问操作实现字符串翻转操作，例如原字符串为"I love Python"，反转后的字符串变为"Python love I"。

【任务实施】

在 PyCharm 项目 Unit04 中创建 Python 程序文件 4-6.py。在程序文件 4-6.py 中编写程序代码，实现所需功能，程序 4-6.py 的代码如下所示。

```
str = 'I love Python'
strWord=str.split(" ")              #通过空格将字符串分隔开，把各个单词分隔为列表
print(strWord)
strreversal = strWord[-1::-1]       #翻转字符串
print(strreversal)
word = ' '.join(strreversal)        #重新组合字符串
print(word)
```

程序 4-6.py 的运行结果如下。

```
['I', 'love', 'Python']
['Python', 'love', 'I']
Python love I
```

程序 4-6.py 的代码中的 strWord[-1::-1]有 3 个参数：第 1 个参数-1 表示最后一个元素；第 2 个参数为空，表示移动到单词列表开始；第 3 个参数为步长，-1 表示逆向。

4.6 字符串的格式化输出

Python 支持字符串的格式化输出。从 Python 2.6 开始，新增了一种格式化字符串的方法 format()，

它增强了字符串格式化的功能。

4.6.1 format()的基本格式

如果希望 print()函数输出的形式更加多样,可以使用 str.format()方法来格式化输出值,字符串格式化是为了实现字符串和变量同时输出时按一定的格式显示。

format()方法的基本格式如下。

"<模板字符串>".format(<逗号分隔的参数>)

模板字符串由一系列占位符组成(用"{}"表示),花括号"{}"及其里面的字符(称作格式化字符)将会被 format()中的参数替换。调用 format()方法会返回一个新的字符串。

format()方法中的模板字符串包含参数序号、半角冒号":"、格式控制标记,格式如下。

{[<参数序号>][:[<格式控制标记>]]}

例如:

>>>pi=3.14159

>>>print("常量π的值近似为: {}。".format(pi))

运行结果如下。

常量π的值近似为: 3.14159。

4.6.2 format()方法的参数序号

format()方法中参数会按"{}"中的序号替换到模板字符串的对应位置。"{}"中的默认序号为 0、1、2……,参数从 0 开始编号,参数的顺序固定为 0、1、2……。

如果"{}"中没有序号,就按先后顺序自动替换。

例如:

>>>print("姓名: {},年龄: {}".format("李明", 21))

运行结果如下。

姓名: 李明,年龄: 21

"{}"中的序号用于指向传入对象在 format()中的位置,例如:

>>>print("姓名: {0},年龄: {1}".format("李明", 21))

运行结果如下。

姓名: 李明,年龄: 21

>>>print("姓名: {1},年龄: {0}".format(21,"李明"))

运行结果如下。

姓名: 李明,年龄: 21

如果在 format()中使用了关键字参数,那么它们的值会指向使用该关键字的参数。

>>>print("姓名: {name},年龄: {age}".format(age=21,name="李明"))

运行结果如下。

姓名: 李明,年龄: 21

序号和关键字参数可以任意结合,例如:

>>>print("姓名: {0},年龄: {1},性别: {gender}".format("李明",21, gender="男"))

运行结果如下。

姓名: 李明,年龄: 21,性别: 男

format()方法可以方便地连接不同类型的变量或内容，如果花括号本身是字符串的一部分，而需要输出花括号，可使用"{{{"表示，其中"{{"表示"{"，例如：

```
>>>pi=3.14159
>>>print("圆周率{{{0}{1}}}是{2}。".format(pi , "…", "无理数"))
```

运行结果如下。

```
圆周率{3.14159…}是无理数。
```

【任务 4-7】使用 format()方法格式化输出字符串列表

【任务描述】

（1）在项目 Unit04 中创建 Python 程序文件 4-7.py。

（2）使用 format()方法格式化输出字符串列表。

电子活页 4-10

程序文件 4-7.py
的代码

【任务实施】

在 PyCharm 项目 Unit04 中创建 Python 程序文件 4-7.py。在程序文件 4-7.py 中编写程序代码，实现所需功能，程序文件 4-7.py 的代码如电子活页 4-10 所示。

程序文件 4-7.py 的运行结果如图 4-13 所示。

商品ID	图书名称	价格	商品编码	出版社
1	HTML5+CSS3移动Web开发实战	58.00	50676377587	人民邮电出版社

图 4-13　程序文件 4-7.py 的运行结果

4.7　正则表达式及其应用

正则表达式是一种特殊的字符序列，它用于检查字符串是否与某种模式匹配。

4.7.1　Python 的正则表达式

正则表达式（regular expression），又称正规表达式、规则表达式，在代码中常简写为 regex、regexp 或 RE。正则表达式使用单个字符串来描述、匹配一系列匹配指定规则的字符串。正则表达式通常被用来检索、替换匹配指定模式的文本。

当正则表达式包含转义字符时使用原生字符串（raw string），表示为：r'text'。raw string 是不包含转义字符的字符串。

例如：

```
r'[1-9]\d{5}'
r'\d{3}-\d{8}|\d{4}-\d{8}'
```

在 Python 中，使用正则表达式时，是将其作为模式字符串使用的。例如，匹配字母的一个字符的正则表达式表示为模式字符串，可以使用以下代码。

```
'[a-zA-Z]'
```

由于正则表达式通常都包含反斜杠，所以最好使用原始字符串来表示，并匹配相应的特殊字符。例如，模式元素 r'\t'，等价于 \\t。

正则表达式可以包含一些可选标志修饰符来控制匹配的模式，修饰符被指定为一个可选的标志，正则表达式修饰符（可选标志）如表 4-13 所示。多个标志可以通过位运算符"|"来指定。例如，re.I | re.M 被设置成 I 和 M 标志。

表 4-13　正则表达式修饰符（可选标志）

序号	修饰符	说明
1	re.A（re.ASCII）	只适用于 Python 3，对 \w、\W、\b、\B、\s、\S、\d、\D 只进行 ASCII 匹配
2	re.I（re.IGNORECASE）	使匹配对大小写不敏感（忽略正则表达的大小写，[A-Z]也能够匹配小写字符）
3	re.L（re.LOCALE）	表示特殊字符集\w、\W、\b、\B、\s、\S 依赖于当前环境
4	re.M（re.MULTILINE）	表示支持多行匹配，影响^和$，正则表达式中的边界字符^和$用于整个字符串每一行的开始处和末尾处，默认情况下，只适用于整个字符串的开始处和末尾处
5	re.S（re.DOTALL）	能够匹配'.'并且包括换行符在内的所有字符（'.'默认不包括换行符）
6	re.U（re.UNICODE）	根据 Unicode 字符集解析字符，影响特殊字符集\w、\W、\b、\B、\d、\D、\s、\S
7	re.X（re.VERBOSE）	为了增加可读性，忽略正则表达式中的空格和'#'后面的注释

4.7.2　模式字符串的组成字符

1. 元字符

模式字符串的元字符如电子活页 4-11 所示。

2. 边界字符

模式字符串的边界字符如表 4-14 所示。

电子活页 4-11

模式字符串的元字符

表 4-14　模式字符串的边界字符

序号	字符	说明	样例
1	^	匹配字符串的开头	^abc 表示 abc 且在一个字符串的开头
2	\A	表示字符串开头	
3	$	表示字符串的末尾	abc$表示 abc 且在一个字符串的末尾
4	\Z	表示字符串的末尾，如果存在换行，则只匹配到换行前的结束字符串	
5	\z	表字符串的末尾	

3. 限定字符

模式字符串的限定字符如表 4-15 所示。

表 4-15　模式字符串的限定字符

序号	字符	说明	样例
1	?	匹配前一个字符或子表达式 0 个或 1 个，非贪婪方式	abc?表示 ab、abc
2	+	匹配前一个字符或子表达式 1 个或多个	abc+表示 abc、abcc、abccc 等
3	*	匹配前一个字符或子表达式 0 个或多个	abc*表示 ab、abc、abcc、abccc 等
4	{n}	匹配前面的字符或子表达式 n 个。例如，"o{2}"不能匹配"Bob"中的"o"，但是能匹配"food"中的 2 个 o	ab{2}c 表示 abbc
5	{n,}	精确匹配前面的字符或子表达式至少 n 次。"o{1,}"等价于"o+"，"o{0,}"则等价于"o*"	"o{2,}"不能匹配"Bob"中的"o"，但能匹配"foooood"中的所有 o
6	{n,m}	匹配前面的字符或子表达式至少n个，至多 m 个（包含 m），贪婪方式	ab{1,2}c 表示 abc、abbc

4. 原义字符

模式字符串的原义字符如电子活页 4-12 所示。

5. 转义字符

模式字符串的转义字符如表 4-16 所示。

电子活页 4-12

模式字符串的原义字符

表4-16　模式字符串的转义字符

序号	字符	说明
1	\n	匹配单个换行符
2	[\b]	匹配单个退格符
3	\t	匹配单个制表符
4	[b]	匹配单个空格
5	\.	匹配普通字符"."
6	\\	匹配普通字符"\"
7	\?	匹配普通字符"?"
8	*	匹配普通字符"*"

电子活页 4-13

模式字符串的分组字符

6. 分组字符

模式字符串的分组字符如电子活页 4-13 所示。

7. 最小匹配操作符

模式字符串的最小匹配操作符如表 4-17 所示。

表4-17　模式字符串的最小匹配操作符

序号	操作符	说明
1	*?	匹配前一个字符 0 次或任意次扩展，最小匹配（惰性匹配，尽可能少重复）
2	+?	匹配前一个字符 1 次或任意次扩展，最小匹配（惰性匹配，尽可能少重复）
3	??	匹配前一个字符 0 次或 1 次扩展，最小匹配（惰性匹配，尽可能少重复）
4	{n,m}?	匹配前一个字符 n 至 m（含 m）次，最小匹配（惰性匹配，尽可能少重复）
5	{n,}?	匹配前一个字符 n 次，最小匹配（惰性匹配，尽可能少重复）

4.7.3　re 模块的贪婪匹配和最小匹配

1. 贪婪匹配

re 模块默认采用贪婪匹配，即输出匹配最长的子字符串。

例如：

.*：取尽可能多的任意字符。

\w+：取尽可能多的任意英文字母与数字 1 次以上。

\d{2,5}：尽可能取到 2 至 5 个数字、字母。

\s+：尽可能取到任意多个空格 1 次以上。

.?：取任意字符 0 次或 1 次，尽可能取 1 次。

2. 最小匹配（非贪婪匹配）

即在贪婪匹配符后面加一个 ?。字符"?"在正则表达式中可能有两种含义：一是表示匹配前一个字符 0 次或 1 次；二是声明非贪婪匹配。

例如：

.*?：取尽可能少的任意字符，尽可能不取。

\w+?：取尽可能少的任意英文字母与数字，尽可能只取 1 个。

\d{2,5}?：取尽可能少的数字、字母，尽可能只取 2 个。

\s+?：尽可能取最少的空格，尽可能只取 1 个空格。

.??：取任意字符 0 次或 1 次，尽可能取 0 次。

如何输出最短的子字符串呢?

例如:

```
>>>import re
>>>match = re.search(r'go.*?d','godgood')
>>>print(match.group())
```

运行结果如下。

```
god
```

无论是贪婪匹配还是非贪婪匹配,都要与后面内容继续匹配,才能最终确定本次匹配内容,有时结合后面匹配内容时,两者取值相同。

4.8 使用 re 模块实现正则表达式操作

4.8.1 re 模块及其主要功能函数

Python 自 1.5 版本起增加了 re 模块,它提供 Perl 风格的正则表达式模式。re 模块使 Python 具有全部的正则表达式功能。re 模块也提供了多个函数,这些函数使用模式字符串作为它们的第 1 个参数。

re 模块主要用于字符串匹配,在使用 re 模块时,需要先应用 import 语句引入该模块,代码如下所示。

```
import re
```

re 模块的主要功能函数如表 4-18 所示。

表 4-18 re 模块的主要功能函数

序号	函数	说明
1	re.match()	从一个字符串的开始位置起匹配正则表达式,返回 match 对象
2	re.search()	在一个字符串中搜索匹配正则表达式第一个位置的文本,返回 match 对象
3	re.findall()	搜索字符串,以列表类型返回所有匹配的子字符串
4	re.finditer()	搜索字符串,返回一个匹配结果的迭代类型,每一个迭代类型都是 match 对象
5	re.split()	将一个字符串按照正则表达式匹配结果进行分割,返回列表类型
6	re.sub()	在一个字符串中替换所有匹配正则表达式的子字符串,返回替换后的字符串

1. re.match()函数

re.match()函数尝试从字符串的起始位置匹配一个模式。如果在起始位置匹配成功,re.match()函数会返回一个匹配的对象,否则返回 None。如果不是起始位置匹配成功的话,也返回 None。因为 re.match()函数从字符串的开始位置开始匹配,当第 1 个字符不符合模式字符串时,则不进行匹配,直接返回 None。

函数基本语法格式如下。

```
re.match(pattern, string, [flags=0])
```

re.match()函数的参数说明如表 4-19 所示。

表 4-19 re.match()函数的参数说明

序号	参数	说明
1	pattern	匹配时使用的正则表达式
2	string	待匹配的字符串
3	flags	标志位,用于控制正则表达式的匹配方式,例如是否区分大小写、是否多行匹配等。参见"表 4-13 正则表达式修饰符(可选标志)"

返回的 match 对象中包含匹配值的位置和匹配数据，可以使用 group(num)或 groups()方法来获取这些匹配数据。re 模块主要功能函数的主要方法如表 4-20 所示。

表 4-20   re 模块主要功能函数的主要方法

序号	方法	说明
1	group(num=0)	返回匹配正则表达式的字符串，group()可以一次输入多个组号，在这种情况下将返回一个包含组所对应的值的元组
2	groups()	返回包含所有子组字符串的元组
3	groupdict()	返回有别名的组的别名为"键"、以该组截获的子字符串为"值"的字典
4	start()	返回匹配字符串在原始字符串的开始位置
5	end()	返回匹配字符串在原始字符串的结束位置
6	span()	返回包含匹配的位置（开始、结束）的元组

例如：

```
>>>import re
>>>print(re.match('www', 'www.jd.com'))          #在起始位置匹配
>>>print(re.match('www', 'www.jd.com').start())
>>>print(re.match('www', 'www.jd.com').end())
>>>print(re.match('www', 'www.jd.com').span())
>>>print(re.match('com', 'http://www.jd.com'))    #不在起始位置匹配
```

运行结果如下。

```
<re.Match object; span=(0, 3), match='www'>
0
3
(0, 3)
None
```

【实例 4-18】演示 re.match()函数的匹配对象方法的应用

实例 4-18 的代码如下所示。

```
import re
sentence = "Zhangshan is taller than Lisi "
#.*表示任意匹配除换行符（\n、\r）之外的任何单个或多个字符
match = re.match(r'(.*) is (.*?) .*', sentence, re.M | re.I)
if match:
    print("match.group():", match.group())
    print("match.group(0):", match.group(0))
    print("match.group(1):", match.group(1))
    print("match.group(2):", match.group(2))
    print("match.groups():", match.groups())
    print("match.groupdict():", match.groupdict())
else:
    print("No match!")
```

实例 4-18 的运行结果如下。

```
match.group(): Zhangshan is taller than Lisi
match.group(0): Zhangshan is taller than Lisi
```

match.group(1): Zhangshan

match.group(2): taller

match.groups(): ('Zhangshan', 'taller')

match.groupdict(): {}

2. re.search()函数

re.search()函数用于在一个字符串中搜索匹配正则表达式的第一个位置,如果匹配成功,则 re.search()函数返回 match 对象,否则返回 None。

re.search()函数的基本语法格式如下。

re.search(pattern, string, [flags=0])

re.search()函数的参数说明如表 4-21 所示。

表 4-21　re.search()函数的参数说明

序号	参数	说明
1	pattern	匹配的正则表达式或原生字符串
2	string	待匹配的字符串
3	flags	标志位,用于控制正则表达式的匹配方式,例如是否区分大小写、是否多行匹配等。参见"表 4-13 正则表达式修饰符(可选标志)"

可以使用 group(num)或 groups()方法来获取匹配的正则表达式。其中 group(num=0)用于匹配整个正则表达式的字符串,group()可以一次输入多个组号,在这种情况下将返回一个包含组所对应的值的元组。groups()用于返回包含所有子组字符串的元组。

例如:

```
>>>import re
>>>print(re.search('www', 'www.jd.com'))          #在起始位置匹配
>>>print(re.search('www', 'www.jd.com').start())
>>>print(re.search('www', 'www.jd.com').end())
>>>print(re.search('www', 'www.jd.com').span())
>>>print(re.search('com', 'http://www.jd.com'))     #不在起始位置匹配
>>>print(re.search('com', 'http://www.jd.com').span())
```

运行结果如下。

```
<re.Match object; span=(0, 3), match='www'>
0
3
(0, 3)
<re.Match object; span=(14, 17), match='com'>
(14, 17)
```

【实例 4-19】演示 re.search()函数的匹配对象方法的应用

实例 4-19 的代码如下所示。

```
import re
sentence = "Zhangshan is taller than Lisi "
#.*表示任意匹配除换行符(\n、\r)之外的任何单个或多个字符
search = re.search(r'(.*) is (.*?) .*', sentence, re.M | re.I)
if search:
    print("search.group():", search.group())
```

```
    print("search.group(0):", search.group(0))
    print("search.group(1):", search.group(1))
    print("search.group(2):", search.group(2))
    print("search.groups():", search.groups())
    print("search.groupdict():", search.groupdict())
else:
    print("Not found!!")
```

实例 4-19 的运行结果如下。

```
search.group(): Zhangshan is taller than Lisi
search.group(0): Zhangshan is taller than Lisi
search.group(1): Zhangshan
search.group(2): taller
search.groups(): ('Zhangshan', 'taller')
search.groupdict(): {}
```

re.search()函数与 re.match()函数的主要区别如下。

re.search()函数匹配整个字符串，直到找到一个匹配，不仅仅是从字符串的开始位置搜索，其他位置有符合的匹配也可以。而 re.match()函数只匹配字符串的开始位置，如果字符串开始位置不符合正则表达式，则匹配失败，函数返回 None。

3．re.findall()函数

re.findall()函数用于在字符串中找到正则表达式所匹配的所有子字符串，如果匹配成功，则以列表的形式返回，如果匹配失败，则返回空列表。

> **注意** re.match()函数和 re.search()函数只匹配一次子字符串，而 re.findall()函数匹配所有子字符串。

re.findall()函数的基本语法格式如下。

```
re.findall(pattern,string[, pos[, endpos]])
```

参数说明如表 4-22 所示。

表 4-22　re.findall()函数的参数说明

序号	参数	说明
1	pattern	表示模式字符串。如果在指定的模式字符串中包含了分组，则返回与分组匹配的文本列表
2	string	表示待匹配的字符串
3	pos	可选参数，指定正则表达式搜索字符串的开始位置，默认为 0
4	endpos	可选参数，指定正则表达式搜索字符串的结束位置，默认为字符串的长度

例如查找字符串中的数字：

```
>>>import re
>>>pattern = re.compile(r'\d+')    # 查找数字
>>>result1= pattern.findall('number 506 phone 22783888')
>>>result2= pattern.findall('number 506 phone 22783888', 0, 20)
>>>print(result1)
>>>print(result2)
```

运行结果如下。

['506', '22783888']

['506', '227']

4. re.finditer()函数

re.finditer()函数和 re.findall()函数类似，是指在字符串中找到正则表达式所匹配的所有子字符串，并把它们作为一个迭代器返回。

re.finditer()函数的基本语法格式如下。

re.finditer(pattern, string, flags=0)

re.finditer()函数的参数说明如表 4-23 所示。

表 4-23　re.finditer()函数的参数说明

序号	参数	说明
1	pattern	匹配的正则表达式
2	string	待匹配的字符串
3	flags	标志位，用于控制正则表达式的匹配方式，例如是否区分大小写、是否多行匹配等。参写"表 4-13 正则表达式修饰符（可选标志）"

例如：

```
>>>import re
>>>password="Good_123#Better456$888"
>>>iterator = re.finditer(r"\d+",password)
>>>for match in iterator:
>>>    print(match.group())
```

运行结果如下。

123

456

888

5. re.split()函数

re.split()函数按照能够匹配的子字符串将字符串分割后返回列表，其基本语法格式如。

re.split(pattern, string[, maxsplit=0, flags=0])

re.split()函数的参数说明如表 4-24 所示。

表 4-24　re.split()函数的参数说明

序号	参数	说明
1	pattern	匹配的正则表达式
2	string	待匹配的字符串
3	maxsplit	表示最大的分隔次数，默认值为 0，表示不限制次数，maxsplit=1 表示分隔 1 次，剩余部分作为最后一个元素输出
4	flags	标志位，用于控制正则表达式的匹配方式，例如是否区分大小写、是否多行匹配等。参见"表 4-13 正则表达式修饰符（可选标志）"

例如：

```
>>>import re
```

```
>>>re.split('\W+', 'Create a better life.')
>>>re.split('(\W+)', 'Create a better life.')
>>>re.split('\W+', 'Create a better life.', 1)
>>>re.split('a*', 'better')    #对于一个找不到匹配的字符串，split 不会对其进行分割
```

运行结果如下。

```
['Create', 'a', 'better', 'life', '']
['Create', ' ', 'a', ' ', 'better', ' ', 'life', '.', '']
['Create', 'a better life.']
['', 'b', 'e', 't', 't', 'e', 'r', '']
```

6. re.sub()函数

Python 的 re 模块提供了 re.sub()函数用于替换字符串中的匹配项。

re.sub()函数的基本语法格式如下。

```
re.sub(pattern, repl, string[, count=0, flags=0])
```

re.sub()函数用于在一个字符串中替换所有匹配正则表达式的子字符串，返回替换后的字符串。如果模式没有发现，字符串将被没有改变地返回。

re.sub()函数的参数说明如表 4-25 所示，前 3 个为必选参数，后 2 个为可选参数。

表 4-25   re.sub()函数的参数说明

序号	参数	说明
1	pattern	正则表达式中的模式字符串
2	repl	替换的字符串，也可为一个函数
3	string	要被查找替换的原始字符串
4	count	模式匹配后替换的最大次数，必须是非负整数。默认值为 0，表示替换所有的匹配项
5	flags	编译时用的匹配模式，数字形式

例如：

```
>>>import re
>>>phone = "139-0731-8899 #这是张山的手机号码"
>>>number1 = re.sub(r'#.*$', "", phone)        #删除注释
>>>print ("手机号码: ", number1)
>>>number2 = re.sub(r'\D', "", phone)          #移除非数字的内容
>>>print ("手机号码: ", number2)
```

运行结果如下。

```
手机号码:   139-0731-8899
手机号码:   13907318899
```

【实例 4-20】演示 re.sub()函数的 repl 参数是一个函数的用法

实例 4-20 是将字符串中的匹配的数字乘以 2，其代码如下。

```
import re
def double(matched):
    value = int(matched.group('value'))
    return str(value * 2)
s = 'A23B4CD567'
print(re.sub('(?P<value>\d+)', double, s))
```

实例 4-20 的运行结果如下。

A46B8CD1134

【实例 4-21】演示使用 re 模块的多个函数实现正则表达式的多项操作

实例 4-21 的代码与运行结果如电子活页 4-14 所示。

4.8.2　re.compile()函数与正则表达式对象

re.compile()函数用于将正则表达式的字符串形式编译成正则表达式对象，然后使用正则表达式对象的相关函数来操作字符串。

re.compile()函数的基本语法格式如下。

re.compile(pattern[, flags=0])

其中，参数 pattern 表示一个字符串形式的正则表达式，可选参数 flags 表示匹配模式，例如忽略大小写、多行模式等，具体参数参见"表 4-13　正则表达式修饰符（可选标志）"

re.compile()函数根据一个模式字符串和可选的标志参数生成一个正则表达式对象，该对象拥有一系列用于进行正则表达式匹配和替换的函数。

使用 Python 正则表达式对象的推荐步骤如下。

（1）引入 re 模块。

import re

（2）创建一个 regex 对象。

regex = re.compile(r'正则表达式')　　#使用 r'原始字符串'，不需要转义

re.compile()返回 regexObject 对象。

（3）调用相应的函数。

调用相应的函数 regex.match()、regex.search()、regex.findall()、regex.sub()等，返回所需对象。

返回匹配子字符串或相应位置的方法主要有 group()、start()、end()、span()，其说明如表 4-20 所示。当匹配成功时返回一个 match 对象。

group([group1, …])方法用于获得一个或多个分组匹配的字符串，当要获得整个匹配的子字符串时，可直接使用 group()或 group(0)。

start([group])方法用于获取分组匹配的子字符串在整个字符串中的起始位置（子字符串第一个字符的索引），参数默认值为 0。

end([group])方法用于获取分组匹配的子字符串在整个字符串中的结束位置（子字符串最后一个字符的索引+1），参数默认值为 0。

span([group])方法用于返回一个包含匹配的位置（开始、结束）的元组，即(start(group), end(group))。

【实例 4-22】演示正则表达式与 re.compile()函数生成的正则表达式对象的多种用法

实例 4-22 的代码如电子活页 4-15 所示。

实例 4-22 的运行结果如下。

1: phone
2: 0731-22783888
3: 0731-22783888
4: 0731
5: 22783888
6: 0731-22783888

7: 22783888

8: Go!Go!Go!Go!Go!

9: Go!Go!Go!

【实例 4-23】演示正则表达式与方法 group()、start()、end()、span()的用法

实例 4-23 的代码如电子活页 4-16 所示。

实例 4-23 的运行结果如下。

电子活页 4-16

实例 4-23 的代码

1-1: None

1-2: <re.Match object; span=(18, 21), match='609'>

1-3: <re.Match object; span=(18, 21), match='609'>

1-4: 609

1-5: 18

1-6: 21

1-7: (18, 21)

2-1: <re.Match object; span=(0, 10), match='World Wide'>

2-1: World Wide

2-2: (0, 10)

2-3: World

2-4: (0, 5)

2-5: Wide

2-6: (6, 10)

2-7: ('World', 'Wide')

【任务 4-8】验证 E-mail 地址的有效性

【任务描述】

（1）在项目 Unit04 中创建 Python 程序文件 4-8.py。

（2）验证 E-mail 地址的有效性。

【任务实施】

在 PyCharm 项目 Unit04 中创建 Python 程序文件 4-8.py。在程序文件 4-8.py 中编写程序代码，实现所需功能，程序文件 4-8.py 的代码如下所示。

```
import re
def validEmail(email):
    if re.match(r'^([\w]+\.*)([\w]+)\@[\w]+\.\w{3}(\.\w{2}|)$', email):
        return True


if __name__ == '__main__':
    assert validEmail('nobodyin@gmail.com.cn')
    assert validEmail('bill.maria@yahoo.com')
    assert not validEmail('uncle.sam@mifty.com.org')
    assert validEmail('united.china@163.com.it')
    assert not validEmail('doggy#sample.com')
    assert validEmail('y_cat-st@example.com')
```

程序文件 4-8.py 的运行结果如下所示，即最后一个 E-mail 地址验证出现了异常。

```
Traceback (most recent call last):
    File "D:/PycharmProject/Unit04/4-8.py", line 19, in <module>
        assert validEmail('y_cat-st@example.com')
AssertionError
```

程序文件 4-8.py 中模式字符串的含义与作用说明如下。

E-mail 表达式开头可以是数字或者字符，可以用"\w"来表示。E-mail 地址是可以接受"."的，但是限定最多只能出现一个，且不能在地址首尾出现，也就是说地址的最后一位必须是字母或者数字，所以在"."后可以再次用"\w"来表示。接下来就是 E-mail 地址中的@符号，这个符号是必须且不可更改的，需要用转义字符"\"来表示。剩余的就是常见的".com""org""com.cn"等，同样"."也需要用转义字符来表示，在转义字符后可以用"\w{2,3}"来匹配常见的格式，剩余的可有可无的".cn"等类似形式的需要用到"（A|B]"这样的形式来匹配，表示 A 或者 B，可以用"\w{2}|"表示。组合起来就可以得到最终的正则表达式了。

【任务 4-9】应用正则表达式检测密码是否符合设定的规则和判断密码的强度等级

【任务描述】

（1）在项目 Unit04 中创建 Python 程序文件 4-9.py。

（2）应用正则表达式检测密码是否符合设定的规则。

（3）应用正则表达式判断密码的强度等级。

电子活页 4-17

程序文件 4-9.py
的代码

【任务实施】

在 PyCharm 项目 Unit04 中创建 Python 程序文件 4-9.py。在程序文件 4-9.py 中编写程序代码，实现所需功能，

程序文件 4-9.py 的代码如电子活页 4-17 所示。

程序文件 4-9.py 的运行结果如下。

```
password " 123456 " level is weak
password " abcdef " level is weak
password " AbCdEf " level is weak
password " Abc123 " level is middle
password " 12345& " level is strong
password " Admin_123 " level is strong
password " 123#abc " level is strong
用户名称为：  administrator
登录密码为：  Admin_123#
password " Admin_123# " level is strong
登录成功
```

✍ **知识拓展**

1. Python 3 迭代器

迭代是 Python 最强大的功能之一，是访问集合元素的一种方式。迭代器是一个可以记住遍历位置的对象。列表、元组和字符串对象都可用于创建迭代器。

迭代器对象从序列的第一个元素开始访问，直到所有的元素被访问完结束。迭代器只能往前不会后退。

电子活页 4-18

Python 3 迭代器

2. format()方法的格式控制

{<参数序号>:<格式控制标记>}的控制参数的基本语法格式如下。

{[<参数序号>][:[[fill]align][sign][#][width][,][.precision][type]]}

格式控制标记用于控制参数显示时的格式，对于二进制数、八进制数、十六进制数，如果设置了可选参数"#"，表示会显示"0b"（二进制数）或"0o"（八进制数）或"0x"（十六进制数），否则不显示表示进制的前缀；","用于显示数字类型的千分位分隔符。format()方法的格式控制如电子活页 4-19 所示。

电子活页 4-19

format()方法的格式控制

3. 正则表达式的自定义命名分组与结构数据

一个正则表达式可以有多个自定义名称的分组，可以通过分组名称获取匹配的字符串，每一个分组定义的基本语法格式如下。

(?P<自定义分组名称>正则表达式的模式字符串)

例如：

pattern=r"原义字符串(?P<组 1>组 1 的模式字符串)"
patternID1=r"detail/(?P<id>\d{1,2})"
patternID2=r"^detail/(?P<goods_id>[0-9]+)$"

电子活页 4-20

正则表达式的自定义命名分组与结构数据

4. 典型正则表达式实例

典型正则表达式实例如电子活页 4-21 所示。

电子活页 4-21

典型正则表达式实例

5. Python 中 assert 语句的用法

Python 中 assert 这个关键字称为"断言"，assert 语句又称为断言语句，一般用于对程序某个时刻必须满足的条件进行验证，可以看作功能减少版的 if 语句。assert 语句的基本语法格式如下。

assert 表达式 [, 参数]

assert 语句用于判断某个表达式条件的值，如果值为 True，则程序继续往下执行；在表达式条件的值为 False 的时候触发异常，Python 解释器会自动抛出 AssertionError 异常，并将"参数"输出。

电子活页 4-22

Python 中 assert 语句的用法

列表在线测试

元组在线测试

字典在线测试

集合在线测试

字符串在线测试

单元 5
函数应用与模块化程序设计

在一个 Python 程序中，如果实现所需功能的某段代码需要反复多次使用，那么需要将该段代码多次复制，这种做法势必会影响到软件开发效率。在实际软件项目开发过程中，可以使用函数来实现代码重用，把实现所需功能的代码定义为一个函数，在需要使用时随时调用该函数即可。对于函数，可以简单理解为可以完成某项工作的代码块，函数可以反复多次使用。本单元主要讲解函数、模块与包。

 知识入门

1. 随机数函数

随机数可以用于数学运算、游戏、安全等领域，还经常被嵌入算法，用以提高算法效率，并提高程序的安全性。Python 常用的随机数函数如表 5-1 所示。

表 5-1 Python 常用的随机数函数

序号	函数	说明
1	choice(seq)	从序列的元素中随机挑选一个元素，例如 random.choice(range(10))，从 0 到 9 中随机挑选一个整数
2	randrange([start,]stop[,step])	从指定递增基数的集合中获取一个随机数，基数默认值为 1
3	random()	在[0,1)范围内随机生成一个实数
4	seed([x])	改变随机数生成器的种子 seed
5	shuffle(lst)	将序列的所有元素随机排序
6	uniform(x,y)	在[x,y]范围内随机生成一个实数

2. 下载与安装第三方模块

开发 Python 程序时，除了可以使用 Python 内置的标准模块外，还有很多第三方模块可以使用。使用这些第三方模块时，需要先下载并安装对应模块，然后就可以像使用 Python 的标准模块一样导入并使用了。下载和安装第三方模块可以使用 Python 提供的 pip 命令实现。pip 命令的基本语法格式如下。

```
pip <command>  [modulename]
```

其中，command 用于指定要执行的命令，常用命令有 install（用于安装第三方模块）、uninstall（用于卸载已经安装的第三方模块）、list（用于显示已经安装的第三方模块）等。modulename 为可选参数，用于指定要安装或者卸载的模块名称，有时还可以包括版本号，当 command 为 install 或者 uninstall 时不能省略。

例如，安装第三方模块 numpy 时，可以在【命令提示符】窗口中输入以下代码。

```
pip install numpy
```

执行上面的代码，将开始在线安装 numpy 模块。

说 明 必须通过设置环境参数配置好可执行文件 pip.exe 的路径，否则在【命令提示符】窗口会无
法识别命令 pip。

 循序渐进

5.1 Python 数学函数的应用

5.1.1 Python 数学常量

Python 数学常量主要包括数学常量 pi（圆周率，一般以 π 来表示）和数学常量 e（自然常数）。

5.1.2 Python 常用数学运算函数

Python 常用数学运算函数如表 5-2 所示。

表 5-2 Python 常用数学运算函数

序号	函数	功能描述与返回值
1	abs(x)	返回数值的绝对值，例如 abs(-10)返回 10
2	ceil(x)	返回数值的上入整数，例如 math.ceil(4.1)返回 5
3	cmp(x,y)	如果 x<y 返回-1，如果 x==y 返回 0，如果 x>y 返回 1
4	exp(x)	返回 e 的 x 次幂，例如 math.exp(1)返回 2.718281828459045
5	fabs(x)	返回数值的绝对值，例如 math.fabs(-10)返回 10.0
6	floor(x)	返回数值的下舍整数，例如 math.floor(4.9)返回 4
7	log(x)	如 math.log(math.e)返回 1.0，math.log(100,10)返回 2.0
8	log10(x)	返回以 10 为基数的 x 的对数，例如 math.log10(100)返回 2.0
9	max(x1,x2,…)	返回给定参数的最大值，参数可以为序列
10	min(x1,x2,…)	返回给定参数的最小值，参数可以为序列
11	modf(x)	返回 x 的整数部分与小数部分，两部分的数值符号与 x 相同，整数部分以浮点数表示
12	pow(x,y)	x**y 运算后的值，即返回 x 的 y 次幂
13	round(x[,n])	返回浮点数 x 的四舍五入值，例如给出 n 值，则代表舍入到小数点后的位数
14	sqrt(x)	返回数值 x 的平方根
15	acos(x)	返回 x 的反余弦弧度值
16	asin(x)	返回 x 的反正弦弧度值
17	atan(x)	返回 x 的反正切弧度值
18	atan2(y,x)	返回给定的 x 和 y 坐标值的反正切值
19	cos(x)	返回 x 的弧度的余弦值
20	hypot(x,y)	返回欧几里得范数 sqrt(x*x+y*y)
21	sin(x)	返回 x 的弧度的正弦值
22	tan(x)	返回 x 的弧度的正切值
23	degrees(x)	将弧度转换为角度，例如 degrees(math.pi/2)，返回 90.0
24	radians(x)	将角度转换为弧度

【任务 5-1】编写程序绘制爱心

【任务描述】
（1）在 PyCharm 集成开发环境中创建项目 Unit05。
（2）在项目 Unit05 中创建 Python 程序文件 5-1.py。
（3）编写程序绘制爱心。

【任务实施】

1. 创建 PyCharm 项目 Unit05
成功启动 PyCharm 后，在指定位置"D:\PycharmProject\"创建 PyCharm 项目 Unit05。

2. 使用 pip 命令下载与安装第三方模块
在 PyCharm 项目 Unit05 中新建 Python 程序文件 5-1.py，同时 PyCharm 主窗口显示程序文件 5-1.py 的代码编辑窗口，在该程序文件的代码编辑窗口自动添加了模板内容。

3. 在 PyCharm 中自动导入相关库或模块
本单元的【任务 5-1】中需要使用"matplotlib""numpy"模块，为了保证程序能正常运行，必须先导入相关模块，这里介绍使用快捷键快速导入所需模块的操作方法。

电子活页 5-1

程序文件 5-1.py
的代码

在 PyCharm 中，导入模块的代码中，import 后面的模块名称"matplotlib""numpy"下面如果出现红色的波浪线，如图 5-1 所示，就表示该模块还未导入。

将鼠标指针移到出现红色波浪线（实际环境中）模块名称"matplotlib"位置，弹出提示信息框，如图 5-2 所示。

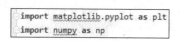

图 5-1　模块名称"matplotlib""numpy"
下面出现红色的波浪线

图 5-2　鼠标指针指向模块名称"matplotlib"位置时
弹出的提示信息框

按组合键【Alt+Enter】，出现一个快捷菜单，选择第一项【Install package matplotlib】，然后按【Enter】键或者单击执行该命令，如图 5-3 所示。

模块"matplotlib"成功安装完成，会出现图 5-4 所示的提示信息。

图 5-3　执行【Install package matplotlib】命令

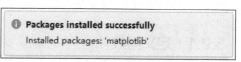

图 5-4　模块"matplotlib"成功安装完成后出现的提示信息

以同样的操作方法安装模块"numpy"，模块"numpy"成功安装完成，会出现图 5-5 所示的提示信息。

图 5-5　模块"numpy"成功安装完成后出现的提示信息

模块"matplotlib"和"numpy"成功安装完成后，import 后面的模块名称"matplotlib""numpy"

下面的红色波浪线消失了，就表示该模块已成功导入。

4. 编写 Python 程序代码

在新建文件 5-1.py 的代码编辑窗口已有模板注释内容下面输入程序代码，程序文件 5-1.py 的代码如电子活页 5-1 所示。

单击工具栏中的【保存】按钮🖬，保存程序文件 5-1.py。

5. 运行 Python 程序

在 PyCharm 主窗口选择【Run】菜单，在弹出的下拉菜单中选择【Run】。在弹出的【Run】对话框中选择"5-1"选项，程序文件 5-1.py 开始运行。

程序文件 5-1.py 的运行结果如图 5-6 所示。

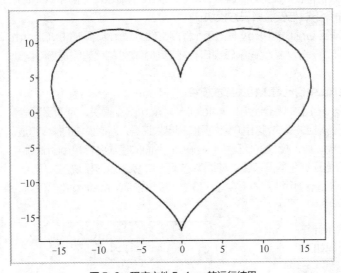

图 5-6　程序文件 5-1.py 的运行结果

5.2　Python 函数的定义与调用

使用函数能改善应用程序的模块化程度和提高代码的重复利用率，并能降低编程难度。函数是一种功能的抽象，一般函数会表达特定功能。函数是组织好的、可重复使用的、用来实现所需功能的、执行特定的任务的代码段，函数可以让代码执行得更快。函数是一段具有特定功能的、可重用的语句组。

5.2.1　定义函数

Python 提供了许多内置的标准函数，例如 print()、input()、range()等。我们也可以自己创建函数，这被称为自定义函数。

可以定义一个函数实现自己想要的功能，定义一个函数包括指定函数的名称、指定函数里包含的参数和代码块结构。

Python 使用 def 关键字自定义函数，定义函数的一般基本语法格式如下。

```
def 函数名称([0 个或多个参数组成的参数列表]):
    "<注释内容>"
    <函数体>
```

```
    return [表达式]
```

函数定义说明如下。

（1）函数定义部分以 def 关键字开头，后接函数名称、圆括号 "（）" 和冒号 "："。函数名称在调用函数时使用，圆括号用于定义参数，任何传入参数和自变量必须放在圆括号内。如果有多个参数，各参数之间使用逗号 "，" 分隔；如果不指定参数，则表示该函数没有参数，调用函数时也不指定参数值。函数可以有参数也可以没有，但必须保留空的圆括号，否则会出现异常。默认情况下，参数值和参数名称是按函数声明中定义的顺序匹配的。

（2）函数体是由多条语句组成的代码块，即该函数被调用时，要执行的功能代码。函数体的代码相对于 def 关键字必须保持合理的缩进。

（3）如果函数有返回值，使用 return 语句返回，return [表达式]用于退出函数，选择性地向调用方返回一个值。也可以让函数返回空值，不带表达式的 return 语句相当于返回 None。函数的返回值可以是 Python 支持的任意数据类型，并且无论 return 语句出现在函数的哪一位置，只要该返回语句得以执行，就会直接结束函数的执行。

如果函数中没有 return 语句，或者省略了 return 语句的表达式，将返回 None，即返回空值。

（4）函数体的前一行可以选择性地指定文本字符串注释，注释的内容包括函数功能、传递参数的作用等，注释字符串可以为用户提供友好提示和帮助信息，但并非函数定义的必须内容，也可以没有注释内容。如果有注释内容，这些注释内容相对于 def 关键字也必须保持合理的缩进。

（5）创建一个函数时，如果暂时不需要编写程序代码实现其功能，这时就可以使用 pass 语句作为占位符填充函数体，表示"以后会编写代码"。例如：

```
def func():
    pass   #占位符
```

【实例 5-1】演示计算矩形面积函数的定义

实例 5-1 的代码如下所示。

```
def area(width, height):
    '''计算矩形面积函数'''
    area=width * height
    return area
```

运行以上的代码，将不显示任何内容，也不会抛出异常，因为函数 area()还没有调用。

5.2.2　调用函数

函数定义完成后，可以通过调用该函数执行函数代码，实现其功能。可以将函数作为一个值赋值给指定变量。

调用函数的基本语法格式如下。

```
函数名称([0 个或多个参数组成的参数列表])
```

要调用的函数名称必须是已经定义好的。如果已定义的函数有参数，则调用时也要指定各个参数值；如果需要传递多个参数值，则各参数之间使用逗号 "，" 分隔；如果该函数没有参数，则直接写圆括号 "（）" 即可，但圆括号必须保留。

调用函数时，如果函数只返回一个值，则该返回值可以赋值给一个变量；如果返回多个值，则可以赋值给多个变量或一个元组。

实例 5-1 演示了自定义函数和函数调用，其完整代码如下所示。

```
def area(width, height):
    '''计算矩形面积函数'''
```

```
        area=width * height
        return area
width = 4
height = 5
area= area(width, height)
print("area =", area)
```

实例 5-1 的运行结果如下。

```
area = 20
```

【实例 5-2】定义一个函数 factorial()，计算 n 的阶乘

实例 5-2 的代码如下所示。

```
def factorial(m):
    s=1
    for i in range(1,m+1):
        s*=i
    return s
n=5
print("{0}!={1}".format(n,factorial(n)))
```

实例 5-2 中前 5 行代码为函数定义代码，最后一行中的 factorial(n)为函数调用，调用时要给出实际参数 n，实际参数替换定义中的参数 m，函数调用后得到返回值 s，返回给调用方。

实例 5-2 的运行结果如下。

```
5!=120
```

【任务 5-2】应用日期时间函数实现倒计时功能

【任务描述】

（1）在项目 Unit05 中创建 Python 程序文件 5-2.py。

（2）应用日期时间函数实现倒计时功能。

【任务实施】

1. 创建 Python 程序文件 5-2.py

在 PyCharm 项目 Unit05 中新建 Python 程序文件 5-2.py，同时 PyCharm 主窗口显示程序文件 5-2.py 的代码编辑窗口，在该程序文件的代码编辑窗口自动添加了模板内容。

2. 编写 Python 程序代码

在新建文件 5-2.py 的代码编辑窗口已有模板注释内容下面输入程序代码，程序文件 5-2.py 的代码如电子活页 5-2 所示。

单击工具栏中的【保存】按钮，保存程序文件 5-2.py。

3. 运行 Python 程序

在 PyCharm 主窗口选择【Run】菜单，在弹出的下拉菜单中选择【Run】。在弹出的【Run】对话框中选择"5-2"选项，程序文件 5-2.py 开始运行。程序文件 5-2.py 的运行结果如下。

电子活页 5-2

程序文件 5-2.py
的代码

```
    Today
2020 年 4 月 8 日
        距离:
北京冬奥会还有: 666 天
```

【任务 5-3】定义函数计算总金额、优惠金额和实付金额等

【任务描述】

（1）在项目 Unit05 中创建 Python 程序文件 5-3.py。

（2）定义函数计算总金额、优惠金额和实付金额等。

【任务实施】

在 PyCharm 项目 Unit05 中创建 Python 程序文件 5-3.py。在程序文件 5-3.py 中编写程序代码，实现所需功能，程序文件 5-3.py 的代码如电子活页 5-3 所示。

微课 5-1

定义函数计算总金额、优惠金额和实付金额等

电子活页 5-3

程序文件 5-3.py 的代码

程序文件 5-3.py 的运行结果如下。

```
总金额：   ¥367.26
运费：     ¥0.00
返现金额： -¥150.00
优惠金额： -¥15.00
实付总额： ¥202.26
```

5.3 Python 函数参数

在调用函数时，对于有参数的函数，调用函数和被调用函数之间就有数据传递关系。函数参数的作用是传递数据给函数使用，函数利用接收的数据进行具体的处理。

函数参数在定义时放在函数名称后面的圆括号中，如下所示。

5.3.1 Python 函数的参数传递

1. 形式参数和实际参数

（1）形式参数。定义函数时，函数名称后面圆括号中的参数称为"形式参数"，简称形参。

（2）实际参数。调用函数时，函数名称后面圆括号中的参数称为"实际参数"，也就是函数的调用者提供给函数的参数，简称实参。

形参与实参如下所示。

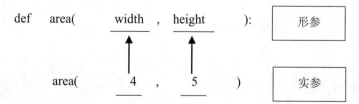

根据实参的类型不同，可以将实参的值或实参的引用传递给形参。当实参为不可变对象时，传递实参的值；当实参为可变对象时，传递实参的引用。值传递和引用传递的基本区别是：对于值传递，改变

形参的值，实参的值不会改变；对于引用传递，改变形参的值，实参的值也一同改变。

2. 可变对象与不可变对象的参数传递

Python 中，列表、字典是可变对象，而数值、元组、字符串是不可变对象。

Python 中一切都是对象，严格意义上不能说值传递和引用传递，应该说传不可变对象和传可变对象。

（1）可变对象的参数传递。

对于代码 x=[1,2,3]，[1,2,3]是列表类型。

变量先赋值 x=[1,2,3,4]，再赋值 x[2]=5，则是将列表的第 3 个元素值进行更改，本身 x 没有变化，只是其内部的一部分值被修改了。

参数传递的如果是可变对象，就类似 c++的引用传递，包括列表、字典等对象。例如函数 fun(x)，则是将 x 真正地传过去，在函数 fun(x)内部修改 x 的值，修改后函数 fun()外部的 x 也会受影响。

对于可变对象作函数参数，在函数里修改了参数的值，那么在调用这个函数时原始参数也被改变了。

【实例 5-3】演示可变对象的参数传递

实例 5-3 的代码如下所示。

```
#可变对象参数实例
def mutable(mylist):
    #修改传入的列表
    mylist.append([40,50])
    print("函数内取值： ", mylist)
    return
#调用 mutable()函数
mylist = [10, 20, 30]
mutable(mylist)
print("函数外取值： ", mylist)
```

实例 5-3 中传入函数和在末尾添加新内容的对象用的是同一个引用。

实例 5-3 的运行结果如下。

```
函数内取值： [10, 20, 30, [40, 50]]
函数外取值： [10, 20, 30, [40, 50]]
```

（2）不可变对象的参数传递。

在 Python 中，类型属于对象，变量是没有类型的。对于代码 y=5，数值 5 是整数类型，而变量 y 没有类型，它仅仅是一个对象的引用，可以指向列表类型对象，也可以指向整数类型对象。

变量先赋值 y=5，再赋值 y=10，这里实际是新生成一个整数值对象 10，再让 y 指向它，而 5 被丢弃，不是改变 y 的值，相当于新生成了 y。

参数传递的如果是不可变对象，就类似 c++的值传递，包括数值、元组和字符串等对象。例如 fun(x)，传递的只是 x 的值，没有影响 x 对象本身。在 fun(x)内部修改 x 的值，只是修改另一个复制的对象，不会影响 x 本身。

【实例 5-4】演示不可变对象的参数传递

实例 5-4 的代码如下所示。

```
#不可变对象参数实例
def immutable(y):
    y= 5
    print("变量 y 值为： ", y)   #结果是 5
    return y
```

```
x = 2
print("函数返回值为: ",immutable(x))
print("变量 x 值为: ",x )        #结果是 2
```

实例 5-4 中有整数对象 2, 指向它的变量是 x, 在传递给 immutable()函数时, 按传递值的方式复制了变量 x, x 和 y 都指向了同一个整数对象。在 y=5 时, 则新生成一个整数值对象 5, 并让 y 指向它。实例 5-4 的运行结果如下。

```
变量 y 值为:  5
函数返回值为:  5
变量 x 值为:  2
```

5.3.2 Python 函数参数类型

调用函数时可使用的函数参数类型有位置参数、关键字参数、默认值参数和不定长参数等。

1. 位置参数

位置参数也称为必需参数。调用函数时, 对于函数的位置参数必须以正确的顺序传入函数, 参数数量也必须和定义函数时一样, 即调用函数的位置和数量必须和定义时是一样的。调用函数时, 如果指定的实参数量与形参数量不一致会出现 TypeError 异常, 并提示缺少必要的位置参数。如果指定的实参位置与形参位置不一致, 有时会出现 TypeError 异常, 有时不会抛出异常, 而是出现得到的结果与预期不符的问题, 即产生 bug。

【实例 5-5】演示位置参数必须按指定顺序传递的情形

实例 5-5 的代码如下所示。

```
def printInfo(name, age,gender):
        #"输出对应传入的字符串"
        print("姓名: ", name)
        print("年龄: ", age)
        print("性别: ", gender)
        return
#调用 printInfo()函数
printInfo("LiMing",21,"男")
```

实例 5-5 的函数 printInfo()有 3 个参数, 其顺序依次为 name、age、gender, 所以调用该函数时必须传递 3 个参数值, 并且参数值的顺序也必须对应。这里传递的参数值依次为"LiMing"、21、"男", 实例 5-5 的运行结果如下。

```
姓名:  LiMing
年龄:  21
性别:  男
```

2. 关键字参数

关键字参数是指使用形参的名称来确定传递的参数值, 函数调用可以使用"key=value"的关键字参数形式, 关键字参数用来确定传入的参数值。

使用关键字参数允许函数调用时参数的顺序与声明不一致, 只要参数名称正确即可, 因为 Python 解释器能够用参数名匹配参数值。这样可以避免需要牢记参数位置的麻烦, 使得函数调用和参数传递更加灵活、方便。

【实例 5-6】演示必需参数不需要按指定顺序传递的情形

实例 5-6 的代码如下所示。

```
def printInfo(name, age,gender):
    #"输出传入的字符串"
    print("姓名：", name,end=" ")
    print("年龄：", age,end=" ")
    print("性别：", gender)
    return
#调用 printInfo()函数
printInfo(name="LiMing",age=21,gender="男")
printInfo(age=21,name="LiMing",gender="男")
printInfo(gender="男",age=21,name="LiMing")
```

实例 5-6 的函数 printInfo()也有 3 个参数，其顺序依次为 name、age、gender。调用该函数时，如果使用"key=value"的关键字参数形式传递 3 个参数值，参数值的顺序可以为任意顺序，其运行结果都相同，与预期结果完全一致。实例 5-6 的运行结果如下。

```
姓名：  LiMing 年龄：  21 性别：  男
姓名：  LiMing 年龄：  21 性别：  男
姓名：  LiMing 年龄：  21 性别：  男
```

3. 默认值参数

定义函数时可以为某些参数定义默认值，构成可选参数。调用参数设置了默认值的函数时，如果没有传递参数值，则会直接使用定义函数时设置的默认值参数。

定义带有默认值参数的函数的基本语法格式如下。

```
def 函数名称(... , [ 参数名称=参数的默认值 ]):
    <函数体>
    return [表达式]
```

定义函数时，指定默认的形参必须位于所有参数的最后，否则将会发生语法错误。并且要求默认参数必须指向不可变对象，如果使用可变对象作为函数参数的默认值，多次调用时可能会出现结果不一致的情况。

【实例 5-7】演示调用函数时没有传入参数值使用默认值的情形

实例 5-7 中如果没有传入 nation 参数值，则使用默认值"汉族"，代码如下所示。

```
def printInfo(name, age, nation="汉族"):
    #"输出任何传入的字符串"
    print("姓名：", name,end=" ")
    print("年龄：", age,end=" ")
    print("民族：", nation)
    return
#调用 printInfo()函数
printInfo(name="LiMing",age=21,nation="壮族")
printInfo(name="LiMing",age=20)
```

实例 5-7 的运行结果如下。

```
姓名：  LiMing 年龄：  21 民族：  壮族
姓名：  LiMing 年龄：  20 民族：  汉族
```

> **说 明** 在 Python 中，可以使用"函数名称.__defaults__"查看函数的默认值参数的当前值，其结果是一个元组。例如实例 5-7 中执行语句 print(printInfo.__defaults__)的结果如下。
>
> ('汉族',)

4. 不定长参数

在实际开发程序时，可能需要一个函数能处理比当初定义时更多的参数，这些参数称为不定长参数或可变个数的参数列表，即调用函数时，传入函数的实际参数可以是 0 个、1 个、2 个到任意个。

（1）以元组形式给不定长参数传递多个参数值

以元组形式给不定长参数传递多个参数值时，不定长参数前面带 1 个星号"*"，这种形式定义函数的基本语法格式如下。

```
def functionName([formal_args,] *var_args_tuple ):
    <函数体>
    return [expression]
```

加了 1 个星号"*"的参数会存放到一个元组中，然后以元组的形式导入，该元组存放所有未命名的 0 个或多个参数值。

【实例 5-8】演示以元组形式给不定长参数传递多个参数值

实例 5-8 中的函数 printInfo() 包含两种参数，参数 arg1 是一个必需参数，参数*args 包含 1 个"*"，以元组形式存放所有未命名的参数值，该参数也可以命名为其他名称。其代码如下所示。

```
def printInfo(arg1, *args):
    # "输出任何传入的参数"
    print("输出: ", end="")
    print(arg1,end="")
    print(args)
#调用 printInfo()函数
printInfo("weight",10, 20, 30)
printInfo("cherry","apple", "pear", "peach","cherry")
```

实例 5-8 的运行结果如下。

```
输出: weight(10, 20, 30)
输出: cherry('apple', 'pear', 'peach', 'cherry')
```

调用包含不定长参数的函数时如果没有向不定长参数传递参数值，则该不定长参数就是一个空元组。

如果想要使用一个已经存在的列表作为参数的不定长参数，可以在列表的名称前加 1 个星号"*"，例如：

```
fruits=["apple", "pear", "peach","cherry"]
printInfo("cherry",*fruits)
```

其运行结果与 printInfo("cherry","apple", "pear", "peach","cherry")的调用形式相同。

【实例 5-9】演示给不定长参数传递参数值的多种情形

实例 5-9 中，第 1 次调用函数 printInfo()时，传递了 4 个参数值；第 2 次调用函数 printInfo()时，只传递了 1 个参数值，也就是不定长参数没有传递参数值。其代码如下所示。

```
def printInfo(arg1, *args):
    # "输出任何传入的参数"
    print("输出: ", end="")
    print(arg1,end=" ")
    for item in args:
        print(item,end="   ")
    print("")
    return
```

```
#调用 printInfo()函数
printInfo("weight",10, 20, 30)
printInfo("cherry")
```

实例 5-9 的运行结果如下。

```
输出: weight 10  20  30
输出: cherry
```

（2）以字典形式给不定长参数传递多个参数值。

以字典形式给不定长参数传递多个参数值时，不定长参数前带 2 个星号"**"，这种形式定义函数的基本语法格式如下。

```
def functionName([formal_args,] **var_args_dict ):
    <函数体>
    return [expression]
```

加了 2 个星号"**"的参数会存放在一个字典中，然后以字典的形式导入，该字典存放所有未命名的 0 个或多个参数值。

【实例 5-10】演示以字典形式给不定长参数传递多个参数值

实例 5-10 的函数 printInfo()包含两种参数，参数 arg1 是一个必需参数，参数**args 包含2个"**"，以字典形式存放所有未命名的参数值，该参数也可以命名为其他名称。调用该函数时，传递给参数 dict 的参数必须为关键字参数形式"key=value"，其代码如下所示。

```
def printInfo(arg1, **dict):
    # "输出任何传入的参数"
    print("输出: ", end="")
    print(arg1,end=" ")
    print(dict)
    for key,value in dict.items():
        print(key,":",value,end="   ")
    return
#调用 printInfo()函数
printInfo("student",name="LiMing",age=21,nation="壮族")
```

实例 5-10 的运行结果如下。

```
输出: student {'name': 'LiMing', 'age': 21, 'nation': '壮族'}
name : LiMing   age : 21   nation : 壮族
```

如果想要使用一个已经存在的字典作为参数的不定长参数，可以在字典的名称前加 2 个星号"**"，例如：

```
fruits={"name":"LiMing","age":21,"nation":"壮族"}
printInfo("student",**fruits)
```

其运行结果与 printInfo("student",name="LiMing",age=21,nation="壮族")的调用形式相同。

5. 组合参数

定义函数时包含多种形式的参数，如必需参数、不定长参数*args 和**kwargs，该参数也可以命名为其他名称。*args 是可变参数，args 接收的是一个元组；**kwargs 是关键字参数，kwargs 接收的是一个字典。*args 和**kwargs 同时使用时，*args 参数必须要位于**kwargs 参数的前面。

【实例 5-11】演示定义函数时包含多种形式的参数

实例 5-11 中所定义的函数包含了 1 个必需参数和两种形式的不定长参数*args 和**kwargs，其代码如下所示。

```
def printInfo(num,*args,**kwargs):
    print("第"+str(num)+"组数据：")
    print("args=",args)
    print("kwargs=",kwargs)
    print("-----------------------------------------------------")
if __name__ == '__main__':
    printInfo(1,80,85,94,91)
    printInfo(2,name="ZhangSan",age=19,gender="男")
    printInfo(3,82,91,86,92,name="LiSi",age=20,gender="女")
    printInfo(4,"WangWu",20,None,name="ZhaoLiu",age=21,gender="男")
```

实例 5-11 的运行结果如下。

第 1 组数据:
args= (80, 85, 94, 91)
kwargs= {}

第 2 组数据:
args= ()
kwargs= {'name': 'ZhangSan', 'age': 19, 'gender': '男'}

第 3 组数据:
args= (82, 91, 86, 92)
kwargs= {'name': 'LiSi', 'age': 20, 'gender': '女'}

第 4 组数据:
args= ('WangWu', 20, None)
kwargs= {'name': 'ZhaoLiu', 'age': 21, 'gender': '男'}
----

6. 强制位置参数

定义函数时，参数中星号"*"也可以单独出现，并且单独出现星号"*"后的参数必须用关键字参数形式"key=value"传入。

例如:

```
>>>def fun(a,b,*,c):
    return a+b+c
>>>fun(1,2,c=3)    #正常
```

运行结果如下。

6

对于以下形式的函数调用，会出现异常。

```
>>>f(1,2,3)
Traceback (most recent call last):
  File "<stdin>", line 1, in <module>
TypeError: f() takes 2 positional arguments but 3 were given
```

Python 3.8 新增了一个函数形参语法，使用"/"指明函数形参必须使用指定位置参数，不能使用关键字参数的形式。

在以下的实例中，形参 a 和 b 必须使用指定位置参数，c 或 d 可以是位置形参或关键字形参，而 e 或 f 要求为关键字形参。

```
>>>def fun(a, b, /, c, d, *, e, f):
        print(a, b, c, d, e, f)
```

以下的函数调用形式是正确的。

```
>>>fun(10, 20, 30, d=40, e=50, f=60)
```

运行结果如下。

```
10 20 30 40 50 60
```

以下的函数调用形式会出现异常。

```
>>>fun(10, b=20, c=30, d=40, e=50, f=60)   #b 不能使用关键字参数的形式
```

出现的异常信息如下。

```
Traceback (most recent call last):
  File "<stdin>", line 1, in <module>
TypeError: fun() got some positional-only arguments passed as keyword arguments: 'b'
>>>fun(10, 20, 30, 40, 50, f=60)              #e 必须使用关键字参数的形式
```

出现的异常信息如下。

```
Traceback (most recent call last):
  File "<stdin>", line 1, in <module>
TypeError: fun() takes 4 positional arguments but 5 positional arguments (and 1 keyword-only argument) were given
```

【任务 5-4】自定义函数应用多种方法对齐输出图书数据

【任务描述】

（1）在项目 Unit05 中创建 Python 程序文件 5-4.py。

（2）综合应用多种方法对齐输出图书数据。

【任务实施】

电子活页 5-4

程序文件 5-4.py
的代码

在 PyCharm 项目 Unit05 中创建 Python 程序文件 5-4.py。在程序文件 5-4.py 中编写程序代码，实现所需功能，程序文件 5-4.py 的代码如电子活页 5-4 所示。

程序文件 5-4.py 的运行结果如图 5-7 所示。

商品ID	图书名称	价格	出版日期
1	HTML5+CSS3移动Web开发实战	58.00	2019-5-1
2	给Python点颜色 青少年学编程	59.80	2019-9-1
3	PPT设计从入门到精通	79.00	2019-1-1

图 5-7　程序文件 5-4.py 的运行结果

说明 程序文件 5-4.py 的思路为：先按指定长度输出文本内容，并使用全角空格进行填充；如果字符串中有 n 个半角字符，则再输出 n 个半角空格，保证全角、半角混合的字符串能对齐输出。

5.4 函数变量的作用域

变量的作用域是指程序代码能够访问该变量的区域范围，如果超出该区域范围，访问该变量时就会出现异常。在 Python 中，一般会根据变量的"有效范围"，将变量分为"局部变量"和"全局变量"两种类型。

1. 局部变量

局部变量是指在函数内部定义并使用的变量，它只在函数内部有效，即定义在函数内部的变量拥有一个局部作用域，函数内部的名称只在函数运行时才会创建，在函数运行之前或运行完毕，所有的局部变量的名称都不存在了。如果在函数外部使用函数内部定义的变量，就会出现 NameError 异常。

2. 全局变量

全局变量是指能够作用于函数内部和外部的变量，全局变量主要有以下两种情况。

（1）在函数外定义的变量拥有全局作用域。如果一个变量在函数外部定义，那么该变量不仅可以在函数外访问，在函数内部也可以访问。

【实例 5-12】演示 Python 全局变量与局部变量的使用

实例 5-12 的代码如下所示。

```
age = 20    #全局变量
def printAge1():
    age = 50    #局部变量
    print("函数 printAge1()中输出局部变量：age=", age)
def printAge2():
    print("函数 printAge2()中输出全局变量：age=", age)
printAge1()
printAge2()
print("函数外部输出全局变量：age=", age )
```

实例 5-12 的运行结果如下。

```
函数 printAge1()中输出局部变量：age= 50
函数 printAge2()中输出全局变量：age= 20
函数外部输出全局变量：age= 20
```

> **说明** 当局部变量与全局变量重名时，对函数内的局部变量赋值后，不会影响函数外的全局变量。尽管 Python 允许全局变量和局部变量重名，但是在实际开发时，建议不要这样做，这样做容易让代码混乱，让人很难分清哪些是全局变量、哪些是局部变量。

（2）对于在函数内部定义的变量，如果使用 global 关键字声明后，该变量也是全局变量，在函数外部可以访问到该变量，并且在函数内部还可以对其进行修改，但是在其他函数内部不能访问该变量。

【实例 5-13】演示全局变量的两种使用形式

实例 5-13 的代码如下所示。

```
global_grade = "三等奖"    #全局变量
print("函数外部输出全局变量：国内技能竞赛获奖等级：", global_grade )
def printRank1():
    local_grade = "一等奖"    #局部变量
    print("函数 printRank1()内输出局部变量：小组内技能竞赛获奖等级：", local_grade)
    print("函数 printRank1()内输出全局变量：国内技能竞赛获奖等级：", global_grade)
```

```
def printRank2():
    global grade    #使用关键字 global 定义的全局变量 grade
    grade = "二等奖"
    print("函数 printRank2()内输出全局变量 1：省内技能竞赛获奖等级：", grade)
    print("函数 printRank2()内输出全局变量 2：国内技能竞赛获奖等级：", global_grade)
printRank1()
printRank2()
print("函数外部输出全局变量 1：省内技能竞赛获奖等级：", grade)
print("函数外部输出全局变量 2：国内技能竞赛获奖等级：", global_grade)
```

实例 5-13 的运行结果如下。

函数外部输出全局变量：国内技能竞赛获奖等级： 三等奖

函数 printRank1()内输出局部变量：小组内技能竞赛获奖等级： 一等奖

函数 printRank1()内输出全局变量：国内技能竞赛获奖等级： 三等奖

函数 printRank2()内输出全局变量 1：省内技能竞赛获奖等级： 二等奖

函数 printRank2()内输出全局变量 2：国内技能竞赛获奖等级： 三等奖

函数外部输出全局变量 1：省内技能竞赛获奖等级： 二等奖

函数外部输出全局变量 2：国内技能竞赛获奖等级： 三等奖

实例 5-13 中全局变量 global_grade 是在函数外定义的，在函数外和两个函数内部都允许访问；全局变量 grade 是在函数 printRank2()内部定义并赋值的，在函数 printRank2()内部和函数外都允许访问，但在另一个函数 printRank1()内部不能访问；局部变量 local_grade 是在函数 printRank1()内部定义并赋值的，只能在函数 printRank1()内部访问，在函数外和另一函数 printRank2()内部都无法访问。

5.5 Python 的模块创建与导入

Python 提供了强大的模块支持，不仅 Python 自身提供了大量的标准模块，而且还有很多第三方提供的模块，也允许自定义模块。这些强大的模块支持提高了代码的可重用性，即编写好一个模块后，只要是实现该功能的程序，都可以导入这个模块来实现所需的功能，这样就极大地提高了程序开发效率。

Python 的模块是一个包含函数定义和变量定义的 Python 文件，其扩展名也是".py"。一般把能够实现一定功能的代码放置在一个 Python 文件中作为一个模块，模块可以被别的程序引入并使用，方便其他程序使用该模块中的函数等功能。另外，使用模块可以避免函数名称和变量名称产生冲突。

模块除了包含函数定义，还可以包含可执行的代码，这些代码一般用来初始化模块。只有在模块第 1 次被导入时才会被执行。

每个模块有各自独立的符号表，在模块内部被所有的函数当作全局符号表使用。所以在模块内部可以放心使用这些全局变量，而不用担心跟其他模块中的全局变量混淆。

5.5.1 创建模块

创建模块可以将相关的变量定义和函数定义编写在一个独立的 Python 文件中，并且将该文件命名为"模块名称.py"的形式，也就是说，创建模块实际就是创建一个模块文件，并且模块文件的扩展名必须是".py"。创建模块时，设置的模块名称尽量不要与 Python 自带的标准模块名称重名。模块创建完成后，就可以在其他程序中导入并使用该模块了。

在"D:\PycharmProject\Unit05"位置创建一个自定义模块 fibonacci.py，其代码如下所示。

```
#斐波那契（fibonacci）数列模块
def fib1(n):     #定义到 n 的斐波那契数列
    a, b = 0, 1
    while b < n:
        print(b, end=' ')
        a, b = b, a+b
    print()

def fib2(n):     #返回到 n 的斐波那契数列
    result = []
    a, b = 0, 1
    while b < n:
        result.append(b)
        a, b = b, a+b
    return result
```

自定义模块定义完成后，可以通过 modname.itemname 这样的表示法来访问模块内的函数。
例如：

```
>>>fibonacci.fib1
```

> **说 明** 斐波那契数列指的是这样一个数列：1、1、2、3、5、8、13、21、34……。在数学上，斐
> 波那契数列以递推的方法定义：$F(1)=1$，$F(2)=1$，$F(n)=F(n-1)+F(n-2)$（$n \geqslant 3$，n
> $\in$ N*），即这个数列从第 3 项开始，每一项都等于前两项之和。

5.5.2 导入模块

Python 的模块或程序文件中可以导入其他模块的，可以使用 import 或者 from...import 语句来导
入相应的模块。通常在一个模块或程序文件的最前面使用 import 语句来导入一个模块，当然这只是一个
惯例，而不是强制要求的，被导入的模块名称将被导入当前操作模块的符号表中。

1. 使用 import 语句导入模块

想要使用 Python 的模块文件中的变量或函数，需要在另一个文件里执行 import 语句加载模块中的
代码，其基本语法格式如下。

```
import module1[, module2[,... moduleN] [as alias]
```

其中，module1, module2, ..., moduleN 表示要导入模块的名称，as alias 为给模块命名的别名，
通过该别名也可以使用该模块。

import 语句允许一次导入多个模块，在导入多个模块时，模块名称之间使用逗号","分隔，但这种
做法不推荐使用，因为降低了代码的可读性。

当解释器遇到 import 语句，如果模块位于当前的搜索路径中就会被导入，搜索路径是一个解释器会
先进行搜索的所有文件夹的列表。

一个模块只会被导入一次，不管执行了多少次 import 语句，这样可以防止导入的模块被一遍又一遍
地执行。

打开 Windows 的【命令提示符】窗口，在该窗口提示符">"后面输入命令"D:"，按【Enter】
键，将当前盘更换为 D 盘。然后输入命令"cd D:\PycharmProject\Unit05"，按【Enter】键，将当前
文件夹更换为 Unit05。

接着在当前的提示符后面输入"python"，按【Enter】键，出现提示信息，同时进入交互式 Python 解释器中，提示符变为">>>"，等待用户输入 Python 命令。

在提示符">>>"后面输入以下命令导入前面创建的自定义模块 fibonacci。

```
>>>import fibonacci
```

这种导入的方法并没有把直接定义在 fibonacci.py 文件中的函数名称导入当前的符号表中，只是把模块 fibonacci 的名称准备在那里了。

调用模块中的变量、函数时，需要在变量名称、函数名称前添加"模块名称."作为前缀，例如 fibonacci.fib1()、fibonacci.fib2()。

例如：

```
>>>fibonacci.fib1(100)
```

运行结果如下。

```
1 1 2 3 5 8 13 21 34 55 89
>>>fibonacci.fib2(100)
```

运行结果如下。

```
[1, 1, 2, 3, 5, 8, 13, 21, 34, 55, 89]
>>>fibonacci.__name__
```

运行结果如下。

```
'fibonacci'
```

调用模块 fibonacci 中自定义函数 fib1()、fib2()的执行结果如图 5-8 所示。

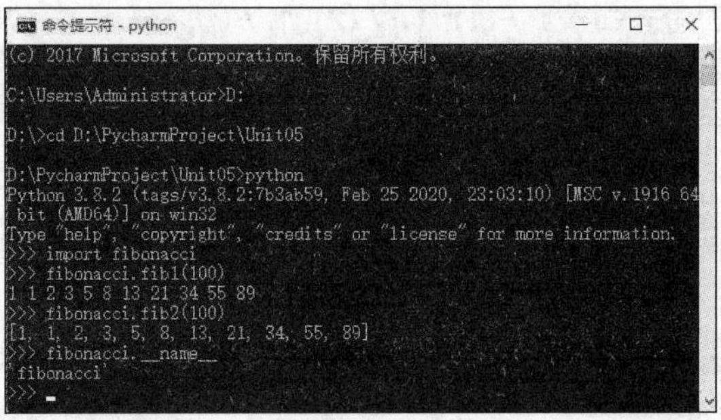

图 5-8　调用模块 fibonacci 中自定义函数 fib1()、fib2()的执行结果

如果模块名称比较长，不容易记住，可以在导入模块时，使用 as 关键字为该模块名称设置一个别名，然后就可以通过这个别名来调用模块中的变量、函数等对象。

例如，使用 turtle 模块绘制时使用以下代码。

```
import turtle as t
t.penup()              #抬笔
t.goto(x, y)           #画笔起始位置
t.pencolor(rectcolor)  #画笔颜色
t.pendown()            #落笔
t.fillcolor(rectcolor) #设置填充颜色
```

如果经常使用一个函数，可以将该函数名称赋给一个本地的变量名称，然后通过本地的变量名称调用模块中的自定义函数，例如：

```
>>>fib= fibonacci.fib1
>>>fib(100)
```

运行结果如下。

1 1 2 3 5 8 13 21 34 55 89

2. 使用 from...import 语句导入模块

使用 import 语句导入模块时，每执行一条 import 语句都会创建一个新的命名空间（namespace），并且在该命名空间中执行与.py 文件相关的所有语句。在执行时，需要在具体的变量、函数名称前加上"模块名称."前缀。如果不想在每次导入模块时都创建一个新的命名空间，而是想将具体的定义导入当前的命名空间，这时可以使用 from...import 语句。使用 from...import 语句导入模块后，不需要再添加"模块名称."前缀，直接通过具体的变量、函数名称访问即可。

Python 的 from 语句的功能是从模块中导入一个指定的函数或变量的名称到当前模块中，基本语法格式如下。

from modename import name1[, name2[, ... nameN]]

其中，modename 表示导入的模块名称，区分字母大小写，需要和定义模块时设置的模块名称的大小写保持完全一致。name1、name2、nameN 表示要导入的变量、函数名称。可以同时导入多个变量和函数，各个对象之间使用逗号","分隔。

例如，要导入模块 fibonacci 的 fib1()和 fib2()函数，使用如下语句。

>>>from fibonacci import fib1, fib2
>>>fib1(100)

运行结果如下。

1 1 2 3 5 8 13 21 34 55 89

这里的声明不会把整个 fibonacci 模块导入当前的命名空间中，它只会将 fibonacci 模块中的两个函数 fib1()和 fib2()导入。

 注意 使用 from...import 语句导入模块中的变量和函数时，要保证所导入的名称在当前的命名空间中是唯一的，否则会产生命名冲突，后导入的同名变量、函数会覆盖先导入的。

3. 使用 from...import * 语句导入模块中的所有对象

还有一种方法，可以一次性把一个模块中的所有函数、变量名称全部都导入当前模块的符号表，基本语法格式如下。

from modname import *

这将导入所有的函数、变量名称，但是那些由单一下画线"_"开头的变量名称（局部变量）不在此列。这个声明提供了一个简单的方法来导入一个模块中的所有对象，但通常并不主张使用这种方法导入模块，因为这种方法经常会导致代码的可读性降低，这样导入引入的其他模块的名称，有可能覆盖了本模块中已有的定义的名称。

4. Python 模块的搜索路径

当我们使用 import 语句导入模块的时候，Python 解释器是怎样找到对应的文件的呢？

这就涉及 Python 的搜索路径。搜索路径是由一系列文件夹名称组成的，Python 解释器依次从这些文件夹中去寻找所引入的模块。这看起来很像环境变量，事实上也可以通过定义环境变量的方式来确定搜索路径。搜索路径是在 Python 编译或安装的时候确定的，安装新的库也会自动进行修改。

默认情况下，会按照以下顺序进行查找。

（1）在当前文件夹（当前正在执行的 Python 文件所在的文件夹）下查找。

（2）在环境变量中指定的每个文件夹中查找。

（3）在 Python 的默认安装文件夹中查找。

搜索路径被存储在 sys 模块中的 path 变量中，可以通过以下代码输出搜索路径所在的文件夹。

```
>>>import sys
>>>print(sys.path)
```

运行结果如下。

```
['', 'D:\\Python\\Python3.8.2\\python38.zip', 'D:\\Python\\Python3.8.2\\DLLs', 'D:\\Python\\Python3.8.2\\
lib', 'D:\\Python\\Python3.8.2', 'C:\\Users\\Administrator\\AppData\\Roaming\\Python\\Python38\\site-
packages', 'D:\\Python\\Python3.8.2\\lib\\site-packages']
```

如果导入的模块不在以上运行结果所示的文件夹中，那么在导入模块时，将会出现异常。

5.5.3 导入与使用 Python 的标准模块

Python 本身带有一些标准的模块库，这里介绍两个常用的标准模块。

1. sys 模块

sys 模块是与 Python 解释器及其环境操作相关的标准模块。导入与使用 sys 模块的代码如下。

```
>>>import sys
>>>for item in sys.argv:
    print (item)
>>>print('python 路径：',sys.path)
```

导入 sys 模块的 argv、path 成员的代码如下。

```
>>>from sys import argv,path   #导入特定的成员
>>>print('path:',path)   #因为已经导入 path 成员，所以此处引用时不需要加"sys."
```

sys 模块还有 stdin、stdout 和 stderr 属性，即使在 stdout 被重定向时，stderr 也可以用于显示警告和错误信息。

例如：

```
>>>sys.stderr.write('Warning, log file not found starting a new one\n')
```

运行结果如下。

```
Warning, log file not found starting a new one
47
```

大多数脚本的定向终止都使用"sys.exit()"语句。

2. os 模块

os 模块提供了不少与操作系统相关联的函数。导入与使用 os 模块的代码如下。

```
>>>import os
>>>os.getcwd()        #返回当前的工作目录
```

运行结果如下。

```
'D:\\PycharmProject\\Unit05'
>>>os.chdir('D:\PycharmProject')        #修改当前的工作目录
>>>os.system('mkdir Test05')        #执行系统命令 mkdir
```

运行结果如下。

```
0
```

建议使用 import os 格式导入 os 模块而非使用 from os import *格式，这样可以保证随操作系统不同而有所变化的 os.open()语句不会覆盖内置函数 open()。

在使用 os 模块这样的大型模块时，内置的 dir()和 help()函数非常有用，例如：

```
>>>import os
>>>help(os)
```

返回函数或模块功能的详细说明。

```
>>>dir(os)
```

返回 os 模块中所有对象的列表。

5.5.4 使用内置函数 dir()

内置函数 dir()可以找到模块内定义的所有名称，并以字符串列表的形式返回。

dir()函数不带参数时，返回当前范围内的变量、方法和定义的类型列表；带参数时，返回参数的属性、方法列表。如果参数包含方法__dir__()，该方法将被调用；如果参数不包含方法__dir__()，该方法将最大限度地收集参数信息。

例如：

```
>>>import fibonacci
>>>dir(fibonacci)
```

运行结果如下。

```
['__builtins__', '__cached__', '__doc__', '__file__', '__loader__', '__name__', '__package__',
'__spec__', 'fib1', 'fib2']
```

其中，fib1 和 fib2 就是我们导入的自定义函数名称。

```
>>>a = [1, 2, 3, 4, 5]
>>>import fibonacci
>>>fib = fibonacci.fib1
>>>dir()    #得到一个当前模块中定义的属性列表
```

如果没有给定参数，那么 dir()函数会罗列出当前定义的所有名称。运行结果如下。

```
['__annotations__', '__builtins__', '__doc__', '__loader__', '__name__', '__package__', '__spec__',
'a', 'fib', 'fibonacci']
```

5.5.5 __name__属性与以主程序的形式执行

一个模块被第一次引入时，其主程序将运行。如果我们想在模块被引入时，模块中的某一程序块不执行，可以用__name__属性来使该程序块仅在该模块自身运行时执行。无论是隐式的还是显式的相对导入都是从当前模块开始的。主模块的名字永远是"__main__"，一个 Python 应用程序的主模块应当总是使用绝对路径引用。

代码如下。

```
>>>if __name__ == '__main__':
    print('程序自身在运行')
else:
    print('我来自另一模块')
```

运行结果如下。

```
程序自身在运行
```

> **说 明** 每个模块都有一个记录模块名称的变量"__name__"属性，程序可以检查该变量，以确定它是在哪一个模块中执行。如果一个模块不是被导入其他程序中执行，那么它可能在解释器的顶级模块中执行。顶级模块的"__name__"属性的值为"__main__"。当"__name__"属性的值是'__main__'时，表明该模块自身在运行，否则是被引入。"__name__"与"__main__"带有双下画线。

【任务 5-5】编写程序自定义模块与函数格式输出商品信息

【任务描述】

（1）在项目 Unit05 中创建 Python 程序文件 5-5.py。

（2）自定义模块 commonModult.py，在该模块中自定义函数 printField()、printFormatData()、printBlankFill()，分别用于输出表格标题行、格式化输出商品信息、输出填充空格。

（3）编写程序自定义模块与函数格式输出商品信息。

微课 5-2

编写程序自定义模块与
函数格式输出商品信息

【任务实施】

1. 创建模块文件 commonModult.py

在项目文件夹 PycharmProject 中创建模块文件 commonModult.py，在该模块中分别定义 4 个函数，名称分别为：getSize()、printField()、printFormatData()、printBlankFill()。模块 commonModult 的代码如电子活页 5-5 所示。

电子活页 5-5

模块 commonModult
的代码

2. 创建 Python 程序文件 5-5.py

在 PyCharm 项目 Unit05 中创建 Python 程序文件 5-5.py。在程序文件 5-5.py 中编写程序代码，实现所需功能。程序文件 5-5.py 的代码如下所示。

```python
from commonModult import printFormatData , printBlankFill , printField
def printData(bookData):
    for row in bookData:
        printFormatData(row[0], "^", "6d")
        printFormatData(row[1], "<", "24s")
        printBlankFill(row[1], "")
        printFormatData(row[2], "^", "8.2f")
        printFormatData(row[3], "^", "12s")
        print("")
fieldName=("商品 ID","图书名称","价格","出版日期")
bookData = [(1,"HTML5+CSS3 移动 Web 开发实战", 58.00, "2019-5-1"),
            (2,"给 Python 点颜色 青少年学编程", 59.80, "2019-9-1"),
            (3,"PPT 设计从入门到精通",79.00,"2019-1-1"),
            ]
printField(fieldName)
printData(bookData)
```

3. 运行程序文件 5-5.py

程序文件 5-5.py 的运行结果如图 5-9 所示。

商品ID	图书名称	价格	出版日期
1	HTML5+CSS3移动Web开发实战	58.00	2019-5-1
2	给Python点颜色 青少年学编程	59.80	2019-9-1
3	PPT设计从入门到精通	79.00	2019-1-1

图 5-9 程序文件 5-5.py 的运行结果

5.6 Python 中创建与使用包

使用模块可以避免函数名称、变量名称重名引发的命名冲突，如果模块名称也重名应该怎么办呢？

Python 的包（package）可以解决模块名称冲突的问题。包是一个分层的目录结构，它将一组功能相近的模块组织在一个文件夹中，这样既可以起到规范代码的作用，又能避免模块重名引起的命名冲突。

包简单理解就是"文件夹"，只不过在该文件夹下必须存在一个名称为"__init__.py"的文件。实际开发软件项目时，会创建多个包用于存放不同类型的文件。

包是一种管理 Python 模块命名空间的形式，采用"包名称.模块名称"的形式。例如一个模块的名称是 A.B，那么它表示一个包 A 中的子模块 B。就好像使用模块的时候，不用担心不同模块之间的全局变量相互影响一样，采用"包名称.模块名称"这种形式也不用担心出现不同库之间的模块重名的问题。

5.6.1 创建包

创建包实际上就是创建一个文件夹，并且在该文件夹中创建一个名称为"__init__.py"的 Python 文件，__init__.py 文件是一个模块文件。在__init__.py 文件中，可以编写一些需要的 Python 程序代码，导入包时会自动执行这些代码，也可以不编写任何程序代码，即该文件为空。

在 PyCharm 集成开发环境中创建包的步骤如下。

（1）在 PyCharm 主窗口右键单击已建好的 PyCharm 项目，例如"PycharmProject"，在弹出的快捷菜单中选择【New】-【Python Package】，如图 5-10 所示。

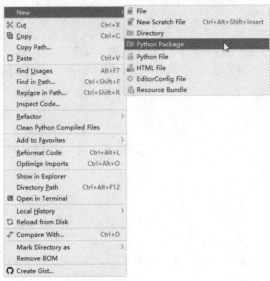

图 5-10　在快捷菜单中选择【New】-【Python Package】

（2）在打开的【New Package】对话框中输入包名称"package01"，如图 5-11 所示。然后按【Enter】键即可完成 Python 包的创建任务。

以同样的方法再创建另一个包 package02，PyCharm 项目"PycharmProject"中创建 2 个包的结构如图 5-12 所示。

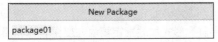

图 5-11　【New Package】对话框

图 5-12　PyCharm 项目"PycharmProject"中创建 2 个包的结构

从图 5-12 可以看出新创建的 2 个包中都自动添加了 __init__.py 文件。

（3）在包中创建模块。包 package01 创建完成后，就可以在该包中创建所需的模块了，这里创建模块 myModule01.py。在 PyCharm 主窗口右键单击已建好的 PyCharm 包"package01"，在弹出的快捷菜单中选择【New】-【Python File】，在打开的【New Python file】对话框中输入 Python 模块名称"myModule01.py"，然后双击"Python file"选项，完成 Python 模块的新建任务。

同样，包 package02 创建完成后，就可以在该包中创建所需的模块了，这里创建模块 myModule02.py，以同样的方法在包 package02 中新建模块 myModule02.py。

（4）编写包中模块 myModule01.py 的程序代码。模块 myModule01.py 的程序代码如下。

```
globalAttribute = "global：全局变量"
width = 2560
height= 1600
def printStar():
    print("☆☆☆☆☆☆☆☆☆☆☆☆")
def resolution():
    print("物理分辨率：",width,"×", height,"像素")
if __name__=="__main__":
    strModule="myModule01"
    print("这是运行了模块"+strModule+"中的输出语句")
```

在 PyCharm 主窗口单击工具栏中的【保存】按钮，保存模块 myModule01.py。

（5）编写包中模块 myModule02.py 的程序代码。模块 myModule02.py 的程序代码如下。

```
strInfo="物理分辨率："
def width(w):
    return w

def height(h):
    return h

def resolution(info,w,h):
    print(info,width(w),"×", height(h),"像素")
```

在 PyCharm 主窗口单击工具栏中的【保存】按钮，保存模块 myModule02.py。

5.6.2 使用包

包中所需的模块创建完成后，就可以在 Python 程序代码中使用 import 语句从包加载模块。从包中加载模块通常有以下 3 种方式。

1. 通过"import+完整包名称+模块名称"形式加载指定模块

对于包 package01 中的模块 myModule01，导入 myModule01 模块的代码如下。

```
import package01.myModule01
```

通过这种方式导入模块 myModule01 后，使用模块 myModule01 中的变量和函数时，需要使用完整的名称，要在变量名称和函数名称前加"package01.myModule01."前缀。

【实例 5-14】演示通过"import+完整包名称+模块名称"形式加载指定模块在变量名称和函数名称前加"package01.myModule01."前缀的情形

实例 5-14 的代码如下所示。

```
import package01.myModule01
print("输出模块 myModule01 中的全局变量: ", package01.myModule01.globalAttribute)
package01.myModule01.printStar()
```

实例 5-14 的运行结果如下。

```
输出模块 myModule01 中的全局变量: global: 全局变量
☆☆☆☆☆☆☆☆☆☆
```

2. 通过"from+完整包名称+import+模块名称"形式加载指定模块

对于包 package01 中的模块 myModule01，导入 myModule01 模块的代码如下。

```
from package01 import myModule01
```

通过这种方式导入模块 myModule01，在使用 myModule01 中的变量和函数时，不需要带包名前缀 "package01."，但需要带模块名前缀 "myModule01."，示例代码如下。

```
myModule01.resolution()
```

3. 通过"from+完整包名称+模块名称+import+变量名称或函数名称"形式加载指定模块

对于包 package02 中的模块 myModule02，导入 myModule02 模块定义的变量和函数的代码如下。

```
from package02.myModule02 import strInfo,resolution
```

通过这种方式导入模块的变量、函数后，直接使用变量、函数名称即可。

通过"from+完整包名称+模块名称+import+变量名称或函数名称"形式加载指定模块时，可以使用星号"*"代替多个变量或函数名称，表示加载该模块中的全部定义，例如：

```
from package02.myModule02 import *
```

【实例 5-15】演示通过"from+完整包名称+模块名称+import+变量名称或函数名称"形式加载指定模块和通过"from+完整包名称+import+模块名称"形式加载指定模块两种情形

实例 5-15 的代码如下所示。

```
from package01 import myModule01
from package02.myModule02 import strInfo,resolution
if __name__=="__main__":
    print("调用包 1 的模块 1 中的函数");
    myModule01.resolution()
    print("调用包 2 的模块 2 中的函数");
    print(resolution(strInfo,3000,2000))
```

实例 5-15 的运行结果如下。

```
调用包 1 的模块 1 中的函数
物理分辨率: 2560 × 1600 像素
调用包 2 的模块 2 中的函数
物理分辨率: 3000 × 2000 像素
```

 ## 知识拓展

电子活页 5-6

Python 的常用内置函数

1. Python 的常用内置函数

Python 提供了丰富的内置函数。前面各单元我们已多次使用过 Python 内置的标准函数 print()、input()、range()，使用这些函数可以大大提高代码的重复利用率，有效提高 Python 程序开发效率。Python 的常用内置函数如电子活页 5-6 所示，编写 Python 程序时，这些函数可以直接使用。

2. 解决 PyCharm 不能识别 turtle 库的方法

编写 Python 程序进行图形绘制时，需要调用 turtle 库，有时可能会发现 PyCharm 无法自动识别 turtle 库，也没有函数智能提示。

解决 PyCharm 不能识别 turtle 库的方法如电子活页 5-7 所示。

电子活页 5-7

解决 PyCharm 不能识别 turtle 库的方法

3. 应用 turtle 库中的多种函数绘制图形

turtle 库是 Python 中一个很流行的绘制线、圆以及其他形状（包括文本）的函数库，使用 Python 的 turtle 库可以绘制很多精美的图形。想象一个小乌龟，从一个横轴为 x、纵轴为 y 的坐标系原点(0,0)位置开始，根据一组函数指令的控制，在这个平面坐标系中移动，从而在它爬行的路径上绘制了图形。

（1）turtle 绘图的画布。画布（canvas）就是 turtle 为我们展开用于绘图的区域，我们可以设置它的大小和初始位置。

设置画布大小的函数如下。

① turtle.screensize(canvwidth=None,canvheight=None,bg=None)，参数分别为画布的宽（单位像素）、高（单位像素）、背景颜色。

例如：

```
turtle.screensize(800,600,"green")
```

② turtle.screensize()，返回默认大小(400,300)。

③ turtle.setup(width=0.5,height=0.75,startx=None,starty=None)。

参数 width、height：输入的宽度和高度为整数时，单位为像素；为小数时，则表示占据计算机屏幕的比例。参数 startx、starty：这一坐标表示矩形窗口左上角顶点的位置，如果参数(startx,starty)未设置，则窗口位于屏幕中心。

例如：

```
turtle.setup(width=0.6,height=0.6)
turtle.setup(width=800,height=800,startx=100,starty=100)
```

（2）turtle 绘图的画笔。在画布上，默认情况下坐标原点为画布中心，坐标原点上有一只面朝 x 轴正方向的小乌龟。这里我们描述小乌龟时使用了两个词语：坐标原点（位置）、面朝 x 轴正方向（方向）。

画笔包括画笔的属性、颜色、画线的宽度等要素。

① turtle.pensize()：设置画笔的宽度（粗细）。

② turtle.pencolor()：没有参数传入则返回当前画笔颜色，传入参数则设置画笔颜色，可以是字符串如"green""red"，也可以是 RGB 三元组。

③ turtle.speed(speed)：设置画笔移动速度，画笔移动的速度范围为[0,10]，且取值为整数，数字越大速度越快，为 10 时速度最快。

电子活页 5-8

turtle 的绘图命令

（3）turtle 绘图的命令。操纵小乌龟绘图有着许多命令，这些命令可以划分为画笔运动命令、画笔控制命令、全局控制命令等。turtle 的绘图命令如电子活页 5-8 所示。

【实例 5-16】演示应用多种绘图命令绘制带箭头的线段

实例 5-16 的代码如电子活页 5-9 所示。

实例 5-16 的运行结果如图 5-13 所示。

【实例 5-17】演示绘制文字的方法

实例 5-17 的代码如下所示。

电子活页 5-9

实例 5-16 的代码

```
from turtle   import *
```

```
def drawText():
    penup()
    color("violet")
    write("Better life", font=('Arial', 40, 'normal'))

drawText()
done()
```

实例 5-17 的运行结果如图 5-14 所示。

图 5-13　实例 5-16 的运行结果 　　　　图 5-14　实例 5-17 的运行结果

【**实例 5-18**】**演示绘制空心红色矩形和填充红色矩形的方法**

实例 5-18 的 代码如电子活页 5-10 所示。

实例 5-18 的运行结果如图 5-15 所示。

电子活页 5-10

实例 5-18 的代码

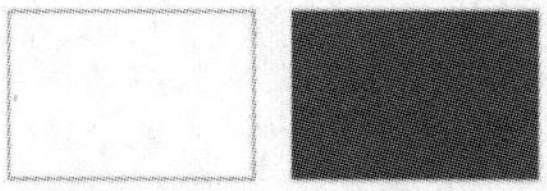

图 5-15　实例 5-18 的运行结果

【**实例 5-19**】**演示绘制梯形的方法**

实例 5-19 的代码如下所示。

```
from turtle    import *
def drawTrapezoid():
    pendown()  # 落笔
    forward(100)
    left(-45)
    fd(150)
    right(135)   # 向右
    forward(310)
    right(135)
    fd(148)
hideturtle()  # 隐藏箭头
drawTrapezoid()
done()
```

电子活页 5-11

实例 5-20 的代码

实例 5-19 的运行结果如图 5-16 所示。

【**实例 5-20**】**演示绘制空心黄色五角星和实心黄色五角星的方法**

实例 5-20 的代码如电子活页 5-11 所示。

实例 5-20 的运行结果如图 5-17 所示。

图 5-16　实例 5-19 的运行结果 　　　　图 5-17　实例 5-20 的运行结果

【实例 5-21】应用 turtle 库中的多种函数绘制多个规则多边形

实例 5-21 的代码如电子活页 5-12 所示。

实例 5-21 的运行结果如图 5-18 所示。

电子活页 5-12

实例 5-21 的代码

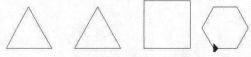

图 5-18　实例 5-21 的运行结果

【实例 5-22】应用 turtle 库中的多种函数绘制多彩花瓣

实例 5-22 的代码如下所示。

```python
from turtle import *
def drawPetal():
    title('多彩花瓣')
    speed(0)
    Screen()
    color('#2a9d66', '#65b780')
    width(2)
    for i in range(1, 12 + 1):
        circle(180, 110)
        left(180 - 110)
        circle(180, 110)
        setheading(0)
        setheading(i * 360 / 12)
drawPetal()
done()
```

实例 5-22 的运行结果如图 5-19 所示。

【实例 5-23】应用 turtle 库中的多种函数绘制彩色螺旋

实例 5-23 的代码如下所示。

```python
from turtle import *
def drawScrew():
    title('彩色螺旋')
    tracer(0,0)
    speed(0)
    colors=['red','purple','blue','green','orange','yellow']
    bgcolor('snow2')
    for i in range(150):
        pencolor(colors[i%6])
        width(i/50+1)
        forward(i*2)
        left(59)
drawScrew()
done()
```

实例 5-23 的运行结果如图 5-20 所示。

图 5-19　实例 5-22 的运行结果

图 5-20　实例 5-23 的运行结果

【实例 5-24】综合应用 turtle 库中的多个函数绘制电子时钟

实例 5-24 的代码如电子活页 5-13 所示。

实例 5-24 的运行结果如图 5-21 所示。

图 5-21　实例 5-24 的运行结果

电子活页 5-13

实例 5-24 的代码

4. Python 的匿名函数

Python 使用 lambda 来创建匿名函数，匿名函数是指没有名字的函数，lambda 用于定义简单的、能够在一行内表示的函数。所谓匿名，是指不再使用 def 语句这样标准的形式定义一个函数。定义匿名函数的基本语法格式如下，只包含一个语句。

```
lambda [arg1 [,arg2,...,argn]]:<expression>
```

等价于以下规范格式创建的有名函数。

```
def <函数名称>([arg1 [,arg2,...,argn]]):
    < expression >
    return <返回值>
```

电子活页 5-14

Python 的匿名函数

5. Python 的生成器

Python 中，使用关键字 yield 的函数被称为生成器。跟普通函数不同的是，生成器是一种返回迭代器对象的函数，只能用于迭代操作，可简单地理解为生成器就是一种迭代器。

电子活页 5-15

Python 的生成器

在线测试

单元6
类定义与使用

06

类是对现实世界中一些事物的封装，对象是事物存在的实体。Python 是一种面向对象的程序设计语言，Python 在尽可能不增加新的语法和语义的前提下形成了类机制。在 Python 中，一切都可以视为对象，即不仅是人或具体的事物称为对象（例如学生、职工、教师、学校、班级、图书、电子产品、手机、电视机等），字符串、函数等也都是对象。Python 可以方便地创建类和对象，Python 中的类提供了面向对象编程的所有基本功能，本单元主要讲解 Python 的面向对象编程。

📖 知识入门

1. Python 3 面向对象技术简介

首先我们了解一下面向对象编程的基本概念，形成基本的面向对象程序设计的概念，这样有助于学习 Python 的面向对象编程技术。

（1）类。

在 Python 中，类是一个抽象概念，例如学生、职工、教师、学校、班级、图书、电子产品、手机、电视机、西装等客观实体都可以在程序中定义为对应的类，在该类中，可以定义每个对象共有的属性和方法。类是每个用来描述具有相同的属性和方法的对象的集合。

（2）实例化。

创建一个类的实例，即创建类的具体对象，称为实例化。

（3）对象。

对象是事物存在的实体，类定义完成后就产生了类对象，对类可以进行实例化操作。创建一个类的实例，就产生了类的实例对象，实例对象是根据类的模板生成的一个内存实体，有确定的数据与内存地址。

下面以衬衫为例简单说明类对象与实例对象的含义与区别。

衬衫是一种有领、有袖、前开襟、并且袖口有扣的内上衣，常用于贴身穿。男衬衫通常胸前有口袋，袖口有袖头。

衬衫的款式，除领式外，衣身有直腰身、曲腰身、内翻门襟、外翻门襟、方下摆、圆下摆以及有背褶和无背褶等。袖有长袖、短袖、单袖头、双袖头等。

衬衫是服装中一类，即是一类实体，衬衫一般可以分为正装衬衫、休闲衬衫、便装衬衫、家居衬衫、度假衬衫等多种类型。按穿着者的性别和年龄，衬衫可分为男式衬衫、女式衬衫和儿童衬衫三类。正式制作衬衫之前先要进行衬衫结构设计、制作设计图，然后根据设计图制作衬衫。一套衬衫设计图规定了衬衫的多个特征，根据一套衬衫设计图可以加工出千千万万套衬衫，这里的衬衫设计图可以理解为类，设计了衬衫的多个属性，如图 6-1 所示；根据设计图加工出的成品衬衫可以理解类实例，如图 6-2 所示，一个类可以对应多个实例。

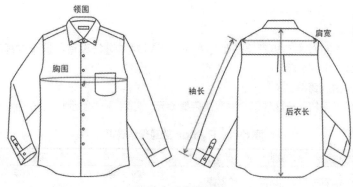

图6-1　衬衫设计图

图6-2　成品衬衫

（4）数据成员。

类主要包括两类数据成员：属性和方法。类定义了该集合中每个对象所共有的属性和方法。在类的声明中，属性是用变量来表示的，这种变量就称为属性。方法是指在类中定义的函数。

（5）类属性。

描述类的属性称为类属性，它属于类。如果类本身需要绑定一个属性，可以直接在类中定义属性，这种属性是类属性，归类所有。类属性由所有实例对象公用，类的所有实例都可以访问到。

类属性是在类中定义在方法之外的变量。可以通过类名称或实例名称访问类属性，但类属性通常不作为实例属性使用。

（6）实例属性。

由于 Python 是动态语言，根据类创建的实例可以任意绑定属性。实例属性用来描述类创建出来的实例对象，通过实例属性或者通过 self 变量可以给实例绑定属性。实例属性是指定义在方法内部的属性，通常在类的__init__()方法内部定义实例属性，只能通过实例名称访问实例属性，不能通过类名称访问。可以通过实例名称修改实例属性值。

（7）方法。

方法是指类中定义的函数，通常分为实例方法和类方法。实例方法是在类中使用 def 关键字定义的函数，至少有一个参数，一般以名为 self 的变量作为参数（使用其他名称也可以），而且需要作为第一个参数，实例方法一般使用实例名称调用。类方法是属于类的方法，这种方法要使用@classmetho 来修饰，第一个参数一般命名为 cls（也可以是别的名称），类方法一般使用类名称调用。

（8）继承。

继承是指子类（也称为派生类）继承父类的属性和方法，继承也允许把一个子类的对象作为一个父类对象对待。

（9）方法的覆盖。

如果从父类继承的方法不能满足子类的需求，可以对其进行改写，这个过程叫作方法的覆盖（override），也称为方法的重写。

2．Python 身份运算符

Python 的身份运算符用于比较两个对象的存储单元，如表 6-1 所示。

表 6-1　Python 的身份运算符

运算符	说明	实例
is	判断两个标识符是不是引用自同一个对象	x is y，类似 id(x) == id(y)。如果引用的是同一个对象则返回 True，否则返回 False
is not	判断两个标识符是不是引用自不同对象	x is not y，类似 id(a) != id(b)。如果引用的不是同一个对象则返回 True，否则返回 False

> **说 明** 表 6-1 中的 id() 函数用于获取对象内存地址。
>
> is 与 "=="的区别是：is 用于判断两个变量的引用对象是否为同一个，"=="用于判断引用变量的值是否相等。

【实例 6-1】演示 Python 身份运算符的操作

实例 6-1 的代码如下所示。

```python
x = 20
y = 20
print("1-1:",x is y)
print("1-2:",id(x) == id(y))
y = 30    #修改变量 y 的值
print("1-3:",x is not y)
print("1-4:",id(x) != id(y))
x = [1, 2, 3]
y = x
print("2-1:",y is x)
print("2-2:",y == x)
y = x[:]
print("2-3:",y is x)
print("2-4:",y == x)
```

实例 6-1 的运行结果如下。

```
1-1: True
1-2: True
1-3: True
1-4: True
2-1: True
2-2: True
2-3: False
2-4: True
```

循序渐进

6.1 创建类及其对象

Python 中，类表示具有相同属性和方法的对象的集合。在使用类时，需要先定义类，再创建类的实例，通过类的实例就可以访问类中的属性和方法了。

6.1.1 定义类

Python 中，类的定义使用 class 关键字来实现，定义类的基本语法格式如下。

```
class ClassName:
    <statement>            #类体
```

其中，ClassName 用于指定类名称，一般使用大写字母开头，如果类名称中包括多个单词，后面的单词的首字母也要大写，即采用"大驼峰法命名法"，这是类名称的命名惯例，一般应遵守；statement 表示类体，类体主要包括类属性定义和方法定义。如果在定义类时，暂时还不需要编写代码，可以在类体中直接使用 pass 语句代替实际的程序代码。

 注意
类名称后有个冒号，类体要向右边合理缩进。

6.1.2 创建类的实例

类定义完成后，并不会创建实例对象，在类定义完成后，还需要创建类的实例，即实例化该类的对象。类的实例化也称为创建对象，创建类的实例的基本语法格式如下。

```
ClassName(parameterlist)
```

其中，ClassName 是必选名称，用于指定具体的类名称；parameterlist 是可选参数，当创建一个类时，没有创建__init__()方法，或者当__init__()方法只有一个 self 参数时，parameterlist 允许省略。

【实例 6-2】演示 Python 类的定义与类的实例的创建

实例 6-2 的代码如下所示。

```
from datetime import datetime, date
class Person:
    name = "李明"
    birthday="2000-11-11"
    def calculateAge(self):
        today = date.today()
        birthDate = datetime.strptime(self.birthday, "%Y-%m-%d")
        age=today.year -birthDate.year - \
            ((today.month, today.day) < (birthDate.month, birthDate.day))
        return age
man = Person()   #实例化类
print(man)
#访问类的属性和方法
print("Person 类的属性 name 值为: ", man.name)
```

```
        print("Person 类的方法 calculateAge()返回值为: ", man.calculateAge())
```

实例 6-2 的运行结果如下。

```
<__main__.Person object at 0x00000291E6BA0160>
Person 类的属性 name 值为:  李明
Person 类的方法 calculateAge()返回值为:   19
```

实例 6-2 中首先创建了一个类 Person，类 Person 定义完成后就产生了一个类对象，可以通过类对象来访问类中的属性和方法。

类定义好后就可以进行实例化操作，通过代码"man = Person()"产生一个 Person 的实例对象，并将该对象赋给变量 man，man 即实例对象。实例对象是根据类的模板生成的一个内存实体，有确定的数据与内存地址。

6.2 类属性与实例属性

类的成员包括属性和方法，在类中创建了类的成员后，可以通过类的实例进行访问。

在类中定义的变量称为类的属性，根据定义位置不同，可以分为类属性和实例属性。类实例化后，可以使用其属性，实际上，创建一个类之后就可以通过类名称访问其属性。类属性是指在类中方法外定义的属性，包括公有属性、保护属性和私有属性。类属性可以在类的所有实例之间共享，也就是在所有实例化的对象中公用。实例属性在方法内定义，通常在类的__init__()方法中定义，实例属性只属于类的实例，只能通过实例名称访问。

【实例 6-3】 演示 Python 类的定义与类属性的定义

实例 6-3 的代码如下所示。

```
class Suit:
        style = "男式衬衫"       #款式
        model="170"             #型号
        clothingLength=74.5    #衣长
        bust = 100              #胸围
        waistline=89            #腰围
        sleeveLength=61.8       #袖长
        shoulderWidth=44.8      #肩宽
        print("这是", style, "的规格")
        def printInfo(self):
                print("我的胸围是: ",Suit.bust,"厘米")
                print("适合我的",self.style,"型号是: ",Suit.model)
print("Suit 类的属性 bust 值为: ", Suit.bust)
suit1 = Suit()   #实例化类
print("suit1 实例的属性 suit 值为: ", suit1.model)
suit1.printInfo()
```

实例 6-3 的运行结果如下。

```
这是 男式衬衫 的规格
Suit 类的属性 bust 值为:   100
suit1 实例的属性 suit 值为:   170
我的胸围是:   100 厘米
适合我的 男式衬衫 型号是:   170
```

实例 6-3 中的属性 style、model、clothingLength、bust、waistline、sleeveLength、shoulderWidth 都属于 Suit 类的属性，这些属性在类的方法外部、方法内部、类外部都可以访问，但访问形式有区别，类属性的访问形式如表 6-2 所示。

表 6-2　类属性的访问形式

访问位置		访问形式	样例
类内部	方法外部	属性名称	style
	方法内部	类名称.属性名称	Suit.bust、Suit.model
		self.属性名称	self.style
类外部		类名称.属性名称	Suit.bust
		类实例名称.属性名称	suit1.model

类属性的访问形式有 4 种：属性名称、类名称.属性名称、self.属性名称、类实例名称.属性名称，当然访问位置不相同。

由于类属性可以在类的所有实例之间共享，如果在类外对类属性进行修改，所有类实例的属性也会同步修改。类属性的值通过多个类实例访问时，其结果相同。例如：

实例 6-3 中添加以下代码。

```
suit2=Suit()
Suit.bust=60.5
print("Suit 类的属性 suit 值为: ", Suit.bust)
print("suit1 实例的属性 suit 值为: ", suit1.bust)
print("suit2 实例的属性 suit 值为: ", suit2.bust)
```

新增加代码的运行结果如下。

```
Suit 类的属性 suit 值为: 60.5
suit1 实例的属性 suit 值为: 60.5
suit2 实例的属性 suit 值为: 60.5
```

从运行结果可以看出，通过 3 种方式（Suit.bust、suit1.bust、suit2.bust）访问类属性，其结果均为修改后的属性值。

如前所述，衬衫设计图相当于类，其属性值修改后，所有根据修改后的设计图制作的衬衫实物，其属性值会同步变化。

每一件衬衫实物相当于类实例，张山购买了一件男式衬衫，发现其他方面都合适，只有袖长长了一点，于是张山要求衬衫厂家根据他本人的实际手长重新加工他所购买的衬衫袖长，这种情况更新的只有一件衬衫的袖长，而衬衫设计图和其他同款衬衫的袖长并没有改变。类实例也是如此，如果只是修改了一个实例的属性值，类属性和其他实例属性的值并不会发生改变。

实例 6-3 中添加以下代码。

```
suit2.bust=59.5
print("Suit 类的属性 suit 值为: ", Suit.bust)
print("suit1 实例的属性 suit 值为: ", suit1.bust)
print("suit2 实例的属性 suit 值为: ", suit2.bust)
```

第 2 次新增加代码的运行结果如下。

```
Suit 类的属性 suit 值为: 60.5
suit1 实例的属性 suit 值为: 60.5
suit2 实例的属性 suit 值为: 59.5
```

从第 2 次新增加代码的运行结果可以看出，通过类实例 suit2 修改 bust 属性值后，只有类实例 suit2

的 bust 属性值发生了变化，而类 Suit 的 bust 属性值和另一个类实例 suit1 的 bust 属性值都没有改变。这里所修改的 bust 属性是属于类实例 suit2 的属性，而不是类 Suit 的属性。

根据以上分析可知，对实例属性可以通过实例名称进行修改，与类属性不同，通过实例名称修改实例属性后，并不影响该类的属性值和其他实例中相应的实例属性的值，影响的只有实例自身的属性值。

由于 Python 是动态语言，根据类创建的实例可以任意绑定属性，通过实例属性或者通过 self 变量可以给实例绑定属性。在编写程序的时候，要将类属性和实例属性的定义位置和名称加以区别，类属性通常不作为实例属性使用。类属性通常在类中的方法外定义；实例属性在方法内定义，通常在类的 __init__()方法中定义。由于实例属性的优先级比类属性的高，相同名称的实例属性将屏蔽掉类属性，并且删除实例属性后，再使用相同的名称访问时，访问到的将是类属性，所以要求实例属性和类属性使用不同的名称。

类属性是所有实例对象公用的，可以通过类名称或实例名称访问类属性。实例属性只属于类的实例，只能通过实例名称访问，不能通过类名称访问。

【实例 6-4】演示类属性、实例属性的定义与访问

实例 6-4 的代码如下所示。

```python
class Student:
    stuName = '丁一'
    score=75
    def __init__(self, name,score):
        self.myName = name
        self.score=score
stu1 = Student('夏丽',80)                  # 创建实例 stu1
print(Student.stuName,end=",")             # 输出类的 stuName 属性
print(stu1.stuName,end=",")                # 输出类的 stuName 属性
print(stu1.myName,end=",")                 # 输出实例的 myName 属性
print(Student.score,end=",")               # 输出类的属性 score
print(stu1.score)                          # 输出实例的属性 score
stu2 = Student('郑州',85)                  # 创建实例 stu2
print(Student.stuName,end=",")             # 输出类的 stuName 属性
print(stu2.stuName,end=",")                # 输出类的 stuName 属性
print(stu2.myName,end=",")                 # 输出实例的 myName 属性
print(Student.score,end=",")               # 输出类的属性 score
print(stu2.score)                          # 输出实例的属性 score
Student.stuName='李斯'                     # 修改类的 stuName 属性
stu2.myName='王武'                         # 给实例绑定 myName 属性
Student.score=90                           # 修改类的 score 属性
stu2.score=95                              # 给实例绑定 score 属性
print(Student.stuName,end=",")             # 输出修改后的类属性 stuName
print(stu1.myName,end=",")                 # 输出修改前的实例属性 myName
print(stu2.myName,end=",")                 # 输出修改后的实例属性 myName
print(Student.score,end=",")               # 输出类的属性 score
print(stu1.score,end=",")                  # 输出实例 stu1 的属性 score
print(stu2.score)                          # 输出实例 stu2 的属性 score
del stu2.score                             # 如果删除实例的 score 属性
```

```
del stu2.myName                      # 如果删除实例的 myName 属性
print(Student.stuName,end=",")       # 输出类 Student 的属性 stuName
print(stu1.myName,end=",")           # 输出实例 stu1 的属性 myName
#print(stu2.myName,end=",")          # 由于实例 stu2 的 score 属性没有找到，出现异常
print(Student.score,end=",")         # 但是类属性并未消失，用 Student.score 仍然可以访问
print(stu1.score,end=",")            # 输出实例 stu1 的属性 score
print(stu2.score)                    #由于实例的 score 属性没有找到，类的 score 属性就显示出来了
```

实例 6-4 的运行结果如下。

```
丁一,丁一,夏丽,75,80
丁一,丁一,郑州,75,85
李斯,夏丽,王武,90,80,95
李斯,夏丽,90,80,90
```

实例 6-4 全面演示了类属性和实例属性的定义、修改、删除与访问操作。

6.3 实例方法、类方法与静态方法

在类中可以根据需要定义一些方法，定义方法使用 def 关键字，类方法与普通函数定义不同，类方法包含了一个参数 self，且其必须为第一个参数，这里的 self 代表的是类的实例。

6.3.1 实例方法

Python 中的实例方法是类中的一个行为，是类的一部分。所谓实例方法是指在类中定义的函数，该函数是一种在类的实例上操作的函数。同 __init()__ 方法一样，实例方法的第一个参数必须是 self，并且必须包含一个 self 参数。

创建实例方法的基本语法格式如下。

```
def functionName( self , parameterlist )
    <方法体>
```

其中，functionName 表示方法名称，采用"小驼峰法命名法"，使用小写字母开头。self 为必要参数，表示类的实例，其名称 self 并不是规定的名称，只是 Python 编程时的惯用名称，该名称也可以自定义，例如使用 this，但是最好还是按照 Python 的约定使用 self。parameterlist 用于指定除 self 参数以外的参数，各参数之间使用逗号","进行分隔。方法体的程序代码用于实现所需的功能。

实例方法创建完成后，类外部可以通过类的实例名称和点"."进行访问，其基本语法格式如下。

```
instanceName.functionName( parameterValue )
```

其中，instanceName 表示类的实例名称；functionName 表示要调用的方法名称；parameter Value 表示调用方法时的实际参数，其个数与创建的实例方法中 parameterlist 的个数相同。

【实例 6-5】演示 Python 类的定义与类方法的定义

实例 6-5 的代码如下所示。

```
from datetime import datetime, date
class Person:
    """类的属性"""
    name = "李明"           #公有属性
    __birthday="2000-11-11"
    def __calculateAge(self):     #私有方法
```

```
            today = date.today()
            birthDate = datetime.strptime(self.__birthday, "%Y-%m-%d")
            age=today.year –birthDate.year – \
                ((today.month, today.day) < (birthDate.month, birthDate.day))
            return age
        def getAge(self):
            return self.__calculateAge()


man = Person()   #实例化类
print("Person 类的方法 getAge()返回值为：", man.getAge())
#出现异常，类实例不能访问私有方法
print("Person 类的方法__calculateAge()返回值为：", man.__calculateAge())
```

实例 6-5 的运行结果如下。

```
Traceback (most recent call last):
  File "D:/PycharmProject/Practice/Unit06/p6-5.py", line 24, in <module>
    print("Person 类的方法__calculateAge()返回值为：", man.__calculateAge())
AttributeError: 'Person' object has no attribute '__calculateAge'
Person 类的方法 getAge()返回值为： 19
```

从实例 6-5 可以看出方法__calculateAge()的名称由双下画线开头，声明该方法为类的私有方法，只能在类的内部调用，不能在类的外部调用。在类内部调用实例方法的基本语法格式如下。

self.__methodName()

例如：

self.__calculateAge()

在类外部可以调用类的公有方法，调用形式有两种。

形式一：

类实例名称.实例方法名称([参数值列表])

例如：

man.getAge()

通过类实例名称 man 调用 getAge()方法时，将实例对象 man 自身作为第一个参数传递给方法的参数 self。

形式二：

类名称.实例方法名称(类实例名称 [, 参数值列表])

例如：

Person.getAge(man)

通过类名称 Person 调用 getAge()方法时，也需要将实例对象 man 自身作为参数传递给方法的参数 self。

6.3.2 类方法

在 Python 类的内部，使用 def 关键字可以定义属于类的方法，这种方法需要使用@classmethod 来修饰，而且第一个参数一般命名为 cls（这只是 Python 的惯用名称，不是强制要求，也可以使用自定义名称，例如 my）。类方法一般使用类的名称来调用，调用时会把类名称传递给类的第一个参数 cls。

调用类方法的基本语法格式如下。

形式一：

类实例名称.类方法名称([参数列表])

形式二：

类名称.类方法名称([参数列表])

注意 调用类方法与调用实例方法有所不同，使用类名称调用类方法时，并不需要将类实例名称作为参数显式传递给类方法。

6.3.3 静态方法

在 Python 类的内部，还可以定义静态方法，这种静态方法需要使用@staticmethod 来修饰，静态方法的参数随意，没有"self"和"cls"参数，但是方法体中不能使用类或实例的任何属性和方法；

实例对象和类对象都可以调用类的静态方法，要访问类的静态方法，可以采用类名称调用，并且不会向静态方法传递任何参数。

调用类静态方法的基本语法格式如下。

形式一：

类实例名称.类静态方法名称()

形式二：

类名称.类静态方法名称()

静态方法是类中的函数，不需要实例。静态方法逻辑上属于类，但是和类本身没有关系，也就是说在静态方法中，不会涉及类中的属性和方法的操作。可以理解为，静态方法是个独立的、单纯的函数，它仅仅托管于某个类的名称空间中，便于使用和维护。

【任务 6-1】定义商品类及其成员

【任务描述】

（1）在 PyCharm 集成开发环境中创建项目 Unit06。

（2）在项目 Unit06 中创建 Python 程序文件 6-1.py。

（3）定义商品类 Commodity。

（4）定义类的多个公有属性和私有属性。

（5）定义多个实例方法。

（6）分别通过类名称、实例名称访问类的属性。

（7）分别通过类的实例方法输出类的公有属性和私有属性。

【任务实施】

1. 创建 PyCharm 项目 Unit06

成功启动 PyCharm 后，在指定位置"D:\PycharmProject\"创建 PyCharm 项目 Unit06。

2. 创建 Python 程序文件 6-1.py

在 PyCharm 项目 Unit06 中新建 Python 程序文件 6-1.py，同时 PyCharm 主窗口显示程序文件 6-1.py 的代码编辑窗口，在该程序文件的代码编辑窗口自动添加了模板内容。

3. 编写 Python 程序代码

在新建文件 6-1.py 的代码编辑窗口已有模板注释内容下面输入程序代码，程

微课 6-1

定义商品类及其成员

电子活页 6-1

程序文件 6-1.py 中
定义类 Commodity
的代码

序文件6-1.py中定义类Commodity的代码如电子活页6-1所示。

针对创建的类Commodity实施以下各项操作。

（1）直接使用类名称访问类的公有属性。

直接使用类名称访问类的公有属性的代码如下。

```
print("商品编号："+Commodity.commodityCode)
print("商品名称："+Commodity.commodityName)
print("价    格："+"{:.2f}".format(Commodity.commodityPrice))
print("生产日期："+Commodity.produceDate)
```

```
商品编号：1000009177374
商品名称：华为Mate 30 Pro 5G
价    格：6899.00
生产日期：2020/1/18
```

图6-3 运行结果（1）

其运行结果如图6-3所示。

（2）使用类的实例名称访问类的公有属性。

使用类的实例名称访问类的公有属性的代码如下。

```
goods=Commodity()
print("商品编号："+goods.commodityCode)
print("商品名称："+goods.commodityName)
print("价    格："+"{:.2f}".format(goods.commodityPrice))
print("生产日期："+goods.produceDate)
```

其运行结果如图6-3所示。

（3）调用类的实例方法输出类的公有属性。

调用类的实例方法输出类的公有属性的代码如下。

```
goods.printCommodityPublic()
```

其运行结果如图6-3所示。

（4）通过类名称或类实例名称访问类的私有属性。

在类外部通过类名称或类实例名称不能直接访问类的私有属性，以下代码访问类的私有属性会出现异常信息，代码以及对应的异常信息见以下注释。

```
#AttributeError: type object 'Commodity' has no attribute '__code'
#print("商品编号："+Commodity.__code)
#AttributeError: type object 'Commodity' has no attribute '__name'
#print("商品名称："+Commodity.__name)
#AttributeError: 'Commodity' object has no attribute '__price'
#print("价    格："+"{:.2f}".format(goods.__price))
#AttributeError: 'Commodity' object has no attribute '__date'
#print("生产日期："+goods.__date)
```

（5）调用类的实例方法输出类的私有属性。

调用类的实例方法输出类的私有属性的代码如下。

```
goods.printLine()
goods.printCommodityPrivate()
Commodity.printLine(goods)
```

其运行结果如下。

```
-------------------------------------------------------------
商品编号：65559628242
商品名称：海信（Hisense）100L7
价    格：79999.00
```

生产日期：2020/1/6

 注意 最后一行语句 Commodity.printLine(goods)比较特殊，通过类名称调用类的实例方法，需要将实例名称 goods 作为参数值传递给类方法 printLine()的 self 参数。

【任务 6-2】修改与访问类属性、建立实例属性

【任务描述】
（1）在项目 Unit06 中创建 Python 程序文件 6-2.py。
（2）创建类 Commodity 与定义其属性和方法。
（3）创建类对象 goods1 和 goods2。
（4）通过类名称 Commodity 调用类的实例方法输出类初始定义的公有属性。
（5）使用类名称 Commodity 修改类的公有属性，代码如下所示。

微课 6-2

修改与访问类属性、
建立实例属性

```
Commodity.commodityCode="12563157"
Commodity.commodityName="给 Python 点颜色 青少年学编程"
Commodity.commodityPrice=59.80
Commodity.produceDate="2019/9/1"
```

（6）直接使用类名称 Commodity 输出类修改之后的公有属性。
（7）使用类实例名称 goods1 输出类修改之后的公有属性。
（8）使用第 2 个实例名称 goods2 输出类修改之后的公有属性。
（9）通过类名称 Commodity 调用类的实例方法输出类修改之后的公有属性。
（10）通过实例名称 goods1 调用类的实例方法输出类修改之后的公有属性。
（11）第 2 次修改类的公有属性，代码如下所示。

```
goods1.commodityCode="4939815"
goods1.commodityName="格力 KFR-72LW/NhIbB1W"
goods1.commodityPrice=9149.00
goods1.produceDate="2019/8/8"
```

（12）直接使用类名称 Commodity 输出类第 2 次修改之后的公有属性。
（13）使用第 1 个实例名称 goods1 输出类第 2 次修改之后的公有属性。
（14）使用第 2 个实例名称 goods2 输出类第 2 次修改之后的公有属性。
（15）通过类名称 Commodity 调用类的实例方法输出类第 2 次修改之后的公有属性。
（16）分别通过实例名称 goods1、goods2 调用类的实例方法输出类第 2 次修改之后的公有属性。

【任务实施】
在 PyCharm 项目 Unit06 中新建 Python 程序文件 6-2.py，在程序文件 6-2.py 的代码编辑窗口创建类 Commodity 与定义其属性和方法，程序 6-2.py 中定义类 Commodity 的代码如电子活页 6-2 所示。
针对创建的类 Commodity 实施对类属性、实例属性的修改与访问。

电子活页 6-2

程序文件 6-2.py 中
定义类 Commodity
的代码

1. 创建类对象
创建两个类对象 goods1 和 goods2 的代码如下。

```
goods1=Commodity()
goods2=Commodity()
```

2. 通过类名称 Commodity 调用类的实例方法输出类初始定义的公有属性

对应代码如下。

```
Commodity.printCommodityPublic(goods1)
```

其运行结果如图 6-3 所示。

3. 使用类名称 Commodity 修改类的公有属性

对应代码如下。

```
Commodity.commodityCode="12563157"
Commodity.commodityName="给 Python 点颜色 青少年学编程"
Commodity.commodityPrice=59.80
Commodity.produceDate="2019/9/1"
```

4. 直接使用类名称 Commodity 输出类修改之后的公有属性

对应代码如下。

```
print("商品编号："+Commodity.commodityCode)
print("商品名称："+Commodity.commodityName)
print("价    格："+"{:.2f}".format(Commodity.commodityPrice))
print("生产日期："+Commodity.produceDate)
```

其运行结果如图 6-4 所示。

```
商品编号：12563157
商品名称：给Python点颜色 青少年学编程
价    格：59.80
生产日期：2019/9/1
```

图 6-4　运行结果（2）

5. 使用类实例名称 goods1 输出类修改之后的公有属性

对应代码如下。

```
print("商品编号："+goods1.commodityCode)
print("商品名称："+goods1.commodityName)
print("价    格："+"{:.2f}".format(goods1.commodityPrice))
print("生产日期："+goods1.produceDate)
```

其运行结果如图 6-4 所示。

6. 使用第 2 个实例名称 goods2 输出类修改之后的公有属性

对应代码如下。

```
print("商品编号："+goods2.commodityCode)
print("商品名称："+goods2.commodityName)
print("价    格："+"{:.2f}".format(goods2.commodityPrice))
print("生产日期："+goods2.produceDate)
```

其运行结果如图 6-4 所示。

7. 通过类名称 Commodity 调用类的实例方法输出类修改之后的公有属性

对应代码如下。

```
Commodity.printCommodityPublic(goods1)
```

其运行结果如图 6-4 所示。

8. 通过实例名称 goods1 调用类的实例方法输出类修改之后的公有属性

对应代码如下。

```
goods1.printCommodityPublic()
```

其运行结果如图 6-4 所示。

9. 第 2 次修改类的公有属性

对应代码如下。

```
goods1.commodityCode="4939815"
goods1.commodityName="格力 KFR-72LW/NhIbB1W"
goods1.commodityPrice=9149.00
goods1.produceDate="2019/8/8"
```

10. 直接使用类名称 Commodity 输出类第 2 次修改之后的公有属性

对应代码如下。

```
print("商品编号: "+Commodity.commodityCode)
print("商品名称: "+Commodity.commodityName)
print("价    格: "+"{:.2f}".format(Commodity.commodityPrice))
print("生产日期: "+Commodity.produceDate)
```

其运行结果如图 6-4 所示。

11. 使用第 1 个类实例名称 goods1 输出类第 2 次修改之后的公有属性

对应代码如下。

```
print("商品编号: "+goods1.commodityCode)
print("商品名称: "+goods1.commodityName)
print("价    格: "+"{:.2f}".format(goods1.commodityPrice))
print("生产日期: "+goods1.produceDate)
```

其运行结果如图 6-5 所示。

```
商品编号: 4939815
商品名称: 格力KFR-72LW/NhIbB1W
价    格: 9149.00
生产日期: 2019/8/8
```

图 6-5 运行结果（3）

12. 使用第 2 个实例名称 goods2 输出类第 2 次修改之后的公有属性

对应代码如下。

```
print("商品编号: "+goods2.commodityCode)
print("商品名称: "+goods2.commodityName)
print("价    格: "+"{:.2f}".format(goods2.commodityPrice))
print("生产日期: "+goods2.produceDate)
```

其运行结果如图 6-4 所示。

13. 通过类名称 Commodity 调用类的实例方法输出类第 2 次修改之后的公有属性

对应代码如下。

```
Commodity.printCommodityPublic(goods1)
```

其运行结果如图 6-5 所示。

```
Commodity.printCommodityPublic(goods2)
```

其运行结果如图 6-4 所示。

14. 分别通过实例名称 goods1、goods2 调用类的实例方法输出类第 2 次修改之后的公有属性

对应代码如下。

```
goods1.printCommodityPublic()
```

其运行结果如图 6-5 所示。

```
goods2.printCommodityPublic()
```

其运行结果如图 6-4 所示。

微课 6-3

定义与访问类的
实例方法

【任务 6-3】定义与访问类的实例方法

【任务描述】

（1）在项目 Unit06 中创建 Python 程序文件 6-3.py。

（2）在程序文件 6-3.py 中创建类对象 goods。

（3）在程序文件 6-3.py 中调用多个类的实例方法，输出所需数据。

电子活页 6-3

创建类 Commodity
及其定义私有属性、
实例方法的代码

【任务实施】

在 PyCharm 项目 Unit06 中创建 Python 程序文件 6-3.py。在程序文件 6-3.py 中编写程序代码，实现所需功能。创建类 Commodity 及其定义私有属性、实例方法的代码如电子活页 6-3 所示。

针对创建的类 Commodity 实施以下各项操作。

1. 创建类对象 goods

创建一个类对象 goods，代码如下。

```
goods=Commodity()
```

2. 调用多个类的实例方法，输出所需数据

调用多个类的实例方法，输出所需数据的代码如下。

```
goods.printLine()
#使用类的实例方法输出商品数据
goods.printField()
print("{:^10s}".format(goods.getCode()),"{:^21s}".format(goods.getName()),end="")
print("{:^10.2f}".format(goods.getPrice()),"{:^7s}".format(goods.getDate()))
goods.printLine()
```

程序文件 6-3.py 的运行结果如图 6-6 所示。

```
-------------------------------------------------
商品编号        商品名称         价格      生产日期
100009177374  华为Mate 30 Pro 5G  6899.00  2020/1/18
-------------------------------------------------
```

图 6-6　程序 6-3.py 的运行结果

微课 6-4

定义与访问类方法、
实例方法和静态方法

【任务 6-4】定义与访问类方法、实例方法和静态方法

【任务描述】

（1）在项目 Unit06 中创建 Python 程序文件 6-4.py。

（2）在程序文件 6-4.py 中创建类对象 goods。

（3）在程序文件 6-4.py 中使用类的实例名称 goods 调用类的实例方法和类方法。

（4）在程序文件 6-4.py 中使用类名称 Commodity 直接调用类的实例方法和类方法。

（5）在程序文件 6-4.py 中使用类的静态方法输出商品数据。

【任务实施】

在 PyCharm 项目 Unit06 中创建 Python 程序文件 6-4.py。在程序文件 6-4.py 中编写程序代码，实现所需功能。程序文件 6-4.py 的代码如电子活页 6-4 所示。

针对创建的类 Commodity 实施以下各项操作。

电子活页 6-4

程序文件 6-4.py 的代码

1. 创建类对象 goods

创建一个类对象 goods，代码如下。

```
goods=Commodity()
```

2. 使用类的实例名称 goods 调用类的实例方法和类方法

对应代码如下。

```
goods.printLine()
goods.printField()
goods.printData()
goods.printLine()
```

其运行结果如图 6-7 所示。

商品编号	商品名称	价格	生产日期
100009177374	华为Mate 30 Pro 5G	6899.00	2020/1/18

图 6-7 运行结果

3. 使用类名称 Commodity 直接调用类的实例方法和类方法

对应代码如下。

```
Commodity.printLine(goods)
Commodity.printField(goods)
Commodity.printData()
Commodity.printLine(goods)
```

其运行结果如图 6-7 所示。

4. 使用类的静态方法输出商品数据

对应代码如下。

```
goods.printLine()
goods.printField()
Commodity.printDataStatic()
goods.printLine()
```

其运行结果如图 6-7 所示。

6.4 类的构造方法与析构方法

面向对象程序设计中，类实例化时往往要对实例做一些初始化工作，例如设置实例属性的初始值等。而这些工作是自动完成的，因此有一个默认的方法被调用，这个默认的方法就是构造方法，与之对应的是析构方法。

6.4.1 类的构造方法

Python 中，类有一个名为__init__()的特殊方法称为构造方法，该方法在类实例化时会自动调用，不需要显式调用。

> **说 明**　__init__()是 Python 默认的方法名称，开头和结尾处是双下画线（中间没有空格）。

在创建类时，类通常会自动创建一个 __init__()方法。每当创建一个类的新实例时，如果用户没有重新定义构造方法，则系统自动执行默认的构造方法 __init__()，进行一些初始化操作。如下代码，实例化类 Person 时，对应的 __init__()方法就会被调用。

```
man = Person ()
```

当然，__init__()方法可以有参数，参数通过 __init__()传递到类的实例化操作上。

__init__(self,...)方法必须包含一个 self 参数，并且必须是第一个参数。self 参数是一个指向实例本身的引用，用于访问类中的属性和方法，在方法调用时自动传递参数 self。

当 __init__()方法只有一个参数时，创建类的实例时就不需要指定实际参数了。系统自动调用 __init__()方法，并将类实例本身作为参数向该方法传递。

__init__()方法中，除了 self 参数外，也可以自定义其他参数，参数之间使用逗号"，"进行分隔。如果该方法包含一个以上参数，创建类的实例时必须指定实际参数，例如 man = Person("李明","男",19)。调用包含一个以上参数的 __init__()方法，也是将类实例对象本身作为第一个参数向该方法传递，调用时显式传递的实参值会传递给该方法第一个参数之后的各个参数。

【实例 6-6】演示 Python 类的构造方法定义与私有属性初始化

实例 6-6 的代码如下所示。

```
class Person:
    #定义类属性
    __name = ""
    __sex = ""
    __age = 0
    #定义构造方法
    def __init__(self,name1,sex1,age1):
        self.__name = name1
        self.__sex = sex1
        self.__age = age1
    def printInfo(self):
        print("姓名: ",self.__name)
        print("性别: ",self.__sex)
        print("年龄: ",self.__age)
man = Person("李明","男",19)
man.printInfo()
```

实例 6-6 的运行结果如下。

```
姓名: 李明
性别: 男
年龄: 19
```

构造方法 __init__()是建立实例对象时自动调用，可以在这个方法中为实例对象初始化属性值。

在子类中定义 __init__()方法时，不会自动调用父类的 __init__()方法，如果要在子类中使用父类的 __init__()方法，必须要进行初始化，即需要在子类中使用父类名称或者 super()函数显式调用父类的

__init__()方法。

在子类中显式调用__init__()方法的基本语法格式如下。

形式一：

父类名称.__init__(self [，参数列表])

形式二：

super().__init__(self [，参数列表])

注意 调用父类的__init__()方法时，第一个参数必须为 self，其他实参值排在 self 右边，并使用逗号"，"进行分隔。

6.4.2 类的析构方法

Python 中，析构方法的基本语法格式为：__del__(self)，在释放对象时系统自动调用该方法，不需要显式调用，可以在该方法中编写代码，进行一些释放资源的操作。

【任务 6-5】定义与调用类的构造方法

【任务描述】

（1）在项目 Unit06 中创建 Python 程序文件 6-5.py。

（2）在程序文件 6-5.py 中定义与调用类的构造方法。

【任务实施】

在 PyCharm 项目 Unit06 中创建 Python 程序文件 6-5.py。在程序文件 6-5.py 中编写程序代码，实现所需功能。程序文件 6-5.py 的代码如电子活页 6-5 所示。

针对创建的类 Commodity 实施以下各项操作。

微课 6-5

定义与调用类的
构造方法

1. 创建第 1 个类实例 goods1，全部参数初始化

代码如下。

```
goods1=Commodity("12550531","Python 编程锦囊（全彩版 )",79.80,"2019/06/01")
```

电子活页 6-5

2. 通过第 1 个类实例 goods1 调用类的实例方法输出商品数据

代码如下。

```
goods1.printLine()
goods1.printField()
goods1.printData()
goods1.printLine()
```

运行结果如图 6-8 所示。

程序文件 6-5.py
的代码

```
----------------------------------------
商品编号       商品名称              价格      生产日期
12550531    Python编程锦囊（全彩版）    79.80   2019-06-01
----------------------------------------
```

图 6-8 程序文件 6-5.py 运行结果的第 1 部分

3. 创建第 2 个类实例 goods2，部分参数初始化

代码如下。

```
goods2=Commodity("100009177374","华为 Mate 30 Pro 5G")
```

4. 通过第 2 个类实例 goods2 调用类的实例方法输出商品数据

代码如下。

```
goods2.printLine()
goods2.printField()
goods2.printData()
goods2.printLine()
```

运行结果如图 6-9 所示。

```
----------------------------------------------------------------
商品编号          商品名称           价格      生产日期
100009177374 华为 Mate 30 Pro 5G   0.00      - -
----------------------------------------------------------------
```

图 6-9　程序文件 6-5.py 运行结果的第 2 部分

5. 创建第 3 个类实例 goods3，所有参数都未初始化

代码如下。

```
goods3=Commodity()
```

6. 对第 3 个类实例 goods3 的属性赋值

代码如下。

```
goods3.commodityCode="4939815"
goods3.commodityName="格力 KFR-72LW/NhIbB1W    "
goods3.commodityPrice=9149.00
goods3.produceDate="2019/08/08"
```

7. 输出 3 个类实例 goods1、goods2、goods3 的商品名称

代码如下。

```
print("商品名称 1: "+goods1.commodityName)
print("商品名称 2: "+goods2.commodityName)
print("商品名称 3: "+goods3.commodityName)
```

运行结果如下。

```
商品名称 1：Python 编程锦囊（全彩版）
商品名称 2：华为 Mate 30 Pro 5G
商品名称 3：格力 KFR-72LW/NhIbB1W
```

8. 通过第 3 个类实例 goods3 调用类的实例方法输出商品数据

代码如下。

```
goods3.printLine()
goods3.printField()
goods3.printData()
goods3.printLine()
```

运行结果如图 6-10 所示。

```
----------------------------------------------------------------
商品编号          商品名称           价格      生产日期
4939815   格力 KFR-72LW/NhIbB1W  9149.00  2019-08-08
----------------------------------------------------------------
```

图 6-10　程序文件 6-5.py 运行结果的第 3 部分

6.5　类的继承与方法重写

继承是面向对象程序设计最重要的特性之一，程序设计中实现继承，表示这个类拥有它继承的父类的所有公有成员或者受保护成员。在面向对象程序设计中，被继承的类称为父类，新的类称为子类或派生类。

通过继承不仅可以实现代码的重用，还可以理顺类与类之间的关系。继承是实现代码重复利用的重要手段，子类通过继承复用了父类的属性和方法的同时还可以添加子类特有的属性和方法。

6.5.1 类的继承

Python 中，可以在类定义语句中类名称右侧添加圆括号 "()"，将要继承的父类名称标注，从而实现类的继承。

1. 单一继承

Python 支持类的继承，单一继承的类定义基本语法格式如下所示。

```
class DerivedClassName( ParentClassName1 ):
    <类体>
```

其中，DerivedClassName 用于指定子类名称，ParentClassName1 用于指定要继承的父类名称，可以有多个，对于单一继承只有一个。如果不指定父类名称，则继承 Python 的根类 object。类体为实现所需功能的程序代码，包括属性、方法的定义。如果定义类时，暂时没有编写程序代码，可以直接使用 pass 语句代替。

父类必须与子类定义在一个作用域内。

【实例 6-7】演示 Python 类和单一继承子类的定义

实例 6-7 的代码如下所示。

```
class Person:
    name = "李明"
    sex="男"


class Student(Person):
    grade = 95


man = Person()   #实例化父类
print("父类 Person 的属性 name 值为: ", man.name)
print("父类 Person 的属性 sex 值为: ", man.sex)
student = Student()   #实例化子类
print("子类 Student 的属性 name 值为: ", student.name)
print("子类 Student 的属性 sex 值为: ", student.sex)
print("子类 Student 的属性 grade 值为: ", student.grade)
```

实例 6-7 的运行结果如下。

```
父类 Person 的属性 name 值为: 李明
父类 Person 的属性 sex 值为: 男
子类 Student 的属性 name 值为: 李明
子类 Student 的属性 sex 值为: 男
子类 Student 的属性 grade 值为: 95
```

实例 6-7 中首先定义一个 Person 类，该类有 2 个属性: name、sex；然后定义一个 Student 子类，Student 子类从 Person 类继承属性和方法，同时可以有自己的属性和方法，这里增加了 grade 属性，这样 Student 子类就有 3 个属性: name、sex、grade。

Person 类称为 Student 类的父类，Student 类称为 Person 类的子类或派生类。即 Person 类派

163

生出 Student 类，Student 类继承自 Person 类。

2. 多重继承

Python 也有限地支持多重继承。多重继承的类定义基本语法格式如下。

```
class DerivedClassName( ParentClassName1, ParentClassName2,... ):
    <statement>
```

其中，DerivedClassName 用于指定子类名称，ParentClassName1、ParentClassName2……则表示继承的多个父类名称，使用逗号","分隔。

需要注意圆括号中父类的顺序。若父类中有相同的方法名，而在子类使用时未指定，Python 从左至右搜索，即方法在子类中未找到时，从左到右查找父类中是否包含方法。

【实例 6-8】演示 Python 类和多重继承子类的定义

实例 6-8 的代码如下所示。

```
class Person:
    """类的属性"""
    __name = "李明"          #公有属性
    __sex = "男"
    def printTest(self):
        print("调用父类 Person 的实例方法 printTest()")


    def printInfo(self):
        print("姓名： ",self.__name)
        print("性别： ", self.__sex)


class Student:
    __grade = 95
    def printInfo(self):
        print("成绩： ",self.__grade)


class Members(Person,Student):
    __position = "会长"
    def printInfo(self):
        Person.printInfo(self)
        Student.printInfo(self)
        print("职务： ",self.__position)


member =Members()  #实例化子类
member.printTest()     #调用父类的实例方法
print("调用子类 Members 的方法 printInfo()： ")
member.printInfo() #访问子类 Members 的方法 printInfo()
```

实例 6-8 的运行结果如下。

```
调用父类 Person 的实例方法 printTest()
调用子类 Members 的方法 printInfo()：
姓名：李明
性别：男
```

成绩：95

职务：会长

6.5.2　方法继承

子类可以继承父类的实例方法，也可以增加自己的新实例方法。子类对象可以直接调用父类的实例方法，调用的基本语法格式如下。

子类名称.父类方法名称([参数列表])

例如：

member.printTest()

6.5.3　方法重写

父类的成员都会被子类继承。如果程序中的父类方法的功能不能满足需求，可以在子类重写父类中的同名方法，子类可以覆盖父类中的任何方法，在子类的方法中也可以调用父类中的同名方法。

【实例 6-9】演示 Python 类和子类的定义、方法重写

实例 6-9 的代码如下所示。

```
class Person:   #定义父类
    __name = "李明"
    def printInfo(self):
        print("姓名：",self.__name)


class Student(Person): #定义子类
    grade = 95
    def printInfo(self):
        Person.printInfo(self)
        print("成绩：",self.grade)


student1 = Student()   #实例化父类
print("调用子类 Student 的方法 printInfo()：")
student1.printInfo() #访问子类的重写方法 printInfo()
print("用子类对象 student1 调用父类 Person 的方法 printInfo()：")
super(Student, student1).printInfo()   #用子类对象调用父类已被覆盖的方法
```

实例 6-9 的运行结果如下。

调用子类 Student 的方法 printInfo()：

姓名：李明

成绩：95

用子类对象 student1 调用父类 Person 的方法 printInfo()：

姓名：李明

实例 6-9 中的 super()函数用于调用父类的方法。

【任务 6-6】定义类 Commodity 和子类 Book 及其数据成员

【任务描述】

（1）在项目 Unit06 中创建 Python 程序文件 6-6.py。

（2）在程序文件6-6.py中定义类Commodity和子类Book及其属性、方法。

（3）应用类的属性与方法实现所需功能。

【任务实施】

在 PyCharm 项目 Unit06 中创建 Python 程序文件 6-6.py。在程序文件6-6.py中编写程序代码，实现所需功能。程序文件6-6.py的代码如电子活页6-6所示。

针对创建的类 Commodity 和子类 Book 实施以下各项操作。

1. 创建第 1 个类实例 goods1，全部参数初始化

创建第 1 个类实例 goods1，全部参数初始化，其代码如下。

```
goods1=Book("12528944","PPT 设计从入门到精通",79.00,"人民邮电出版社",1)
```

2. 通过第 1 个类实例 goods1 调用类的实例方法输出图书数据

代码如下。

```
goods1.printLine()
goods1.printField()
goods1.printData()
goods1.printLine()
```

运行结果如图 6-11 所示。

微课 6-6

定义类 Commodity
和子类 Book 及其
数据成员

电子活页 6-6

程序文件 6-6.py
的代码

商品编号	商品名称	价格	出版社名称	版次
12528944	PPT设计从入门到精通	79.00	人民邮电出版社	1

图6-11　程序文件6-6.py 运行结果的第 1 部分

3. 创建第 2 个类实例 goods2，部分参数初始化

代码如下。

```
goods2=Book("12563157","给 Python 点颜色 青少年学编程")
```

4. 通过第 2 个类实例 goods2 调用类的实例方法给类的部分属性赋值

代码如下。

```
goods2.setPrice(59.80)
goods2.setPublisher("人民邮电出版社")
goods2.setEdition(1)
```

5. 通过第 2 个类实例 goods2 调用类的实例方法输出图书数据

代码如下。

```
goods2.printLine()
goods2.printField()
goods2.printData()
goods2.printLine()
```

运行结果如图 6-12 所示。

商品编号	商品名称	价格	出版社名称	版次
12563157	给Python点颜色 青少年学编程	59.80	人民邮电出版社	1

图6-12　程序文件6-6.py 运行结果的第 2 部分

6. 创建第 3 个类实例 goods3,所有参数都未初始化

代码如下。

```
goods3=Book()
```

7. 通过第 3 个类实例 goods3 调用类的实例方法给类的全部属性赋值

代码如下。

```
goods3.setCode("12550531")
goods3.setName("Python 编程锦囊(全彩版)")
goods3.setPrice(79.80)
goods3.setPublisher("吉林大学出版社")
goods3.setEdition(1)
```

8. 通过第 3 个类实例 goods3 调用类的实例方法输出图书数据

代码如下。

```
goods3.printLine()
goods3.printField()
goods3.printData()
goods3.printLine()
```

运行结果如图 6-13 所示。

```
----------------------------------------------------------------
商品编号        商品名称              价格      出版社名称    版次
12550531    Python编程锦囊(全彩版)    79.80    吉林大学出版社    1
----------------------------------------------------------------
```

图 6-13 程序文件 6-6.py 运行结果的第 3 部分

6.6 命名空间与类成员的访问限制

6.6.1 Python 3 的命名空间和作用域

在理解 Python 的命名空间和作用域之前,我们先了解一下计算机中的多个磁盘、多个文件夹与多个文件的存储关系。

计算机中可以有多个硬盘,同一个硬盘中可以有多个逻辑分区(磁盘),同一个磁盘中可以有多个文件夹,同一个文件夹中可以有多个文件。并且要求同一个磁盘中不能出现重名的文件夹,同一文件夹中不能出现重名的文件,但不同磁盘或不同文件夹中的文件可以重名。

图 6-14 所示的计算机硬盘中有两个磁盘,分别命名为磁盘 E:和磁盘 F:,磁盘 E:中创建了两个不同名称的文件夹 x 和 y,磁盘 F:中也创建了一个文件夹 x,由于文件夹 x 位于不同磁盘,重名是允许的。磁盘 E:文件夹 x 中创建了文件 x01.txt 和文件 02.txt,磁盘 E:文件夹 y 中创建了文件 y01.txt 和文件 02.txt,同名文件 02.txt 由于存储在不同的文件夹中,是允许的。磁盘 F:中创建了文件 x01.txt 和文件 y01.txt,显然,磁盘 E:文件夹 x 与磁盘 F:文件夹 x 中出现了同名文件 x01.txt,磁盘 E:文件夹 y 与磁盘 F:文件夹 x 中也出现了同名文件 y01.txt,由于存储在不同磁盘的不同文件夹中,也是允许的。

Python 的命名空间提供了在项目中避免名称冲突的一种方法。各个命名空间是独立的、没有任何关系的,所以一个命名空间中不能有重名的对象,但不同的命名空间中是可以有重名的对象而没有任何影响的。

167

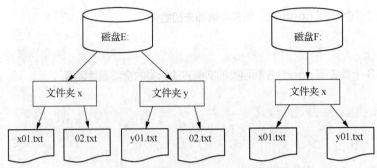

图6-14　计算机中的磁盘、文件夹与文件的存储关系

Python 的命名空间结构主要由包、模块、类、函数、方法、属性、变量组成，相同的对象名称可以存在于多个命名空间中。一个 Python 项目中可以定义多个包，并且包名称要求不同，例如 package01、package02；一个包中可创建多个模块，同一个包中的多个模块，其名称要求不同，不同包中的模块名称可以重名；一个模块中可以定义多个类、函数、变量，同一个包的同一个模块中定义的类、函数、变量，其名称要求不同，不同的包或同一个包的不同模块中定义的类、函数、变量名称可以重名；一个类中可以定义多个属性、方法，同一个类中的多个属性、方法，其名称要求不同，不同名称的类或不同级别的类（父类与子类）中定义的属性、方法名称可以重名；一个函数中可以定义多个变量，同一个函数中的多个变量，其名称要求不同，不同函数中定义的变量名称可以重名。Python 的命名空间结构如图 6-15 所示。

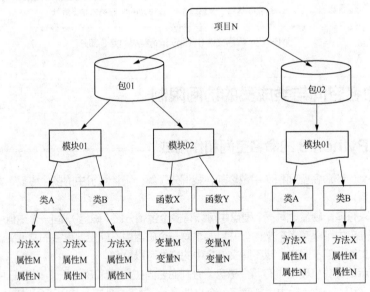

图6-15　Python 的命名空间结构

1. 3 种命名空间

Python 主要有如下 3 种命名空间。

（1）内置名称（built-in names）。Python 内置的名称，例如函数名 abs、chr 和异常名称 BaseException、Exception 等。

（2）全局名称（global names）。模块中定义的名称，记录了模块级变量，包括函数、类、其他导入的模块级的变量和常量。

（3）局部名称（local names）。函数中定义的名称，记录了函数级变量，包括函数的参数和局部定义的变量。类内和类的方法中定义的也属于局部名称。

3 种命名空间的作用域示意如图 6-16 所示。

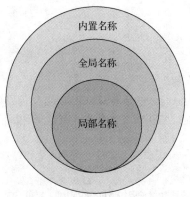

内置名称

全局名称

局部名称

图 6-16　3 种命名空间的作用域示意

2. 命名空间的查找顺序

假设我们要使用变量 var，则 Python 的查找顺序为：局部名称→全局名称→内置名称。

如果找不到变量 var，Python 将放弃查找并引发一个 NameError 异常，如下所示。

NameError: name 'var' is not defined

3. 命名空间的生命周期

命名空间的生命周期取决于对象的作用域，如果对象执行完成，则该命名空间的生命周期结束。因此，我们无法从外部命名空间访问内部命名空间的对象。例如：

```
#var1 是全局名称
var1 = 5
def local_func():
    #var2 是局部名称
    var2 = 6
    def inner_func():
        # var3 是内嵌的局部名称
        var3 = 7
```

4. 作用域

作用域就是一个 Python 程序可以直接访问命名空间的区域。在一个 Python 程序中，直接访问一个变量会从内到外依次访问所有的作用域直到找到，否则会报未定义的错误。

Python 中，程序的变量并不是在任何位置都可以访问的，访问权限决定于这个变量是在哪里赋值的。变量的作用域决定了在哪一部分程序可以访问哪些特定的变量。Python 的作用域一共有 4 种，分别如下。

（1）局部作用域（Local，L）：最内层，包含局部变量，例如一个函数/方法内部。

（2）闭包函数外的函数中（Enclosing，E）：包含了非局部（non-local）、也非全局（non-global）的变量。例如两个嵌套函数，一个函数（或类）A 里面又包含了一个函数 B，那么对于 B 中的名称来说 A 中的作用域就为 non-local。

（3）全局作用域（Global，G）：当前脚本的最外层，例如当前模块的全局变量。

（4）内置作用域（Built-in，B）：包含了内建的变量/关键字等，最后才被搜索。

查找的规则顺序为：L→E→G→B。即在局部作用域找不到，便会去局部作用域外的局部查找（例如闭包函数外的函数），如果没找到就会去全局作用域查找，最后去内置作用域查找。

例如：

```
g_count = 1   #全局作用域
def outer():
    o_count = 2   #闭包函数外的函数中
    def inner():
        i_count = 3   #局部作用域
```

内置作用域是通过一个名为 builtins 的标准模块来实现的，但是其自身并没有放入内置作用域内，所以必须导入该模块才能够使用它。在 Python 3 中，可以使用以下的代码来查看到底预定义了哪些变量。

```
>>>import builtins
>>>dir(builtins)
```

Python 中，只有模块、类以及函数才会引入新的作用域，其他代码块（例如 try/except、if/elif/else/、for/while 等）是不会引入新的作用域的。也就是说这些语句内定义的变量，外部也可以访问，例如：

```
>>>if True:
    msg = 'I wish you good health.'
>>> msg
'I wish you good health.'
```

实例中 msg 变量定义在 if 语句块中，外部是可以访问的。

如果将 msg 变量定义在函数中，则它就是局部变量，外部不能访问，例如：

```
>>>def printInfo():
    msg_inner = 'I wish you good health.'
>>>msg_inner
```

运行时会出现如下异常信息。

```
Traceback (most recent call last):
  File "<stdin>", line 1, in <module>
NameError: name 'msg_inner' is not defined
```

从以上异常信息可以看出，msg_inner 未定义，无法使用，因为它是局部变量，只有在函数内才可以使用。

5. 全局变量和局部变量

定义在函数内部的变量拥有局部作用域，定义在函数外部的变量拥有全局作用域。

局部变量只能在其被声明的函数内部访问，而全局变量可以在整个程序范围内访问。调用函数时，所有在函数内声明的变量名称都将被加入作用域中。

【实例 6-10】演示 Python 的全局变量和局部变量的定义与使用

实例 6-10 的代码如下所示。

```
amount = 0 #这是一个全局变量
def calculateAmount(quantity, price):
    "返回 2 个参数的和."
    amount = quantity * price   #amount 在这里是局部变量
    print("函数内是局部变量: ", amount)
    return amount
#调用 calculateAmount()函数
```

```
calculateAmount(10, 2.6)
print("函数外是全局变量: ", amount)
```

实例 6-10 的运行结果如下。

```
函数内是局部变量: 26.0
函数外是全局变量: 0
```

6. 关键字 global 和 nonlocal

当内部作用域想修改外部作用域的变量时,就要用到 global 关键字。在函数内部,既可以使用 global 关键字来声明使用外部全局变量, 也可以使用 global 关键字直接定义全局变量。

【实例 6-11】演示在函数内声明与修改全局变量 num

实例 6-11 的代码如下所示。

```
def fun1():
    global num    #需要使用 global 关键字声明
    num = 2
    print("函数内部 1: ",num)
    num = 5
    print("函数内部 2: ",num)
fun1()
print("函数外部 1: ",num)
num = 8
print("函数外部 2: ",num)
```

实例 6-11 的运行结果如下。

```
函数内部 1: 2
函数内部 2: 5
函数外部 1: 5
函数外部 2: 8
```

如果要修改嵌套作用域中的变量则需要使用 nonlocal 关键字。

【实例 6-12】演示修改嵌套作用域中的变量

实例 6-12 的代码如下所示。

```
def outer():
    num = 10
    print("外层访问 1: ",num)
    def inner():
        nonlocal num    # nonlocal 关键字声明
        num = 100
        print("内层访问: ",num)
    inner()
    print("外层访问 2: ",num)
outer()
```

实例 6-12 的运行结果如下。

```
外层访问 1: 10
内层访问: 100
外层访问 2: 100
```

通过函数参数传递，在函数内部输出函数外部定义的全局变量。

【实例 6-13】演示通过函数参数传递的方法在函数内部输出函数外部的全局变量

实例 6-13 的代码如下所示。

```
x = 9
print("函数外部输出变量的值: ",x)
def test(x):
    x = x + 1
    print("函数内部输出变量的值: ",x)
test(x)
```

实例 6-13 的运行结果如下。

```
函数外部输出变量的值: 9
函数内部输出变量的值: 10
```

但如果在函数内部直接输出函数外部定义的全局变量，会出现异常。以下代码运行时会出现异常信息。

```
x = 9
def test():
    x = x + 1
    print(x)
test()
```

出现的异常信息如下。

```
Traceback (most recent call last):
  File "D:/PycharmProject/Practice/Unit06/p6-13.py", line 11, in <module>
    test()
  File "D:/PycharmProject/Practice/Unit06/p6-13.py", line 9, in test
    x = x + 1
UnboundLocalError: local variable 'x' referenced before assignment
```

产生"局部作用域引用错误"的原因是：test()函数中的变量 x 的作用域是局部作用域，未定义的变量无法引用。

6.6.2 类成员的访问限制

类成员的访问位置一般有 3 处：类内部的方法外、类内部的方法内、类外部。

类成员的访问方式一般有 3 种：通过类名称访问、通过类实例名称访问、通过类实例名称_类名称访问。

在类的内部可以定义属性和方法，而在类的外部则可以直接调用属性和方法来操作数据，从而隐藏了类内部的复杂逻辑。在类外部通过类名称或实例名称都可以直接访问类的公有属性。为了保证类内部的某些属性和方法不被外部随意访问或修改，可以在属性或方法名前面添加单下画线、双下画线或首尾都加双下画线。

Python 并没有像 C#、Java 那样使用 public、protect、private 等关键字来明确限制公有属性、保护属性和私有属性，而是通过属性命名方式来区分。

（1）首尾双下画线表示定义特殊方法，一般是 Python 本身定义的名称，例如__init__()。

（2）以单下画线开头的表示保护（protected）类型的成员，例如_testProtectedAttribute。保护类型的成员只允许类本身和子类进行访问，即在类内部的方法外部或方法内部，类外部的实例都允许访问，但不能使用"from module import ＊"语句导入，也就是跨模块不能访问保护类型的成员。

（3）以双下画线开头的表示私有（private）类型的成员，只允许定义该成员的类本身进行访问，而且也不能通过类的实例进行访问，但是可以通过"类实例名称+_类名称"方式进行访问。

例如，如果类中定义了"__age"这个类属性，其中属性"__age"的名称由双下画线开头，声明该属性为类的私有属性，该属性就不能在类的外部直接访问或被使用。但在类内部可以访问，在类内部的方法中使用私有属性时的基本语法格式为",Person.__age"或"self.__code"。

【实例 6-14】演示各种类成员的访问限制

实例 6-14 的代码如电子活页 6-7 所示。

实例 6-14 的运行结果如下。

电子活页 6-7

实例 6-14 的代码

```
类的方法内部使用'类名称.属性名称'的形式访问:
姓名：李明
性别：男
年龄：19
类的方法内部使用'self.属性名称'的形式访问:
姓名：李明
性别：男
年龄：19
类外使用'类名称.属性名称'的形式访问:
姓名：李明
性别：男
类外使用'实例名称.属性名称'的形式访问:
姓名：李明
性别：男
类外使用'类实例名称._类名称__XXX'的形式访问:
年龄：19
```

从实例 6-14 的运行结果可以看出，类内的方法内部可以通过"类名称.成员名称"和"self.成员名称"的形式访问私有成员。但在类的外部"类名称.成员名称""实例名称.成员名称""self.成员名称"这3 种形式都不能访问私有成员。只能通过"类实例名称._类名称__XXX"方式访问私有成员，即在"类名称+私有成员名称"之前加单下画线"_"。

【实例 6-15】演示定义与访问拥有不同访问权限的类属性与方法

实例 6-15 的代码如电子活页 6-8 所示。

电子活页 6-8

实例 6-15 的代码

1. 创建父类的实例对象 goods

代码如下。

```
goods =Commodity()
```

2. 通过父类名称 Commodity 访问父类的属性与方法

代码如下。

```
print(Commodity.testPublicAttribute)
print(Commodity._testProtectedAttribute)
Commodity.printLine()
Commodity._printStar(goods)
Commodity.printPrivateParent(goods)
```

运行结果如下。

```
Public：公有属性
```

Protected：保护属性

Public：公有方法

————————————

Protected：保护方法

☆☆☆☆☆☆☆☆

Private：私有属性

类外部父类的私有属性无法访问，执行代码"print(Commodity.__testPrivateAttribute)"会出现以下异常信息。

AttributeError: type object 'Commodity' has no attribute '__testPrivateAttribute'

类外部父类的实例属性无法访问，执行代码"print(Commodity.commodityPrice)"会出现以下异常信息。

AttributeError: type object 'Commodity' has no attribute 'commodityPrice'

类外部父类的私有方法无法访问，执行代码"Commodity.__printTriangle(goods)"会出现以下异常信息。

AttributeError: type object 'Commodity' has no attribute '__printTriangle'

3. 通过父类的实例名称 goods 访问父类的属性与方法

代码如下。

```
print(goods.testPublicAttribute)
print(goods._testProtectedAttribute)
print(goods._Commodity__testPrivateAttribute)
goods.commodityPrice=79999.00
print("父类实例名称访问实例方法中定义的实例属性："+str(goods.commodityPrice))
goods.printLine()
goods._printStar()
goods._Commodity__printTriangle()
goods.printPrivateParent()
```

运行结果如下。

Public：公有属性

Protected：保护属性

Private：私有属性

父类实例名称访问实例方法中定义的实例属性：79999.0

Public：公有方法

————————————

Protected：保护方法

☆☆☆☆☆☆☆☆

Private：私有方法

△△△△△△△△△△△

Private：私有属性

4. 创建子类的实例对象 book

代码如下。

```
book = Book()
```

5. 通过子类名称 Book 分别访问父类与子类的属性、方法

代码如下。

```
print(Book.testPublicAttribute)
print(Book._testProtectedAttribute)
Book.printLine()
Book._printStar(book)
Book.printProtectedSubclass(goods)
Book.printPrivateSubclass(goods)
```

运行结果如下。

```
Public: 公有属性
Protected: 保护属性
Public: 公有方法
_____

Protected: 保护方法
☆ ☆ ☆ ☆ ☆ ☆ ☆ ☆
子类内部允许访问父类的保护属性
Protected: 保护属性
子类内部无法访问父类的私有属性
```

通过子类名称 Book 在类外部无法访问父类的私有属性__testPrivateAttribute、父类实例方法中定义的实例属性 commodityPrice、父类私有方法__printTriangle()，子类内部也无法访问父类的私有属性__testPrivateAttribute，如果执行以下代码，会出现异常信息。

```
print(Book.__testPrivateAttribute)
print(Book.commodityPrice)
Book.__printTriangle(goods)
print(Book.__testPrivateAttribute)
```

6. 通过子类的实例名称 book 分别访问父类与子类的属性、方法

代码如下。

```
print(book.testPublicAttribute)
print(book._testProtectedAttribute)
print(book._Commodity__testPrivateAttribute)
book.commodityPrice=2699.00
print("子类实例访问父类实例方法中定义的实例属性: "+str(book.commodityPrice))
book.printLine()
book._printStar()
book._Commodity__printTriangle()
book.printProtectedSubclass()
book.printPrivateSubclass()
```

运行结果如下。

```
Public: 公有属性
Protected: 保护属性
Private: 私有属性
子类实例访问父类实例方法中定义的实例属性: 2699.0
Public: 公有方法
_____

Protected: 保护方法
```

☆☆☆☆☆☆☆☆
Private：私有方法
△△△△△△△△△△△
子类内部允许访问父类的保护属性
Protected：保护属性
子类内部无法访问父类的私有属性

但执行以下访问形式会出现异常。

```
print(book._Book__testPrivateAttribute)
book._Book__printTriangle()
```

【任务 6-7】完整定义与使用 1 个父类（Commodity）和 2 个子类（Book、Handset）

【任务描述】

（1）在项目 Unit06 中创建 Python 程序文件 6-7.py。

（2）在程序文件 6-7.py 中完整定义与使用 1 个父类（Commodity）和 2 个子类（Book、Handset）。

（3）综合应用类的属性与方法计算和输出应付金额、返现金额、优惠金额、运费和实付金额。

【任务实施】

在 PyCharm 项目 Unit06 中创建 Python 程序文件 6-7.py。在程序文件 6-7.py 中编写程序代码，实现所需功能。父类 Commodity 的定义代码如电子活页 6-9 所示。

子类 Book 的定义代码如电子活页 6-10 所示。

子类 Handset 的定义代码如电子活页 6-11 所示。

针对创建的类 Commodity 和两个子类 Book、Handset 实施以下各项操作。

1. 创建子类 Book 的实例对象 book

代码如下。

```
book=Book()
```

2. 通过类的实例对象 book 给类的属性赋值

代码如下。

```
book.code="12563157"
book.name="给 Python 点颜色 青少年学编程"
book.price=59.80
book.quantity=1
book.publisher="人民邮电出版社"
book.edition=1
```

3. 通过类的实例对象 book 以模拟表格方式输出图书数据

代码如下。

```
book.printField()
book.printData()
```

运行结果如下。

商品编号	商品名称	价格	出版社名称	版次

微课 6-7

完整定义与使用 1 个
父类（Commodity）
和 2 个子类（Book、
Handset）

电子活页 6-9

父类 Commodity
的定义代码

电子活页 6-10

子类 Book 的
定义代码

电子活页 6-11

子类 Handset 的
定义代码

4. 通过类的实例对象 book 分别设置父类实例属性的值和用户等级

代码如下。

```
book.quantity=5
rank="Ordinary users"
```

5. 调用类的多个方法分别计算应付金额、返现金额、优惠金额、运费和实付金额

代码如下。

```
discountPrice=book.getDiscountPrice(rank,book.price)
discountAmount=book.quantity*discountPrice
discount=book.getDiscount(book.quantity,book.price)
cashback=book.getCashback(book.quantity,book.price)
discountTotal=discount+cashback
payable=discountAmount-discountTotal
carriage=book.getCarriage(payable)
payable+=carriage
```

6. 调用子类 book 的方法 printSettlementData() 输出购物结算数据

代码如下。

```
book.printSettlementData(discountAmount,carriage,cashback,discount,payable)
```

运行结果如下。

```
应付金额：¥275.08
    运费：¥0.00
返现金额：-¥100.00
优惠金额：-¥15.00
实付金额：¥160.08
```

7. 创建子类 Handset 的实例对象 handset

代码如下。

```
handset=Handset()
```

8. 通过子类的实例名称 handset 为类的实例属性赋值

代码如下。

```
handset.code="100010262414"
handset.name="华为 MateBook X Pro"
handset.price=13699.00
handset.quantity=1
handset.screenSize="13.9 英寸"
handset.resolution="3000×2000 像素"
```

9. 通过子类的实例名称 handset 调用子类 Handset 的重构方法输出手机数据

代码如下。

```
handset.printField()
handset.printData()
```

运行结果如下。

商品编号	商品名称	价格	屏幕尺寸	物理分辨率
100010262414	华为 MateBook X Pro	13699.00	13.9 英寸	3000×2000 像素

知识拓展

1. Python 类的专有属性与方法

Python 类有多个专有属性与方法。Python 类的专有属性或方法如表 6-3 所示。

表 6-3　Python 类的专有属性或方法

序号	属性或方法名称	说明
1	__init__	构造方法，在对象初始化时调用
2	__del__	析构方法，释放对象时使用
3	__name__	类、函数、方法等的名称
4	__module__	类定义所在的模块名称
5	__class__	对象或类所属的类名称，返回基类名称
6	__bases__	类的基类元组，顺序为在基类列表中出现的顺序
7	__doc__	类、函数的文档字符串，如果没有定义则为 None
8	__mro__	类的 mro、class.mro()返回的结果保存在__mro__中
9	__dict__	类或实例属性
10	__dir__	返回类或者对象的所有成员名称列表，dir()函数就是调用__dir__()，如果提供__dir__()，则返回属性的列表，否则会尽量从__dict__属性中收集信息
11	__hash__	内建函数 hash()调用的返回值，返回一个整数

2. 类方法的特殊参数 self

类方法的特殊参数 self 代表类的实例，而非类。

3. 类的只读属性

这里介绍的属性与 6.2 节介绍的类属性和实例属性不同，这里介绍的属性是一种特殊的属性，访问该属性时将计算它的值。另外，该属性还可以为属性添加安全保护机制。

（1）使用@property 创建类的只读属性。

Python 中，可以通过@property（装饰器）将一个方法转换为只读属性，从而实现专用于计算的属性。将方法转换为只读属性后，可以直接通过方法名称来访问方法，而不需要再添加圆括号"()"，这样可以让代码更加简洁。

通过@property 创建只读属性的基本语法格式如下。

```
@property
def methodName( self ):
    <方法体>
```

其中，methodName 表示方法名称，一般使用小写字母开头，该名称将作为创建的只读属性的名称。self 为必要参数，表示类的实例。方法体的程序代码用于实现所需功能，在方法体中，通常以 return 语句结束，用于返回方法的计算结果。

（2）为属性添加安全保护机制。

Python 中，默认情况下创建的类属性或类实例是可以在类外进行修改的，如果想要限制其不能在类外修改，可以将其设置为私有的，但设置为私有后，在类外也不能获取它的值。如果想要创建一个可以读取，但不能修改的属性，可以使用@property 定义为只读属性。

4. @*.setter 装饰器

@property 可以将 Python 定义的方法当作属性访问，从而提供更加友好的访问方式，但是有时候 setter/deleter 也是需要的。

电子活页 6-12

类方法的特殊参数 self

电子活页 6-13

@*.setter 装饰器

（1）只有@property 表示只读。

（2）同时有@property 和@*.setter 表示可读、可写。

（3）同时有@property、@*.setter 和@*.deleter 表示可读、可写、可删除。

@*.setter 装饰器允许对已用@property 装饰器修饰的属性（方法）赋值，该装饰器的基本语法格式如下。

@只读方法名称.setter

例如@getScore.setter，其中 getScore 为@property 装饰器修饰的只读属性。

 注意 **@*.setter 装饰器必须在@property 装饰器的后面，且两个被修饰的属性（方法）名称必须保持一致。**

5. 迭代器对象

把类作为迭代器使用需要在类中实现两个方法：__iter__()与__next__()（Python 2 中名称是 next()）。

（1）__iter__()方法返回一个特殊的迭代器对象，这个迭代器对象实现了__next__()方法并通过 StopIteration 异常标识迭代的完成。

（2）__next__()方法会返回下一个迭代器对象。

（3）StopIteration 异常用于标识迭代的完成，防止出现无限循环的情况，在__next__()方法中可以设置在完成指定循环次数后触发 StopIteration 异常来结束迭代。

电子活页 6-14

迭代器对象

6. 运算符重载

Python 支持运算符重载，可以对类的专有方法进行重载。

【**实例 6-16**】演示运算符重载

实例 6-16 的代码如下所示。

```
class Operator:
    def __init__(self, x, y):
        self.x = x
        self.y = y
    def __str__(self):
        return 'Operator(%d, %d)' % (self.x, self.y)
    def __add__(self, other):
        return Operator(self.x + other.x, self.y + other.y)
op1 = Operator(2, 10)
op2 = Operator(5, -2)
print(op1 + op2)
```

实例 6-16 的运行结果如下。

```
Operator(7, 8)
```

在线测试

单元 7
文件操作与异常处理

　　程序中的变量、序列、类实例中存储的数据是暂时的，程序运行结束后就会丢失。为了能够长时间地保存程序中的数据，需要将程序中的数据保存到磁盘文件中。Python 提供了对文件夹、文件进行操作的内置模块。本单元主要讲解文件、文件夹操作以及异常处理。

📝 知识入门

1. Windows 操作系统中的路径

　　程序开发时，路径是指用于定位一个文件夹或文件的字符串，通常包括两种路径：相对路径和绝对路径。在 Python 中，对文件夹和文件进行操作主要使用 os 模块和 os.path 模块中提供的方法。

　　（1）当前工作文件夹。

　　当前工作文件夹是指当前运行文件或打开文件所在的文件夹。在 Python 中，通过 os 模块提供的getcwd()方法获取当前工作文件夹。

　　在"D:\PycharmProject\Test07\test7-1.py"文件中，编写以下代码。

```
import os
print(os.getcwd())   #输出当前工作文件夹
```

　　运行结果如下。

```
D:\PycharmProject\Test07
```

　　显示的文件夹为当前工作文件夹。

　　（2）相对路径。

　　所谓相对路径是指相对当前工作文件夹的路径。如果访问的文件位于当前工作文件夹下，则使用该文件名称即可；如果访问的文件位于当前工作文件夹下级子文件夹中，则相对路径的起始文件夹为当前工作文件夹的第 1 级子文件夹。

　　例如，在当前工作文件夹"D:\PycharmProject\Test07"中，有 1 个名称为 message.txt 的文本文件，在打开这个文本文件时，直接写文件名称"message.txt"即可，该文本文件的实际路径就是当前工作文件夹"D:\PycharmProject\Test07"+相对路径"message.txt"，即完整路径为"D:\Pycharm Project\Test07\message.txt"。

　　如果文本文件 message.txt 位于当前工作文件夹的第 1 级子文件夹 demo 中，那么相对路径为"demo\message.txt"。

　　在 Python 中，打开文本文件 message.txt 可以有如下几种方式。

　　① "demo\\message.txt"的形式。

　　在 Python 中，指定路径时需要对路径分隔符"\"进行转义，即将路径中的"\"替换为"\\"，例如相对路径"demo\message.txt"需要使用"demo\\message.txt"代替。

例如：

```
>>>file=open("demo\\message.txt")
>>>file.close()
```

 注意 在 Windows【命令提示符】窗口中，将当前工作文件夹设置为"D:\Pycharm Project\Test07"。

② "demo/message.txt"的形式。

在 Python 中，指定路径时允许将路径分隔符"\"使用"/"代替。

例如：

```
>>>file=open("demo/message.txt")
>>>file.close()
```

③ r"demo\message.txt"的形式。

在 Python 中，指定路径时可以在路径字符串前面加上字母 r（或 R），那么该路径字符串将会原样输出，这时路径中的路径分隔符"\"就不需要再转义了。

例如：

```
>>>file=open(r"demo\message.txt")
>>>file.close()
```

（3）绝对路径。

绝对路径是指在使用文件时指定文件的完整路径，它不依赖于当前工作文件夹。在 Python 中，可以通过 os.path 模块提供的 abspath()方法获取一个文件的绝对路径。

abspath()方法的基本语法格式如下。

```
os.path.abspath(strPath)
```

其中，strPath 表示要获取绝对路径的相对路径，可以是文件路径，也可以是文件夹路径。

例如，要获取相对路径"demo\message.txt"的绝对路径，可以使用下面的代码实现。

```
>>>import os
>>>print(os.path.abspath(r"demo\message.txt"))    #获取绝对路径
```

运行结果如下。

```
D:\PycharmProject\Test07\demo\message.txt
```

（4）拼接路径。

如果想要将两个或者多个路径拼接到一起组成一个新的路径，可以使用 os.path 模块提供的 join()方法实现，这样可以正确处理不同操作系统的路径分隔符。join()方法的基本语法格式如下。

```
os.path.join(path1 [,path2 [,...]] )
```

其中，path1、path2 表示待拼接的文件路径，这些路径之间使用逗号","进行分隔。

例如，将路径"D:\PycharmProject\Test07"和路径"demo\message.txt"拼接到一起，可以使用下面的代码实现。

```
>>>import os
>>>print(os.path.join("D:\PycharmProject\Test07","demo\message.txt"))
```

运行结果如下。

```
D:\PycharmProject\Test07\demo\message.txt
```

2. 语法错误

Python 的语法错误是初学者经常碰到的，例如：

```
>>>if score<60
    print('成绩不及格')
```

该 if 语句运行时会出现以下错误信息。

```
File "<stdin>", line 1
    print('成绩不及格')
    ^
IndentationError: unexpected indent
```

出现错误的原因是函数 print()被检查到有错误，它前面缺少了一个冒号"："。

语法分析器指出了出错的一行，并且在最先找到的错误的位置标记了一个小小的箭头。

3. 异常

程序运行过程中，经常会遇到各种各样的错误，程序运行期间检测到的这些错误统称为"异常"。Python 中常见的异常如表 7-1 所示。

表 7-1　Python 中常见的异常

异常	说明
AttributeError	试图访问一个未知的对象属性引发的异常
IOError	输入/输出异常，例如打开的文件不存在引发的异常
ImportError	无法引入模块或包引发的异常，其原因通常是路径错误或名称错误
IndentationError	缩进错误，导致代码没有正确对齐
IndexError	索引值超出序列边界引发的异常，例如当列表 x 只有 3 个元素时，却试图访问 x[5]
KeyError	试图访问字典里不存在的键引发的异常
MemoryError	内存不足引发的异常
NameError	尝试使用一个没有声明的变量引发的异常
TypeError	传入对象的类型与要求的不符合引发的异常
UnboundLocalError	试图访问一个还未被声明的局部变量，可能是由于另有一个同名的全局变量，导致程序以为正在被访问
ValueError	传入一个错误的值引发的异常，即使值的类型是正确的
ZeroDivisionError	除数为 0 引发的异常

大多数的异常都不会被程序处理，都会抛出错误信息。例如：

```
>>>10 * (1/0)        #除数不能为 0，触发异常
```

运行时会出现以下异常信息。

```
Traceback (most recent call last):
    File "<stdin>", line 1, in <module>
ZeroDivisionError: division by zero
>>>4 +num*3.2      # num 未定义，触发异常
```

运行时会出现以下异常信息。

```
Traceback (most recent call last):
    File "<stdin>", line 1, in <module>
NameError: name 'num' is not defined
>>>'3' + 2          #整数不能与字符串相加，触发异常
```

运行时会出现以下异常信息。

```
Traceback (most recent call last):
    File "<stdin>", line 1, in <module>
TypeError: can only concatenate str (not "int") to str
```

程序运行时出现的异常以不同的类型出现，这些异常的类型信息都作为信息的一部分显示出来，例如上面实例中的类型有 ZeroDivisionError、NameError 和 TypeError。

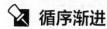 循序渐进

7.1 打开与关闭文件

Python 中，在使用内置文件对象时，首先需要使用内置的 open() 方法打开文件，并创建一个文件对象，然后通过该文件对象的方法进行一些操作。

7.1.1 使用 open() 方法打开文件

Python 的 open() 方法用于打开一个文件，并返回文件对象，在对文件进行处理的过程中都需要使用到这个方法。如果该文件无法被打开，会抛出 OSError 异常。

> **注意** 使用 open() 方法时一定要保证文件对象处于关闭状态，即调用 close() 方法将文件关闭。

open() 方法将会返回一个文件对象。open() 方法的常用形式是接收两个参数：文件名（filename）和模式（mode）。

调用该方法的基本语法格式如下。

```
file=open(filename[, mode[, buffering [, encoding=None]]])
```

参数说明如下。

① file：表示被创建的文件对象。

② filename：用于指定包含待打开或待创建文件的文件路径（相对路径或绝对路径）与文件名称字符串值，需要使用单引号或双引号标注。如果待打开的文件和使用 open() 方法的程序文件位于同一个文件夹中，即两个文件存储位置相同时，可以直接写文件名，不需要指定文件路径，否则需要指定完整路径。

③ mode：为可选参数，用于指定打开文件的模式，即描述文件如何使用，如只读、写入、追加等。r 表示打开的文件只读；w 表示文件只用于写（如果存在同名文件则将被删除）；a 表示在文件末尾追加文件内容，所写的任何数据都会被自动增加到文件末尾；r+ 表示文件同时用于读写。文件打开模式参数如电子活页 7-1 所示。这个参数是非强制的，默认文件访问模式为只读（r）。

④ buffering：可选参数，用于指定读写文件的缓冲模式，取值为 0 表示不缓冲；取值为 1 表示缓冲；如果取值大于 1，则表示缓冲区的大小。默认为缓冲模式。

⑤ encoding：可选参数，用于指定文件的编码方式，默认使用 GBK 编码，如果需要指定其他编码方式，可以在打开文件时直接指定使用的编码方式。

open() 方法用于打开一个文件时，指定打开文件的模式的常见状态如表 7-2 所示。

电子活页 7-1

文件打开模式参数

表 7-2　指定打开文件的模式的常见状态

模式	r	r+	w	w+	a	a+
读	√	√		√		√
写		√	√	√	√	√
创建			√	√	√	√

续表

模式	r	r+	w	w+	a	a+
覆盖			√	√		
文件指针在开始位置	√	√	√	√		
文件指针在结尾位置					√	√

以下演示了 open()方法的多种使用方式。

（1）以默认方式打开一个文本文件。

```
>>>file=open('如何注册京东账号.txt')
```

open()方法中只指定了文本文件名称，默认为文本文件模式（t）、默认文件访问模式为只读（r）、默认为缓冲模式、默认文件编码为 GBK 编码。

> **说明** 由于待打开的文本文件"如何注册京东账号.txt"位于当前工作文件夹中时，才可以省略该文件的路径，因此这里还需在 Windows【命令提示符】窗口改变当前盘和当前工作文件夹，然后才能使用 open()方法打开文件。如果文本文件"如何注册京东账号.txt"的存储位置为"D:\PycharmProject\Practice\Unit07"，则在 Windows【命令提示符】窗口的提示符后输入命令"D:"，按【Enter】键，改变当前盘；然后输入命令"cd D:\Pycharm Project\Practice\Unit07"改变当前工作文件夹为"Unit07"；接着输入命令"python"，按【Enter】键，进入交互式 Python 解释器中，出现提示符">>>"，就可以输入语句"file=open('如何注册京东账号.txt')"。

open('如何注册京东账号.txt')与 open('如何注册京东账号.txt','r')的访问模式相同，都表示只读访问模式。

（2）以二进制形式打开非文本文件。

使用 open()方法可以以二进制形式打开图片文件、音频文件、视频文件等非文本文件。

```
>>>file=open('hh.jpg','rb')
```

加上"b"表示以二进制形式打开非文本文件。

（3）打开文件时指定编码方式。

打开文件时添加"encoding='utf-8'"参数，指定编码方式为"utf-8"。

```
>>>file=open('如何注册京东账号.txt','r',encoding='utf-8')
```

7.1.2 使用 close()方法关闭文件

Python 中，使用 open()方法打开文件后，需要及时关闭，避免对文件造成不必要的破坏。可以使用文件对象的 close()方法实现关闭打开的文件。

使用 close()方法的基本语法格式如下。

```
file.close()
```

其中，file 为打开的文件对象。

调用 close()方法时，先刷新缓冲区中还没有写入的内容，然后关闭文件，这样可以将没有写入文件的内容写入文件，在关闭文件后，便不能再进行写入操作了。

当处理完一个文件后，调用 close()方法来关闭文件并释放系统的资源，如果尝试再次调用该文件，则会抛出异常。

例如：

```
>>>file=open('如何注册京东账号.txt', 'r')
```

```
>>>file.close()
>>>file.read()
```

运行时会出现以下异常信息。

```
Traceback (most recent call last):
    File "<stdin>", line 1, in <module>
ValueError: I/O operation on closed file.
```

7.1.3　打开文件时使用 with 语句

使用 open()方法打开文件后，如果没有及时关闭文件可能会带来意想不到的问题。另外，如果在打开文件时抛出了异常，也会导致文件不能被及时关闭。为了更好地避免此类问题发生，可以使用 Python 提供的 with 语句，从而实现在处理文件时，无论是否抛出异常都能保证 with 语句执行完毕后关闭已经打开的文件。

使用 open()方法打开文件时应用 with 语句的基本语法格式如下。

```
with   open(filename[, mode[, buffering [, encoding=None]]])   as   file:
      <语句体>
```

其中，file 为文件对象，用于将打开文件的结果保存到该对象中，语句体是执行 with 语句后相关的一些操作语句。如果暂不指定任何语句，可以使用 pass 语句代替。

当处理一个文件对象时，使用 with 语句是非常好的方式。在处理结束后，它会自动正确关闭文件。而且其语句体写起来也比 try-finally 语句体要简短。

例如：

```
>>>with open('如何注册京东账号.txt','r',encoding='utf-8') as file:
      pass
>>>file.closed
```

运行结果如下。

```
True
```

【实例 7-1】演示使用 open()方法打开文件、使用 close()方法关闭文件、使用 with 语句打开文件后自动关闭文件

实例 7-1 的代码如下所示。

```
file=open('如何注册京东账号.txt')
file.close()
with open('如何注册京东账号.txt','r',encoding='utf-8') as file:
      pass
```

7.2　读取与写入文件内容

Python 中的文件对象提供了 write()方法向文件中写入内容，也提供了 readline()、readlines()、read()等多种读取文件内容的方法。

7.2.1　文件对象

使用 open()方法打开文件，并创建文件（file）对象的代码如下。

```
file=open(filename[, mode[, buffering [, encoding=None]]])
```

电子活页 7-2

file 对象常用的方法

file 对象常用的方法如电子活页 7-2 所示。

7.2.2　移动文件的当前位置

Python 提供了 seek()方法将文件指针移动到指定位置。
seek()方法的基本语法格式如下。

file.seek(offset [, whence])

其中，file 表示已经打开的文件对象；offset 用于指定移动的字符个数，计数的起始位置由可选参数 whence 指定；whence 用于指定从什么位置开始计算，值为 0 表示从文件的开始位置开始计算，值为 1 表示从当前位置开始计算，值为 2 表示从文件末尾位置开始计算，默认值为 0，即默认为从文件的开始位置开始计算。

使用 seek()方法时，offset 的值是按 1 个汉字占 2 个或 3 个字节（GBK 编码 1 个汉字占 2 个字节，UTF-8 编码 1 个汉字占 3 个字节），1 个英文字母或半角数字占 1 个字节计算。这与 read(size)方法按字符数量计算不同。

对于 whence 参数，如果在打开文件时没有使用二进制形式，那么只允许从文件开始位置开始计算相对位置（只会相对于文件起始位置进行定位），如果从文件末尾位置开始计算就会抛出异常。

以二进制形式打开文件时，使用文件对象的 seek()方法改变文件的当前位置有多种方法。例如：
seek(n,0)：表示从起始位置即文件首行首字符开始移动 n 个字符。
seek(n,1)：表示从当前位置往后移动 n 个字符。
seek(-n,2)：表示从文件的结尾位置往前移动 n 个字符。

7.2.3　读取文件

Python 中，使用 open()方法打开一个文件后，可以读取该文件中的内容，读取文件内容的方式有多种。

1. 使用 readline()方法读取一行

Python 中，文件对象提供了 readline()方法用于每次逐行读取。readline()方法的基本语法格式如下。

file.readline()

其中 file 为打开的文件对象，打开文件时，需要指定打开模式为只读（r）或者读写（r+）。

【实例 7-2】演示打开文本文件"如何注册京东账号.txt"后，读取第一行内容并输出
提示：文本文件"如何注册京东账号.txt"的初始内容如下。

如何注册京东账号？

若您还没有京东账号，请单击注册，详细操作步骤如下。

（1）打开京东首页，在右上方单击【免费注册】按钮。

（2）进入注册页面，请填写您的邮箱、手机号等信息完成注册。

（3）注册成功后，请完成账户安全验证来提高您的账户安全等级。

实例 7-2 的代码如下所示。

with open('如何注册京东账号.txt','r') as file:
　　line = file.readline()
　　print(line,end= "\n")　 # 输出一行内容

实例 7-2 的运行结果如下。

如何注册京东账号？

2. 使用 readlines()方法读取全部行

Python 中，文件对象提供了 readlines()方法用于每次读取全部行。readlines()方法的基本语法格式如下。

```
file.readlines()
```

其中，file 为打开的文件对象，打开文件时，需要指定打开模式为只读（r）或者读写（r+）。

使用 readlines()方法读取全部行时，返回的是一个字符串列表，每个元素为文件的一行内容。

【实例 7-3】演示打开文本文件后，读取全部行的内容并输出

实例 7-3 的代码如下。

```
with open('如何注册京东账号.txt','r') as file:
    lines = file.readlines()
    print(lines)   #输出全部行的内容
```

实例 7-3 的运行结果如下。

```
['如何注册京东账号？\n', '若您还没有京东账号，请单击注册，详细操作步骤如下。\n', '（1）打开京东首页，
在右上方单击【免费注册】按钮。\n', '（2）进入注册页面，请填写您的邮箱、手机号等信息完成注册。\n', '（3）注
册成功后，请完成账户安全验证来提高您的账户安全等级。\n']
```

从上述运行结果可以看出 readlines()方法的返回值为一个字符串列表。在这个字符串列表中，每个元素记录一行内容。如果文件比较大，使用这种方式输出读取的文件内容速度会很慢，这时可以将字符串列表的内容逐行输出。

3. 使用 read()方法读取指定个数的字符

Python 中，文件对象提供了 read()方法读取指定个数的字符，其基本语法格式如下。

```
file.read( [size] )
```

其中，file 为打开的文件对象，size 为可选参数，用于指定要读取的字符个数，如果省略则一次性读取所有内容。打开文件时，需要指定打开模式为只读（r）或者读写（r+），否则会抛出异常。

注意 使用 size 指定字符的个数时，1 个汉字、1 个英文字母、1 个半角数字的字符个数都相同，为 1。

（1）读取打开文件的全部内容。

【实例 7-4】演示打开文本文件后，读取该文件的全部内容并输出

实例 7-4 的代码如下。

```
with open('如何注册京东账号.txt','r') as file:
    content = file.read()
    print(content)   # 输出全部行的内容
```

实例 7-4 的运行结果如下。

```
如何注册京东账号？
若您还没有京东账号，请单击注册，详细操作步骤如下。
（1）打开京东首页，在右上方单击【免费注册】按钮。
（2）进入注册页面，请填写您的邮箱、手机号等信息完成注册。
（3）注册成功后，请完成账户安全验证来提高您的账户安全等级。
```

（2）从文件的开始位置读取指定数量的字符。

【实例 7-5】演示打开文本文件后，读取该文件的前 9 个字符并输出

实例 7-5 的代码如下所示。

```
with open('如何注册京东账号.txt','r') as file:
```

```
    content = file.read(9)
    print(content)
```

实例 7-5 的运行结果如下。

如何注册京东账号？

（3）从文件的指定位置开始读取指定数量的字符。

使用 read([size])方法读取文件内容时，默认是从文件的开始位置读取的。如果想要读取中间部分的内容，可以先使用文件对象的 seek()方法将文件指针移动到指定位置，然后使用 read([size])方法读取指定数量的字符。

【实例 7-6】演示 seek()、tell()和 read()方法的联合使用

实例 7-6 的代码如下所示。

```
with open('如何注册京东账号.txt','r') as file:
    print("1-打开文件时，当前位置为：",file.tell())
    content1 = file.read(9)
    print("输出第 1 次读取的内容：",content1)
    print("2-第 1 次读取指定数量的字符后，当前位置为：", file.tell())
    file.seek(40)
    print("3-显式改变当前位置后，当前位置为：", file.tell())
    content2 = file.read(5)
    print("输出第 2 次读取的内容：",content2)
    print("4-第 2 次读取指定数量的字符后，当前位置为：", file.tell())
```

实例 7-6 的运行结果如下。

```
1-打开文件时，当前位置为：0
输出第 1 次读取的内容：如何注册京东账号？
2-第 1 次读取指定数量的字符后，当前位置为：18
3-显式改变当前位置后，当前位置为：40
输出第 2 次读取的内容：请单击注册
4-第 2 次读取指定数量的字符后，当前位置为：50
```

从运行结果可以看出：调用 open()方法打开文件时，当前位置为 0，调用 read(9)方法，读取并输出第 1 行的 9 个字符（18 字节），当前位置为 18；然后将文件指针从文件开始位置（相对起始位置）向后移动 20 个字符（40 字节），当前位置为 40；再读取并输出 5 个字符（10 字节），当前位置为 50。

实例 7-6 中使用了文件对象的 tell()方法，该方法返回文件对象当前所处的位置，它从文件开始位置开始计算字节数。

7.2.4　向文件中写入内容

Python 的文件对象提供了 write()方法，可以向文件中写入内容。write()方法的基本语法格式如下。

```
file.write(string)
```

其中，file 为使用 open()方法打开的文件对象；string 表示待写入的字符串格式的内容。打开文件时，需要指定打开模式为可写（w）或者追加（a），否则会抛出异常。

file.write(string)将 string 写入文件，然后返回写入的字符数。如果要写入的内容不是字符串类型，那么需要先进行转换，例如数值可以使用 str()函数转换为字符串。

【实例 7-7】演示使用 open()方法创建文件，使用 write()方法向文件中写入内容，然后读取并输出文件内容

实例 7-7 的代码如下所示。

```
content='Bright sunshine, full of vitality and all things renewed'
file= open("expectation.txt", "w")    #打开一个文件
num = file.write(content)                #写入内容
print(num)
file.close()    #关闭打开的文件
file= open("expectation.txt", "r")    #打开一个文件
text=file.read()
print(text)
```

实例 7-7 的运行结果如下。

```
56
Bright sunshine, full of vitality and all things renewed
```

下面针对文本文件 expectation.txt 应用 seek()方法改变当前位置,并观察当前位置的变化。
例如:

```
>>>file = open('expectation.txt', 'rb+')
>>>file.seek(5)          #当前位置移动到文件的第 6 个字符
5
>>>file.read(1).decode()
't'
>>file.seek(-3, 2)    #当前位置移动到文件的倒数第 3 个字符
53
>>>file.read(1).decode()
'w'
>>>file.close()
```

【任务 7-1】打开并读取文件的全部行

【任务描述】

（1）在 PyCharm 集成开发环境中创建项目 Unit07。
（2）在项目 Unit07 中创建 Python 程序文件 7-1.py。
（3）以只读方式打开当前工作文件夹中的文本文件: 如何注册京东账号.txt,然后读取并输出该文件的全部行。

微课 7-1

打开并读取文件的全部行

【任务实施】

1. 创建 PyCharm 项目 Unit07

成功启动 PyCharm 后,在指定位置"D:\PycharmProject\"创建 PyCharm 项目 Unit07。

2. 创建 Python 程序文件 7-1.py

在 PyCharm 项目 Unit07 中新建 Python 程序文件 7-1.py,同时 PyCharm 主窗口显示程序文件 7-1.py 的代码编辑窗口,在该程序文件的代码编辑窗口自动添加了模板内容。

3. 编写 Python 程序代码

在新建文件 7-1.py 的代码编辑窗口已有模板注释内容下面输入程序代码,程序文件 7-1.py 的代码如下所示。

```
def readFile():
    objFile=open("D:\\PycharmProject\\Unit07\\如何注册京东账号.txt","r")
    for txtLine in objFile.readlines():
        print(txtLine,end="")
```

189

```
        objFile.close()
try:
    readFile()
except Exception as error:
    print(error)
```

单击工具栏中的【保存】按钮 🖫，保存程序文件 7-1.py。

4. 运行 Python 程序

在 PyCharm 主窗口选择【Run】菜单，在弹出的下拉菜单中选择【Run】。在弹出的【Run】对话框中选择"7-1"选项，程序文件 7-1.py 开始运行。程序文件 7-1.py 的运行结果如下所示。

如何注册京东账号？

若您还没有京东账号，请单击注册，详细操作步骤如下：

（1）打开京东首页，在右上方单击【免费注册】按钮；

（2）进入注册页面，请填写您的邮箱、手机号等信息完成注册；

（3）注册成功后，请完成账户安全验证来提高您的账户安全等级。

【任务 7-2】实现文件内容的写入与读取

【任务描述】

（1）在项目 Unit07 中创建 Python 程序文件 7-2.py。

（2）使用两种方法将图书数据写入当前工作文件夹的 myBook.txt 文件中。

（3）使用两种方法从 myBook.txt 文件中读取全部行并输出。

【任务实施】

1. 创建 Python 程序文件 7-2.py

在 PyCharm 项目 Unit07 中新建 Python 程序文件 7-2.py，同时 PyCharm 主窗口显示程序文件 7-2.py 的代码编辑窗口，在该程序文件的代码编辑窗口自动添加了模板内容。

2. 编写 Python 程序代码

在新建文件 7-2.py 的代码编辑窗口已有模板注释内容下面输入程序代码，程序文件 7-2.py 的代码如电子活页 7-3 所示。

单击工具栏中的【保存】按钮 🖫，保存程序文件 7-2.py。

3. 运行 Python 程序

在 PyCharm 主窗口选择【Run】菜单，在弹出的下拉菜单中选择【Run】。在弹出的【Run】对话框中选择"7-2"选项，程序文件 7-2.py 开始运行。程序文件 7-2.py 的运行结果如图 7-1 所示。

微课 7-2

实现文件内容的写入与读取

电子活页 7-3

程序文件 7-2.py 的代码

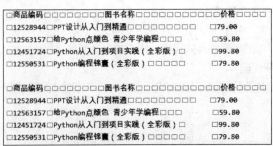

图 7-1 程序文件 7-2.py 的运行结果

【任务 7-3】以二进制形式打开文件并读取其内容

【任务描述】

（1）在项目 Unit07 中创建 Python 程序文件 7-3.py。

（2）自定义函数 readFile()，该函数以二进制形式只读模式"rb"打开文本文件 expectation.txt，然后读取该文件的内容，并使用函数 decode()将 bytes 对象转换为文字字符串。

（3）调用自定义函数 readFile()，并以文字形式输出文件 expectation.txt 的内容。

微课 7-3

以二进制形式打开文件并读取其内容

【任务实施】

在 PyCharm 项目 Unit07 中创建 Python 程序文件 7-3.py。在程序文件 7-3.py 中编写程序代码，实现所需功能，程序文件 7-3.py 的代码如下所示。

```
fileName=r"D:\PycharmProject\Unit07\expectation.txt"

def readFile(fileName):
    objFile = open(fileName,"rb")
    text=objFile.read()
    strText=text.decode(encoding="utf-8", errors="strict")
    objFile.close()
    return strText
try:
    print(readFile(fileName))
except Exception as error:
    print(error)
```

程序文件 7-3.py 运行结果的部分内容如下。

Bright sunshine, full of vitality and all things renewed

二进制文件不存在编码的问题，只有文本文件才有编码问题。使用 open()方法以二进制形式打开文件时，不能通过 encoding 参数指定编码方式，否则会出现错误。二进制文件是字节流，不能使用 readline()、readlines()函数读取文件内容，一般使用 read()函数读取文件内容，使用 write()函数向文件写入内容。

【任务 7-4】通过移动文件指针的方法读取指定字符

微课 7-4

通过移动文件指针的方法读取指定字符

【任务描述】

（1）在项目 Unit07 中创建 Python 程序文件 7-4.py。

（2）以二进制形式打开文本文件 expectation.txt。

（3）结合移动文件指针的方法 seek()从文本文件 expectation.txt 中多次读取指定数量的字符，并使用函数 decode()将 bytes 对象转换为文字字符串输出。

电子活页 7-4

【任务实施】

在 PyCharm 项目 Unit07 中创建 Python 程序文件 7-4.py。在程序文件 7-4.py 中编写程序代码，实现所需功能，程序文件 7-4.py 的代码如电子活页 7-4 所示。

程序文件 7-4.py 中调用 open()函数时，使用了"rb"模式，这表明采用二进

程序文件 7-4.py 的代码

制形式读取文本文件，此时文件对象的 read()方法返回的是 bytes 对象，调用 bytes 对象的 decode() 方法将它恢复成字符串。如果所读取的文件是以 UTF-8 的格式保存的，需要在使用 decode()方法恢复文字字符串时显式指定使用 UTF-8 字符集。decode()方法的另一个参数"errors"用于指定错误处理方式，其可选择的值是：strict，遇到非法字符就抛出异常；ignore，忽略非法字符；replace，用"？" 替换非法字符；xmlcharrefreplace，使用 xml 的字符引用。errors 参数的默认值为 strict。

程序文件 7-4.py 的运行结果如下所示。

当前文件指针的位置 1：0
第 1 次读取的 6 个字符：Bright
当前文件指针的位置 2：7
第 2 次读取的 8 个字符：sunshine
指针移动后文件指针的位置 3：15
第 3 次读取的字符：full of vitality and all things renewed
指针移动后文件指针的位置 4：56

7.3 创建与操作文件、文件夹

文件夹也称为目录，用于分层存储文件。通过文件夹可以分门别类地存放文件，也可以通过文件夹快速找到想要的文件。Python 中需要使用内置 os 模块和 os.path 模块中的方法操作文件夹。

Python 中，os 模块和 os.path 模块主要用于对文件夹和文件进行操作，常见的文件夹操作主要有判断文件夹是否存在、创建文件夹、删除文件夹和遍历文件夹等，本节针对文件夹的操作都是在 Windows 操作系统中执行。

7.3.1 创建文件夹

Python 中，os 模块提供了创建文件夹的方法。

1. 创建一级文件夹

创建一级文件夹是指一次只能创建一个文件夹，在 Python 中可以使用 os 模块提供的 mkdir()方法实现。通过该方法创建指定路径中的最后一级文件夹，如果该文件夹所在的上一级文件夹不存在，则会抛出 FileNotFoundError 异常。

mkdir()方法的基本语法格式如下。

```
os.mkdir( path )
```

其中，path 用于指定要创建的文件夹，可以使用相对路径，也可以使用绝对路径。

例如，在 Windows 操作系统中创建一个文件夹"D:\PycharmProject\Test07\test"，可以使用以下代码。

```
>>>import os
>>>os.mkdir(r"D:\PycharmProject\Test07\test")
```

运行以上代码后，将在文件夹"D:\PycharmProject\ Test07" 下创建一个新的文件夹 test，如图 7-2 所示。

如果创建文件夹时，文件夹 test 已经存在了，将抛出 FileExistsError 异常，将上面的代码再运行一次，将出现以下异常信息。

```
Traceback (most recent call last):
  File "<stdin>", line 1, in <module>
FileExistsError: [WinError 183] 当文件已存在时，无法创建该文件。
```

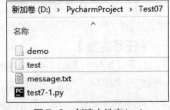

图 7-2　创建文件夹 test

'D:\\PycharmProject\\Test07\\test'

如果创建的文件夹有多级父文件夹,待创建文件夹的父文件夹不存在,则会抛出 FileNotFoundError 异常。

例如:

>>>import os

>>>os.mkdir(r"D:\PycharmProject\Test08\test")

运行上面的代码,会出现以下异常信息。

Traceback (most recent call last):

  File "\<stdin\>", line 1, in \<module\>

FileNotFoundError: [WinError 3] 系统找不到指定的路径。: 'D:\\PycharmProject\\Test08\\test'

创建文件夹时,为了保证不出现重复创建文件夹的问题,可以在创建文件夹前使用 exists()方法判断指定的文件夹是否存在,根据判断结果再做出合理的操作。

例如:

>>>import os

>>>if not os.path.exists((r"D:\PycharmProject\Test07\test")):

　　os.mkdir(r"D:\PycharmProject\Test07\test")

运行上面的代码,如果文件夹 test 已经存在,if 语句的条件表达式值为 False,则不再执行创建文件夹 test 的语句,也不会抛出 FileExistsError 异常。

2. 创建多级文件夹

使用 mkdir()方法一次只能创建一级文件夹。如果需要一次创建多级文件夹,可以使用 os 模块提供的 makedirs()方法,该方法会采用递归的方式逐级创建指定的多级文件夹。makedirs()方法的基本语法格式如下。

os. makedirs(name)

其中,name 用于指定要创建的多级文件夹,可以使用相对路径,也可以使用绝对路径。例如,在 Windows 操作系统中,需要在文件夹"D:\PycharmProject\Test07"中再创建子文件夹 01,再在子文件夹 01 中创建下级子文件夹 0101,可以通过以下代码实现。

>>>import os

>>>os.makedirs(r"D:\PycharmProject\Test07\01\0101")

运行上面的代码后,将创建图 7-3 所示的两级子文件夹。

图 7-3　创建的两级子文件夹

7.3.2　针对文件夹的操作

1. 判断文件夹是否存在

Python 中,判断文件夹是否存在,可以使用 os.path 模块提供的 exists()方法实现。exists()方法的基本语法格式如下。

os.path.exists(path)

其中,path 表示待判断的文件夹的路径,可以是相对路径,也可以是绝对路径。如果指定路径中文件夹存在,则返回 True,否则返回 False。

例如，要判断文件夹"D:\PycharmProject\Test07"是否存在，可以使用以下代码。

```
>>>import os
>>>print(os.path.exists(r"D:\PycharmProject\Test07"))
```

运行上面两行代码，如果文件夹 Test07 存在，则返回 True，否则返回 False。

2. 遍历文件夹

遍历是指对指定文件夹下的全部子文件夹和文件浏览一遍。Python 中，os 模块的 walk()方法可以实现遍历文件夹的功能。walk()方法的基本语法格式如下。

```
os.walk(top[, topdown=True[, onerror=None[, followlinks=False]]])
```

其中，top 用于指定要遍历的根文件夹。topdown 为可选参数，用于指定遍历的顺序，其默认值为 True。如果其值为 True，则表示自上而下进行遍历（先遍历根文件夹）；如果其值为 False，则表示自下而上进行遍历（先遍历最后一级子文件夹）。onerror 为可选参数，用于指定错误处理方式，默认为忽略，如果不想忽略也可以指定一个错误处理函数。followlinks 为可选参数，默认情况下，walk()方法不会向下转换成解析到文件夹符号链接，将该参数设置为 True，表示用于指定在支持的操作系统上访问由符号链接指向的文件夹。

walk()方法返回一个包括 3 个元素（dirpath、dirnames、filenames）的元组生成器对象。其中 dirpath 表示当前遍历的路径，是一个字符串；dirnames 表示当前路径下包含的子文件夹，是一个列表；filenames 表示当前路径下包含的文件，也是一个列表。

【实例 7-8】演示使用 walk()方法遍历文件夹"D:\PycharmProject\Test07"

实例 7-8 的代码如下所示。

```
import os
tuple=os.walk(r"D:\PycharmProject\Test07")
for item in tuple:
    print(item)
```

如果在文件夹"D:\PycharmProject\Test07"中包括图 7-4 所示的子文件夹和文件，运行上面的代码，将显示如下结果。

```
('D:\\PycharmProject\\Test07', ['demo', 'test'], ['message.txt', 'test7-1.py'])
('D:\\PycharmProject\\Test07\\demo', [], ['message.txt'])
('D:\\PycharmProject\\Test07\\test', [], [])
```

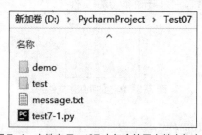

图 7-4　文件夹 Test07 中包含的子文件夹与文件

3. 重命名文件夹

os 模块提供了重命名文件夹的方法 rename()，该方法的基本语法格式如下。

```
os.rename(src, dst )
```

如果参数 src、dst 指定的是文件夹，则重命名文件夹。其中，src 用于指定要进行重命名的文件夹名称；dst 用于指定重命名后的文件夹名称。

在进行重命名文件夹操作时，如果指定的文件夹不存在，将会抛出 FileNotFoundError 异常，所以在进行重命名文件夹操作时，先使用 os.path 模块中的 exists()方法判断文件夹是否存在，只有文件夹存在时才可以进行。

例如，要将当前工作文件夹中的子文件夹名称"demo"修改为"demo07"，可以使用下面的代码。

```
>>>import os
>>>os.rename("demo","demo07")
```

运行上面的代码，如果当前工作文件夹中的子文件夹名称"demo"存在，则会完成子文件夹的重命名操作，否则将抛出异常。

使用 rename()方法，只能修改路径中最后一级的子文件夹名称，否则将抛出异常。

7.3.3 创建文件

调用 open()方法时，指定 mode 模式参数值为 w、w+、a、a+时，当要打开的文件不存在时，就会创建一个新文件。

例如，使用以下代码在当前工作文件夹中创建一个名称为"expectation.txt"的文本文件。

```
>>>file=open('expectation.txt','w')
>>>file.close()
```

以上代码成功执行时，会在当前工作文件夹中创建一个文本文件 expectation.txt。

7.3.4 针对文件的操作

1. 判断文件是否存在

Python 中，判断文件是否存在，也可以使用 os.path 模块提供的 exists()方法实现。exists()方法的基本语法格式如下。

```
os.path.exists(path)
```

其中，path 表示待判断的文件，path 中包含有路径，可以是相对路径，也可以是绝对路径。如果指定路径中的文件存在，则返回 True，否则返回 False。

例如，要判断指定的文件"D:\PycharmProject\Test07\message.txt"是否存在，可以使用以下代码。

```
>>>import os
>>>print(os.path.exists(r"D:\PycharmProject\Test07\message.txt "))
```

运行上面两行代码，如果指定文件夹 Test07 中的文件 message.txt 存在，则返回 True，否则返回 False。

2. 获取文件的基本信息

在计算机中创建文件后，该文件本身就会包含一些有用的信息，例如，文件大小、文件的最后一次访问时间、文件的最后一次修改时间，通过 os 模块的 stat()方法可以获取文件的这些信息。stat()方法的基本语法格式如下。

```
os.stat(path)
```

其中，path 为要获取文件信息的文件路径，可以是相对路径，也可以是绝对路径。

stat()方法的返回值是一个对象，该对象包括的属性有：st_mode（保护模式）、st_ino（索引值）、st_nlink（被连接数目）、st_size（文件大小，单位为字节）、st_mtime（最后一次修改时间）、st_dev（设备名）、st_uid（用户 ID）、st_gid（组 ID）、st_atime（最后一次访问时间）、st_ctime（最后一次状态变化的时间，Windows 中返回的是文件的创建时间）。

例如，要获取文本文件 message.txt 的文件大小信息，代码如下。

>>>import os

>>>fileInfo=os.stat("message.txt")

>>>print("文件大小：",fileInfo.st_size,"字节")

运行结果如下。

文件大小：26 字节

3. 重命名文件

os 模块提供了重命名文件的方法 rename()，该方法的基本语法格式如下。

os.rename(src, dst)

如果参数 src、dst 指定的是文件，则重命名文件。其中，src 用于指定要进行重命名的文件名称；dst 用于指定重命名后的文件名称。

在进行重命名文件操作时，如果指定的文件不存在，将会抛出 FileNotFoundError 异常，所以在进行重命名文件操作时，先使用 os.path 模块中的 exists()方法判断文件是否存在，只有文件存在时才可以进行。

例如，要将当前工作文件夹中的文件名称"message.txt"修改为"message07.txt"，可以使用下面的代码。

>>>import os

>>>os.rename(r"D:\PycharmProject\Test07\message.txt",r"D:\PycharmProject\Test07\message07.txt")

运行上面的代码，如果在文件夹"D:\PycharmProject\Test07"中存在文件 message.txt，则会完成文件 message.txt 的重命名操作，否则将抛出异常。

【任务 7-5】以多种方式创建文件夹与文件

【任务描述】

（1）在项目 Unit07 中创建 Python 程序文件 7-5.py。

（2）使用 os 模块中的 mkdir()方法、makedirs()方法分别创建多个文件夹：demo、text、01、02。

（3）在文件夹"D:\PycharmProject\Unit07\demo"中创建文本文件 test1.txt。

（4）在文件夹"D:\PycharmProject\Unit07\demo\text\02"中创建文本文件 test2.txt。

建立的文件夹 demo 及其子文件夹和文本文件如图 7-5 所示。

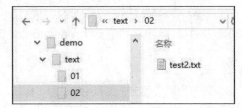

图 7-5　建立的文件夹 demo 及其子文件夹和文本文件

【任务实施】

在 PyCharm 项目 Unit07 中创建 Python 程序文件 7-5.py。在程序文件 7-5.py 中编写程序代码，实现所需功能，程序文件 7-5.py 的代码如电子活页 7-5 所示。

如果文件夹 demo 及其子文件夹和文本文件还没有建立，程序文件 7-5.py 的运行结果如下。

当前文件所在的路径为：D:\PycharmProject\Unit07

电子活页 7-5

程序文件 7-5.py 的代码

文件 myBook.txt 所在的完整路径为：D:\PycharmProject\Unit07\myBook.txt

成功创建文件夹 demo

成功创建文本文件 test1.txt

成功创建文件夹 text\01

成功创建文件夹 text\02

成功创建文本文件 test2.txt

如果文件夹 demo 及其子文件夹和文本文件已经建立完成，再一次运行程序 7-5.py，则其运行结果如下。

当前文件所在的路径为：D:\PycharmProject\Unit07

文件 myBook.txt 所在的完整路径为：D:\PycharmProject\Unit07\myBook.txt

文件夹 demo 已经存在

文本文件 test1.txt 已经存在

文件夹 text\01 已经存在

文件夹 text\02 已经存在

文本文件 test2.txt 已经存在

7.4 删除文件和文件夹

Python 中的 os 模块提供了多种删除文件和文件夹的方法。

7.4.1 删除文件

Python 中，内置的 os 模块提供了删除文件的方法 remove()，该方法的基本语法格式如下。

os.remove(path)

其中，path 为待删除文件所在的路径，可以使用相对路径，也可以使用绝对路径。

例如，要删除指定文件夹中的文件 message.txt，可以使用下面的代码。

```
>>>import os
>>>os.remove(r"D:\PycharmProject\Test07\message.txt ")
```

运行上面的代码后，如果在文件夹"D:\PycharmProject\Test07"中存在文本文件 message.txt，则可以将其删除，否则会出现以下异常信息。

```
Traceback (most recent call last):
  File "<stdin>", line 1, in <module>
FileNotFoundError: [WinError 2] 系统找不到指定的文件。: 'D:\\PycharmProject\\Test07\\message.txt '
```

为了解决删除不存在的文件时出现异常的问题，可以在删除文件时，先使用 os.path.exists()方法判断待删除文件是否存在，只有文件存在时才执行删除操作。

7.4.2 删除文件夹

1. 删除空文件夹

删除空文件夹可以使用 os 模块提供的 rmdir()方法实现，通过 rmdir()方法删除文件夹，只有当待删除的文件夹为空时才能完成。rmdir()方法的基本语法格式如下。

os.rmdir(path)

其中，path 为待删除的文件夹的路径，可以使用相对路径，也可以使用绝对路径。

例如，删除前面创建的文件夹 0101，可以使用下面的代码。

```
>>>import os
>>>os.rmdir(r"D:\PycharmProject\Test07\01\0101")
```

运行上面的代码后，"D:\PycharmProject\Test07\01"文件夹中的子文件夹 0101 将被删除。如果待删除的文件夹不存在，将抛出异常。

例如，子文件夹 0101 被删除后，如果再一次运行上述代码，则会出现以下异常信息。

```
Traceback (most recent call last):
    File "<stdin>", line 1, in <module>
FileNotFoundError: [WinError 2] 系统找不到指定的文件。: 'D:\\PycharmProject\\Test07\\01\\0101'
```

因此，在执行 rmdir()方法删除指定文件夹前，应先使用 os.path.exists()方法判断该待删除的文件夹是否存在，如果存在则删除。

2. 删除非空文件夹

使用 rmdir()方法只能删除空文件夹，如果想要删除非空文件夹，可以使用 Python 内置的标准模块 shutil 中的 rmtree()方法实现。

例如，在文件夹 01 中有一个子文件夹 0101 和一个文本文件 message.txt，如果需要删除该非空文件夹 01，可以使用下面的代码。

```
>>>import shutil
>>>shutil.rmtree(r"D:\PycharmProject\Test07\01")
```

运行上面的代码，则会直接将文件夹 01 中的子文件夹 0101 和文本文件 message.txt 都予以删除。

【任务 7-6】以多种方式删除文件夹与文件

【任务描述】

（1）在项目 Unit07 中创建 Python 程序文件 7-6.py。

（2）使用 os 模块中的 remove()方法删除文本文件 test1.txt。

（3）使用 shutil 模块中的 rmtree()方法删除文件夹 02 及该文件夹中存放的文件 test2.txt。

（4）使用 os 模块中的 rmdir()方法删除文件夹 01。

（5）使用 shutil 模块中的 rmtree()方法删除文件夹 demo 及该文件夹中存放的文件 test1.txt。

【任务实施】

在 PyCharm 项目 Unit07 中创建 Python 程序文件 7-6.py。在程序文件 7-6.py 中编写程序代码，实现所需功能，程序文件 7-6.py 的代码如电子活页 7-6 所示。

电子活页 7-6

程序文件 7-6.py 的代码

如果文件夹 demo 及其子文件夹和文本文件还没有建立，参见图 7-5 所示在指定位置分别创建文件夹 demo、text、01、02，然后运行程序文件 7-6.py。

程序文件 7-6.py 的运行结果如下。

```
成功删除文件夹 D:\PycharmProject\Unit07\demo 中的文件 test1.txt
成功删除文件夹 02 及其文件
成功删除文件夹 01
成功删除文件夹 demo 及其文件
```

【任务 7-7】实现文件复制、重命名、信息输出功能

【任务描述】

（1）在项目 Unit07 中创建 Python 程序文件 7-7.py。

（2）自定义文件复制函数，并调用该函数实现文件复制功能。

（3）自定义文件重命名函数，并调用该函数实现文件重命名功能。

（4）自定义文件信息输出函数，并调用该函数实现文件信息输出功能。

（5）遍历各级文件夹，输出当前遍历的路径、当前路径下包含的子文件夹和文件。

电子活页 7-7

程序文件 7-7.py 的代码

【任务实施】

在 PyCharm 项目 Unit07 中创建 Python 程序文件 7-7.py。在程序文件 7-7.py 中编写程序代码，实现所需功能，程序文件 7-7.py 的代码如电子活页 7-7 所示。

程序文件 7-7.py 的运行结果如下。

```
文件 D:\PycharmProject\Unit07\如何注册京东账号.txt 不存在，接下来进行文件创建
输出文件 D:\PycharmProjects\demo\text\01\message.txt 的相关信息
文件完整路径：D:\PycharmProjects\demo\text\01\message.txt
文件大小：246
文件属性：32
最后一次修改时间：2020 年 04 月 15 日 18:41:45
文件夹遍历返回信息如下：
```

```
('D:\\PycharmProject\\Unit07\\demo', ['text'], [])
('D:\\PycharmProject\\Unit07\\demo\\text', ['01', '02'], [])
('D:\\PycharmProject\\Unit07\\demo\\text\\01', [], [])
('D:\\PycharmProject\\Unit07\\demo\\text\\02', [], [])
```

7.5 异常处理语句

Python 有两种错误很容易辨认：语法错误和异常。Python 的 assert 语句用于判断一个表达式是否成立，在表达式条件的值为 False 的时候触发异常，assert 语句已在单元 4 介绍过，这里不赘述。

7.5.1 try...except 语句

Python 中，可以使用 try...except 语句捕获并处理异常。使用该语句时，把可能会产生异常的代码放在 try 语句块 1 中，把处理结果放在 except 语句块 2 中。这样，当 try 语句块 1 中的代码出现错误，就会执行 except 语句块 2 中的代码；如果 try 语句块 1 中的代码没有错误，那么 except 语句块 2 将不会执行。

该语句的基本语法格式如下。

```
try:
    <语句块 1>
except [异常类型名称 [as alias]]:
    <语句块 2>
```

其中，语句块 1 表示可能会出现错误的代码块。异常类型名称为可选参数，用于指定要捕获的异常类型，如果在其右侧加上"as alias"，则表示为当前的异常指定一个别名，通过该别名可以记录异常的具体内容。语句块 2 表示进行异常处理的代码块，可以输出提示信息，也可以通过别名输出异常的具体内容。

其结构与执行流程如图 7-6 所示。

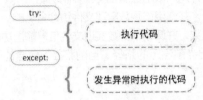

图 7-6　try...except 语句的结构与执行流程

在使用 try...except 语句捕获异常时，如果在 except 后面不指定异常名称，则表示捕获全部异常。

【实例 7-9】演示 try...except 语句的应用

实例 7-9 的代码如下所示。

```
try:
    num = eval(input("请输入数字: "))
    print(num**2)
except:
    print("所输入的不是数字")
```

【实例 7-10】演示使用 try...except 语句限制用户输入一个数字

实例 7-10 的代码如下所示。

```
while True:
    try:
        num = int(input("请输入一个数字: "))
        print("所输入的数字为: ",num)
    except ValueError:
        print("所输入的不是数字，请再次尝试输入！")
```

实例 7-10 的代码运行时，try...except 语句按照以下方式工作。

执行 try 子句（在关键字 try 和关键字 except 之间的语句）。如果没有异常发生，忽略 except 子句，try 子句执行后结束。

如果在执行 try 子句的过程中发生了异常，那么 try 子句余下的部分将被忽略。如果异常的类型和 except 之后的异常名称相符，那么对应的 except 子句将被执行。

处理程序将只针对对应的 try 子句中的异常进行处理，而不会处理其他的 try 子句的处理程序中的异常。

【实例 7-11】演示使用一个 try 语句包含多个 except 子句，分别来处理不同异常的情形

实例 7-11 的代码如下所示。

```
import sys
try:
    file = open("如何注册京东账号.txt")
    line = file.readline()
    print(line)
    num = int(line.strip())
```

```
        print(num)
except OSError as err:
        print("操作系统错误: {0}".format(err))
except ValueError:
        print("无法将数据转换为整数")
except:
        print("意外错误:", sys.exc_info()[0])
        raise
```

实例 7-11 的运行结果如下。

如何注册京东账号?

无法将数据转换为整数

实例 7-11 中的一个 try 语句包含多个 except 子句,分别来处理不同的特定的异常,但最多只有一个 except 子句会被执行。

最后一个 except 子句可以忽略异常的名称,它将被当作通配符使用,可以使用这种方法输出错误信息。

如果一个异常没有与任何的 except 匹配,那么这个异常将会传递给上层的 try。

另外,一个 except 子句可以同时处理多个异常,这些异常将被放在一个括号里成为一个元组,例如:

```
except(RuntimeError, TypeError, NameError):
    pass
```

7.5.2　try…except…else 语句

Python 中,try…except 语句还有一个可选的 else 子句,用于指定当 try 语句块没有发现异常时要执行的语句块。如果使用 else 子句,那么必须将其放在所有的 except 子句之后。else 子句将在 try 子句没有发生任何异常的时候执行,如果 try 子句中出现异常,则 else 子句不被执行。

其结构与执行流程如图 7-7 所示。

图 7-7　try…except…else 语句的结构与执行流程

以下实例在 try 语句中判断文件是否可以打开,如果能正常打开文件,没有发生异常则执行 else 部分的语句,读取文件内容。

【实例 7-12】演示 try…except…else 语句的用法

实例 7-12 的代码如下所示。

```
arg="如何注册京东账号.txt"
try:
        file = open(arg, "r")
except IOError:
```

```
        print("cannot open", arg)
else:
        print("文件"",arg,"" 中的内容共有", len(file.readlines()), "行")
        file.close()
```

实例 7-12 的运行结果如下。

文件" 如何注册京东账号.txt "中的内容共有 5 行

使用 else 子句比把所有的语句都放在 try 子句里面要好，这样可以避免一些意想不到而 except 子句又无法捕获的异常。

异常处理并不仅仅处理那些直接发生在 try 子句中的异常，还能处理子句中调用的函数（甚至是间接调用的函数）中抛出的异常。

7.5.3　try...except...finally 语句

完整的异常处理语句应该包括 finally 代码块，通常情况下，无论程序是否发生异常，finally 代码块都将执行。

```
try:
    <语句块 1>
except  [异常类型名称 [as alias]]:
    <语句块 2>
else:
    <语句块 3>   #不发生异常时执行
finally
    <语句块 4>   #最终会执行
```

其结构与执行流程如图 7-8 所示。

图 7-8　try...except...finally 语句的结构与执行流程

try...except...finally 语句比 try...except 语句多了一个 finally 代码块，如果程序中有一些在任何情形下都必须执行的代码，那么就可以将它们放在 finally 子句的代码块位置。

无论是否引发了异常，finally 子句都可以执行，例如分配了有限的资源，则应将释放这些资源的代码放置在 finally 子句的代码块位置。

【实例 7-13】演示 try...except...finally 语句的用法

实例 7-13 的代码如下所示。

```
import os
try:
```

```
        arg = "如何注册京东账号.txt"
        assert os.path.exists(arg),"拟打开的文件""+arg+"" 不存在"
except AssertionError as error1:
    print(error1)
else:
    try:
        with open(arg) as file:
            data = file.read(9)
            print(data)
    except FileNotFoundError as error2:
        print(error2)
finally:
    print("拟打开的文件的名称为: ",arg)
```

实例 7-13 的运行结果如下。

如何注册京东账号?

拟打开的文件的名称为: 如何注册京东账号.txt

实例 7-13 中 finally 子句无论异常是否发生都会执行。

7.5.4 使用 raise 语句抛出异常

Python 中，如果某个函数或方法可能会产生异常，但不想在当前函数或方法中处理这个异常，则可以使用 raise 语句在函数或方法中抛出一个指定的异常。

raise 语句的基本语法格式如下。

raise [ExceptionName [, (reason)]]

其中，ExceptionName 为可选参数，用于指定抛出的异常名称和异常信息的相关描述。如果省略该参数，就会把当前的错误原样抛出。参数 reason 也可以省略，如果省略，则在抛出异常时，不附带任何描述信息。

使用 raise 语句触发异常如图 7-9 所示。

图 7-9　使用 raise 语句触发异常

以下代码如果 x 大于 5 就触发异常。

```
x = 10
if x > 5:
    raise Exception("x 不能大于 5。x 的值为: {}".format(x))
```

运行以上代码会触发异常出现以下信息。

```
Traceback (most recent call last):
  File "<stdin>", line 2, in <module>
Exception: x 不能大于 5。x 的值为: 10
```

raise 语句唯一的一个参数指定了要被抛出的异常，它必须是一个异常的实例或者是异常的类（也就是 Exception 的子类）。

如果只想知道是否抛出了一个异常，而并不想去处理它，那么一个简单的 raise 语句就可以再次把异常抛出。

📑 知识拓展

1. 使用 Python 3 中 os 模块中操作文件夹/文件的方法

电子活页 7-8

常用的操作文件夹/
文件的方法

os 模块提供了非常丰富的方法用来处理文件和文件夹。常用的操作文件夹/文件的方法如电子活页 7-8 所示。

2. 使用 Python 3 中 os.path 模块中操作文件夹/文件的方法

os.path 模块中操作文件夹和文件的常用方法如表 7-3 所示。

表 7-3　os.path 模块中操作文件夹和文件的常用方法

序号	方法的基本语法格式	说明
1	os.path.abspath(path)	用于获取文件夹或文件的绝对路径
2	os.path.exists(path)	用于判断文件夹或文件是否存在，如果存在则返回 True，否则返回 False
3	os.path.join(path , name)	将文件夹与文件夹或者文件名拼接起来，形成一个完整路径
4	os.path.split(path)	将一个路径名分离为文件夹名和文件名两部分
5	os.path.splitext(path)	将一个文件名分离为文件名和扩展名两部分
6	os.path.basename(path)	从一个路径中提取文件名
7	os.path.dirname(path)	从一个路径中提取文件路径，不包括文件名
8	os.path.isdir(path)	用于判断是否为文件夹，如果是则返回 True，否则返回 False
9	os.path.isfile(file)	用于判断是否为文件，如果是则返回 True，否则返回 False

3. wordcloud 库的使用

电子活页 7-9

wordcloud 库的使用

词云以词语为基本单位更加直观和艺术地展示文本词云图，也叫作文字云，是对文本中出现频率较高的关键词予以视觉化的展现。词云图过滤掉大量的低频、低质的文本信息，使得浏览者只要一眼扫过文本就可领略文本的主旨。

基于 Python 的词云生成类库，好用且功能强大，在做统计分析的时候有很好的应用。wordcloud 库是 Python 非常优秀的第三方库。

wordcloud 库下载安装的命令为：pip install wordcloud。

wordcloud 库把词云当作一个 WordCloud 对象，以 WordCloud 对象为基础，以下代码可创建一个 WordCloud 对象 w。

```
w = wordcloud.WordCloud()
```

其中，wordcloud.WordCloud()代表一个文本对应的词云，可以根据文本中词语出现的频率等参数绘制词云图，词云图的形状、尺寸和颜色都可以设定。

在线测试

单元 8
数据库访问与使用

　　开发 Python 程序时，数据库应用是必不可少的。虽然数据库的种类很多，例如 SQLite、MySQL、SQL Server、Oracle 等，但这些数据库的功能基本一致。为了对数据库进行统一、规范化操作，大多数程序设计语言都提供了标准的数据库接口。在 Python Database API 规范中，定义了 Python 数据库 API 的各个部分，例如模块接口、连接对象、游标对象、类型对象和构造器等。本单元主要讲解创建、使用 SQLite 数据表和 MySQL 数据表。

知识入门

1. 下载与安装 MySQL
参考电子活页 8-1 介绍的方法，正确下载与安装 MySQL。

2. 创建与查看 MySQL 服务器主机上的数据库
（1）打开 Windows【命令提示符】窗口，登录 MySQL 服务器。

在 Windows【命令提示符】窗口的提示符"＞"后输入命令"MySQL –u root –p"，按【Enter】键后输入正确的密码，当【命令提示符】窗口的提示符变为"mysql＞"时，表示已经成功登录到 MySQL 服务器了。

（2）查看 MySQL 服务器主机上的初始数据库。

在提示符"mysqL＞"后面输入以下语句。

电子活页 8-1

下载与安装 MySQL

Show Databases;

　　按【Enter】键，执行该命令，第 1 次执行命令"Show Databases;"的输出结果如图 8-1 所示。

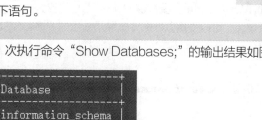

图 8-1　第 1 次执行命令"Show Databases;"的输出结果

（3）创建 MySQL 数据库 eCommerce。

在提示符"mysql＞"后面输入以下创建数据库 eCommerce 的语句。

Create Database if not exists eCommerce Character Set UTF8;

执行该命令，输出以下提示信息。

Query OK, 1 row affected, 1 warning (0.40 sec)

（4）再一次查看 MySQL 服务器主机上的数据库。

在提示符"mysql>"后面输入以下语句。

Show Databases;

按【Enter】键，执行该命令，第 2 次执行命令"Show Databases;"的输出结果如图 8-2 所示。

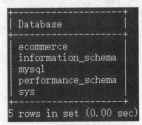

图 8-2　第 2 次执行命令"Show Databases;"的输出结果

在提示符后输入"quit"或"exit"命令即可退出 MySQL 的登录状态，显示"Bye"的提示信息。

3. 在【命令提示符】窗口执行 SQL 脚本文件

在【命令提示符】窗口中执行 SQL 脚本有两种方式。

（1）在未连接数据库的情况下输入以下命令。

MySQL –h 服务器名称/服务器地址 –u 用户名称 –p 数据库名 <完整路径的脚本文件>

例如，MySQL –h localhost –u root –p eCommerce D:\PycharmProject\Unit08\product. sql
或者 MySQL –h 127.0.0.1 –u root –p eCommerce D:\PycharmProject\Unit08\product. sql。

（2）在已经连接数据库的情况下，此时提示符为"mysql>"，在该提示符后输入以下语句。

source <完整路径的脚本文件> 或者 \. <完整路径的脚本文件>

例如，source D:\PycharmProject\Unit08\product. sql 或者\. D:\PycharmProject\Unit08\
product. sql。

4. 下载与安装 PyMySQL

PyMySQL 是在 Python 3 中用于连接 MySQL 服务器的一个库，Python 2 中则使用 MySQLdb。
PyMySQL 遵循 Python 数据库 API 2.0 规范，并包含了 pure-Python MySQL 客户端库。

在使用 PyMySQL 之前，要确保 PyMySQL 已安装。

如果还未安装，可以使用以下命令安装最新版的 PyMySQL。

pip install pymysql

 循序渐进

8.1　创建与使用 SQLite 数据表

SQLite 是一种轻型数据库，它的设计目标是嵌入式的。SQLite 将整个数据库，包括数据库定义、
数据表、索引以及数据本身，作为单独的、可跨平台使用的文件存储在主机中。Python 内置了 SQLite3
模块，所以在 Python 中使用 SQLite，不需要额外安装任何模块，可以直接使用。

8.1.1　创建 SQLite 数据库文件与数据表

Python 内置了 SQLite3 模块，可以直接使用 import 语句导入 SQLite3 模块。Python 创建数据
表的通用流程如下。

（1）使用 connect()方法创建连接对象。

（2）使用 cursor()方法获取游标对象。

（3）使用 execute()方法执行一条 SQL 语句创建数据表。

（4）使用游标对象的 close()方法关闭游标。

（5）使用连接对象的 close()方法关闭连接对象。

【实例 8-1】演示创建 SQLite 数据库文件 dbtest.db 与数据表 teacher

实例 8-1 的代码如下所示。

```
import SQLite3
SQL = """create table teacher
    (
    ID int(4)   primary key ,
    name varchar(30) ,
    sex varchar(2) ,
    nation varchar(30),
    title varchar(20)
    );
"""

# 连接到 SQLite 数据库
# 数据库文件是 dbtest.db, 如果文件不存在, 会自动在当前文件夹中创建
conn = SQLite3.connect('dbtest.db')
# 创建一个 Cursor
cursor = conn.cursor()
# 执行一条 SQL 语句, 创建 user 表
cursor.execute(SQL)
# 关闭游标
cursor.close()
# 关闭 Connection
conn.close()
```

实例 8-1 中使用 SQLite3.connect()方法连接 SQLite 数据库文件 dbtest.db, 由于该文件并不存在, 所以会先创建好数据库文件 dbtest.db, 然后在该文件中创建数据表 teacher, 该数据表中包含 ID、name、sex、nation、title 5 个字段。

实例 8-1 的代码成功运行, 则表示 SQLite 数据库文件 dbtest.db 与数据表 teacher 都创建成功。

 提示 实例 8-1 的代码如果成功运行过一次, 再次运行时会出现 "SQLite3.Operational Error: table teacher already exists" 异常信息, 表示数据表 teacher 已经存在, 不能创建同名的数据表。

8.1.2　操作 SQLite 数据库

1. 在数据表中新增记录

向数据表中新增记录, 可以使用如下 SQL 语句。

```
insert into  数据表名称(字段名 1,字段名 2,...,字段名 n)
        values( 字段值 1,字段值 2,...,字段值 n )
```

向数据表中新增记录时, 字段值需要根据字面的数据类型正确赋值, 否则新增记录会失败。

【**实例 8-2**】演示向数据表 teacher 中新增 3 条记录

实例 8-2 的代码如下所示。

```
import SQLite3
# 连接到 SQLite 数据库
# 数据库文件是 dbtest.db，如果文件不存在，会自动在当前目录创建
conn = SQLite3.connect('dbtest.db')
# 创建一个 Cursor
cursor = conn.cursor()
# 执行一条 SQL 语句，创建 user 表
try:
    cursor.execute("insert into teacher (ID,name,sex,nation,title) \
                                values(1,'宁夏','男','汉族','教授')")
    cursor.execute("insert into teacher (ID,name,sex,nation,title) \
                                values(2,'郑州','男','汉族','副教授')")
    cursor.execute("insert into teacher (ID,name,sex,nation,title) \
                                values(3,'叶丽','女','苗族','讲师')")
    conn.commit()
except:
    # 发生错误时回滚
    conn.rollback()
# 关闭游标
cursor.close()
# 关闭连接对象
conn.close()
```

实例 8-2 的代码成功运行，即表示向数据表 teacher 中新增了 3 条记录。

2. 查看数据表中的记录

查询 SQLite 数据表中的记录可以使用如下 SQL 语句。

select 字段名 1,字段名 2,…,字段名 n from 数据表名称 where <查询条件>

在 select 查询语句中，使用问号"？"作为占位符代替具体的字段值，然后使用一个元组来替换问号，如果元组中只有一个元素，元素后面的逗号"，"不能省略。使用占位符的方式可以避免 SQL 注入的风险。

例如，从数据表 teacher 中查询 ID 大于 2 的所有记录可以使用以下 SQL 语句。

SQL="select * from teacher where ID>?" , (2,)

上述语句等价于如下语句。

SQL="select * from teacher where ID>2"

在 Python 中查询 SQLite 数据表时，使用 fetchone()方法获取数据表中的 1 条记录数据，使用 fetchall()方法获取数据表中全部的记录数据，使用 fetchmany(size)方法获取数据表中指定数量 size 的记录数据。

【**实例 8-3**】演示查询数据表 teacher 中的记录的多种方法

实例 8-3 的代码如下所示。

```
import SQLite3
# 连接到 SQLite 数据库
```

```
# 数据库文件是 dbtest.db, 如果文件不存在, 会自动在当前目录创建
conn = SQLite3.connect('dbtest.db')
# 创建一个 Cursor
cursor = conn.cursor()
# 执行一条 SQL 语句, 创建 user 表
cursor.execute("select ID,name,sex,nation,title from teacher")
# 获取查询结果
result1 = cursor.fetchone()      # 使用 fetchone()方法查询一条数据
print(result1)
result2 = cursor.fetchmany(1)    # 使用 fetchmany(size)方法查询多条数据
print(result2)
result3 = cursor.fetchall()      # 使用 fetchall()方法查询多条数据
print(result3)
# 关闭游标
cursor.close()
# 关闭连接对象
conn.close()
```

实例 8-3 的运行结果如下。

```
(1, '宁夏', '男', '汉族', '教授')
[(2, '郑州', '男', '汉族', '副教授')]
[(3, '叶丽', '女', '苗族', '讲师')]
```

3. 修改数据表中的记录

修改数据表中的记录可以使用如下 SQL 语句。

```
update 数据表名称 set 字段名=字段值 where <查询条件>
```

【实例 8-4】演示将数据表 teacher 中 ID 为 3 的 name 字段值修改为 "夏丽"

实例 8-4 的代码如下所示。

```
import SQLite3
# 连接到 SQLite 数据库
# 数据库文件是 dbtest.db, 如果文件不存在, 会自动在当前目录创建
conn = SQLite3.connect('dbtest.db')
# 创建一个 Cursor
cursor = conn.cursor()
# 执行一条 SQL 语句, 创建 user 表
try:
    cursor.execute("update teacher set name=? where ID=?", ('夏丽', 3))
    conn.commit()
    cursor.execute("select ID,name,sex,nation,title from teacher where ID=?" , (3,))
    result = cursor.fetchall()
    print(result)
except:
    # 发生错误时回滚
    conn.rollback()
# 关闭游标
```

```
cursor.close()
# 关闭连接对象
conn.close()
```

实例 8-4 的运行结果如下。

```
[(3, '夏丽', '女', '苗族', '讲师')]
```

4．删除数据表中的记录

删除数据表中的记录可以使用如下 SQL 语句。

```
delete from  数据表名称  where <查询条件>
```

【实例 8-5】演示将数据表 teacher 中 ID 为 2 的记录删除

实例 8-5 的代码如下所示。

```
import SQLite3
# 连接到 SQLite 数据库
# 数据库文件是 dbtest.db，如果文件不存在，会自动在当前目录创建
conn = SQLite3.connect('dbtest.db')
# 创建一个 Cursor
cursor = conn.cursor()
# 执行一条 SQL 语句，创建 user 表
try:
    cursor.execute("delete from teacher where ID=?", (2,))
    conn.commit()
    cursor.execute("select * from teacher ")
    result = cursor.fetchall()
    print(result)
except:
    # 发生错误时回滚
    conn.rollback()
# 关闭游标
cursor.close()
# 关闭连接对象
conn.close()
```

实例 8-5 的运行结果如下。

```
[(1, '宁夏', '男', '汉族', '教授'), (3, '夏丽', '女', '苗族', '讲师')]
```

从实例 8-5 的运行结果可以看出，数据表 teacher 中 ID 为 2 的记录已被删除。

【任务 8-1】创建、新增、查询、删除 SQLite 数据表

【任务描述】

（1）在 PyCharm 集成开发环境中创建项目 Unit08。

（2）在项目 Unit08 中创建 Python 程序文件 8-1.py。

（3）自定义 getInsertSQL ()函数用于返回 SQL 插入语句，自定义 execInsert()函数用于向数据表中插入多条记录。

（4）创建 SQLite 数据库文件电子商务.db。

（5）在 SQLite 数据库文件电子商务.db 中如果用户表已存在，先删除该数据

微课 8-1

创建、新增、查询、删除 SQLite 数据表

表，再重新创建数据表用户表，该数据表包括用户 ID、用户编号、用户名称、密码 4 个字段，各字段的数据类型和长度见程序文件 8-1.py 中的代码。

（6）向数据表用户表中插入 5 条记录。

（7）查询用户名为"admin"，密码为"666"的记录。

【任务实施】

1. 创建 PyCharm 项目 Unit08

成功启动 PyCharm 后，在指定位置"D:\PycharmProject\"创建 PyCharm 项目 Unit08。

2. 创建 Python 程序文件 8-1.py

在 PyCharm 项目 Unit08 中新建 Python 程序文件 8-1.py，同时 PyCharm 主窗口显示程序文件 8-1.py 的代码编辑窗口，在该程序文件的代码编辑窗口自动添加了模板内容。

电子活页 8-2

程序文件 8-1.py
的代码

3. 编写 Python 程序代码

在新建文件 8-1.py 的代码编辑窗口已有模板注释内容下面输入程序代码，程序文件 8-1.py 的代码如电子活页 8-2 所示。

单击工具栏中的【保存】按钮█，保存程序文件 8-1.py。

4. 运行 Python 程序

在 PyCharm 主窗口选择【Run】菜单，在弹出的下拉菜单中选择【Run】。在弹出的【Run】对话框中选择"8-1"选项，程序文件 8-1.py 开始运行。程序文件 8-1.py 的运行结果如下。

```
插入第 1 条记录，数据为：1 2020011 admin 666
插入第 2 条记录，数据为：2 2020012 better 888
插入第 3 条记录，数据为：3 2020013 向前 123456
插入第 4 条记录，数据为：4 2020014 寻找 123
插入第 5 条记录，数据为：5 2020015 向好汉 1456
数据表 userData.db 的记录数量：5
```

【任务 8-2】查询、更新、删除用户数据表中的数据

【任务描述】

（1）在项目 Unit08 中创建 Python 程序文件 8-2.py。

（2）在程序文件 8-2.py 中自定义多个函数：initDb()函数用于创建数据库文件电子商务.db 和一个游标对象，getSelectSQL()函数用于返回 SQL 查询语句，getUserInfo()函数用于获取指定用户名称和密码的记录数，getUpdateSQL()函数用于返回 SQL 修改记录语句，getDeleteSQL ()函数用于返回满足指定条件的 SQL 删除记录语句。

（3）连接到 SQLite 数据库电子商务.db。

（4）从数据表用户表中查询符合指定条件的记录。

（5）将数据表用户表中用户 ID 为"1"对应记录的"密码"修改为"666"。

（6）删除数据表用户表中用户名称为"向前"的记录。

微课 8-2

查询、更新、删除用
户数据表中的数据

电子活页 8-3

【任务实施】

1. 创建 Python 程序文件 8-2.py

在 PyCharm 项目 Unit08 中新建 Python 程序文件 8-2.py，同时 PyCharm 主窗口显示程序文件 8-2.py 的代码编辑窗口，在该程序文件的代码编辑窗口自动

程序文件 8-2.py
的代码

添加了模板内容。

2. 编写 Python 程序代码

在新建文件 8-2.py 的代码编辑窗口已有模板注释内容下面输入程序代码，程序文件 8-2.py 的代码如电子活页 8-3 所示。

单击工具栏中的【保存】按钮🖫，保存程序文件 8-2.py。

3. 运行 Python 程序

在 PyCharm 主窗口选择【Run】菜单，在弹出的下拉菜单中选择【Run】。在弹出的【Run】对话框中选择"8-2"选项，程序文件 8-2.py 开始运行。程序文件 8-2.py 的运行结果如下。

```
用户表符合条件的查询结果记录数：1
用户表符合条件的查询结果记录数：1
用户表的记录数：3
用户表的记录数：4
```

8.2　创建与使用 MySQL 数据表

8.2.1　连接 MySQL 数据库

在 Windows【命令提示符】窗口的提示符">"后输入命令"MySQL –u root –p"，按【Enter】键后输入正确的密码，当【命令提示符】窗口的提示符变为"mySQL>"时，表示已经成功登录到 MySQL 服务器了。

在连接数据库前，首先创建一个数据库 testdb，在提示符"mySQL>"后面输入以下创建数据库 testdb 的语句。

```
Create Database if not exists testdb;
```

接下来可以连接 MySQL 数据库。

【实例 8-6】演示使用 PyMySQL 库的 connect()方法连接 MySQL 数据库

实例 8-6 的代码如下所示。

```
import pymySQL
# 数据库连接，参数1：主机名或IP。参数2：用户名。参数3：密码。参数4：数据库名称
conn = pymySQL.connect("localhost", "root", "123456", "testdb")
# 使用cursor()方法创建一个游标对象Cursor
cursor = conn.cursor()
# 使用execute()方法执行SQL查询
cursor.execute("Select Version()")
# 使用fetchone()方法获取单条数据
data = cursor.fetchone()
print ("Database version: ", data)
# 关闭数据库连接
conn.close()
```

实例 8-6 的代码，首先使用 connect()方法连接数据库，然后使用 cursor()方法创建游标对象，接着使用 execute()方法执行 SQL 语句查看 MySQL 数据库版本，再使用 fetchone()方法获取数据，最后使用 close()方法关闭数据库连接。

实例 8-6 的运行结果如下。

Database version：('8.0.19',)

 提 示 在提示符 "mySQL>" 后面输入 "exit" 命令并按【Enter】键就可以退出 MySQL 的登录状态。

8.2.2 创建 MySQL 数据表

数据库连接成功以后，接下来就可以在数据库中创建数据表了。创建数据表需要使用 execute()方法。

【实例 8-7】演示 MySQL 数据表 student 的创建过程

实例 8-7 的代码如下所示。

```python
import pymySQL

# 打开数据库连接
conn = pymySQL.connect("localhost", "root", "123456", "testdb")
# 使用 cursor()方法创建一个游标对象 Cursor
cursor = conn.cursor()
# 使用 execute()方法执行 SQL，如果表存在则删除
cursor.execute("drop table if exists student")
# 使用预处理语句创建表
SQL = """Create table student
(
    ID int(4)   Not Null,
    name varchar(30) Not Null,
    sex varchar(2) Not Null,
    nation varchar(30) Null
);
"""
cursor.execute(SQL)
# 关闭数据库连接
conn.close()
```

实例 8-7 的代码成功运行，则表示数据库 testdb 中成功创建了数据表 student。

实例 8-7 的代码创建了一个 student 数据表，该数据表的字段有序号（ID）、姓名（name）、性别（sex）、民族（nation）。创建 student 数据表的 SQL 语句如下。

```
Create table student
(
    ID int(4)   Not Null,
    name varchar(30) Not Null,
    sex varchar(2) Not Null,
    nation varchar(30) Null
);
```

在创建数据表之前，如果数据表 student 已经存在，则先要使用以下语句删除数据表 student，然后创建 student 数据表。

```
drop table if exists student
```

8.2.3　MySQL 数据表插入操作

使用 insert 语句可以向数据表插入记录。

【实例 8-8】演示使用 insert 语句向数据表 student 插入记录

实例 8-8 的代码如下所示。

```
import pymySQL
# 打开数据库连接
conn = pymySQL.connect("localhost", "root", "123456", "testdb")
# 使用 cursor()方法获取操作游标
cursor = conn.cursor()
# SQL 插入语句
SQL = """insert into student(ID,name,sex,nation)
        values("1","张山", "男", "汉族")
        """

try:
    # 执行 SQL 语句
    cursor.execute(SQL)
    # 提交到数据库执行
    conn.commit()
except:
    # 如果发生错误则回滚
    conn.rollback()
# 关闭数据库连接
conn.close()
```

实例 8-8 的代码成功运行，则表示向数据表 student 成功插入 1 条记录。

【实例 8-9】演示使用带参数的 insert 语句向数据表 student 插入记录

实例 8-9 的代码如下所示。

```
import pymySQL

# 打开数据库连接
conn = pymySQL.connect("localhost", "root", "123456", "testdb")
# 使用 cursor()方法获取操作游标
cursor = conn.cursor()
# SQL 插入语句
try:
    # 执行 SQL 语句
    cursor.execute("insert into student(ID,name,sex,nation)  \
                values(%s,%s,%s,%s)" , ("2","丁好","男","汉族"))
    # 提交到数据库执行
    conn.commit()
except:
    # 如果发生错误则回滚
```

```
        conn.rollback()
# 关闭数据库连接
conn.close()
```

实例 8-9 的代码成功运行，则表示使用带参数的 insert 语句向数据表 student 中成功插入 1 条记录。

实例 8-9 中使用"%s"作为占位符，防止 SQL 语句注入，以参数值元组形式传递给占位符。

8.2.4　MySQL 数据表查询操作

在 Python 中查询 MySQL 数据表，使用 fetchone()方法获取数据表中的 1 条记录数据，使用 fetchall()方法获取数据表中的全部记录数据。只读属性 rowcount 可以返回执行 execute()方法后影响的行数。

【实例 8-10】演示从数据表 student 中查询男学生的所有记录

实例 8-10 的代码如下所示。

```
import pymySQL

# 打开数据库连接
conn = pymySQL.connect("localhost", "root", "123456", "testdb")

# 使用 cursor()方法获取操作游标
cursor = conn.cursor()
# SQL 查询语句
SQL = "select ID,name,sex,nation from student where sex=%s "
try:
    # 执行 SQL 语句
    cursor.execute(SQL,('男'))
    # 获取所有记录列表
    results = cursor.fetchall()
    print("序号　姓名　性别　民族: ")
    for row in results:
        ID=row[0]
        name = row[1]
        sex = row[2]
        nation = row[3]
        # 打印结果
        print(" {0}　　{1}　　{2}　　{3}" \
                .format(ID,name,sex,nation))
except:
    print("error: unable to fetch data")
# 关闭数据库连接
conn.close()
```

实例 8-10 的运行结果如下。

序号　姓名　性别　民族:

| 1 | 张山 | 男 | 汉族 |
| 2 | 丁好 | 男 | 汉族 |

8.2.5 MySQL 数据表更新操作

更新操作用于更新数据表中的数据。

【实例 8-11】演示将数据表 student 中"丁好"的性别修改为"女"

实例 8-11 的代码如下所示。

```
import pymySQL
# 打开数据库连接
conn = pymySQL.connect("localhost", "root", "123456", "testdb")
# 使用 cursor()方法获取操作游标
cursor = conn.cursor()
# SQL 更新语句
SQL = "update student set sex = '女' where name = %s"
try:
    # 执行 SQL 语句
    cursor.execute(SQL, ('丁好'))
    # 提交到数据库执行
    conn.commit()
except:
    # 发生错误时回滚
    conn.rollback()
# 关闭数据库连接
conn.close()
```

实例 8-11 的代码成功运行，则表示成功修改了数据表 student 数据。

8.2.6 MySQL 数据表删除操作

删除操作用于删除数据表中的数据。

【实例 8-12】演示删除数据表 student 中姓名为"丁好"的记录

实例 8-12 的代码如下所示。

```
import pymySQL
# 打开数据库连接
conn = pymySQL.connect("localhost", "root", "123456", "testdb")
# 使用 cursor()方法获取操作游标
cursor = conn.cursor()
# SQL 删除语句
SQL = "delete from student where  姓名= %s"
try:
    # 执行 SQL 语句
    cursor.execute(SQL, ('丁好'))
    # 提交修改
    conn.commit()
```

```
except:
        # 发生错误时回滚
        conn.rollback()
# 关闭数据库连接
conn.close()
```

实例 8-12 的代码成功运行，则表示成功删除了数据表 student 一条记录。

【任务 8-3】创建 books 数据表并显示数据表的结构信息

【任务描述】

（1）在项目 Unit08 中创建 Python 程序文件 8-3.py。

（2）连接已存在的 MySQL 数据库 eCommerce。

（3）在 MySQL 数据库 eCommerce 中创建数据表 books。

（4）输出数据表 books 的结构信息。

【任务实施】

在 PyCharm 项目 Unit08 中创建 Python 程序文件 8-3.py。在程序文件 8-3.py 中编写程序代码，实现所需功能，程序文件 8-3.py 的代码如电子活页 8-4 所示。

程序 8-3.py 的运行结果如下。

微课 8-3

创建 books 数据表并
显示数据表的结构
信息

```
数据表中记录数：0
数据的结构信息：('商品 ID', 3, None, 8, 8, 0, False)
数据的结构信息：('商品编号', 253, None, 48, 48, 0, False)
数据的结构信息：('图书名称', 253, None, 200, 200, 0, False)
数据的结构信息：('价格', 246, None, 10, 10, 2, True)
数据的结构信息：('ISBN', 253, None, 52, 52, 0, False)
数据的结构信息：('作者', 253, None, 120, 120, 0, True)
数据的结构信息：('出版社', 253, None, 48, 48, 0, True)
数据的结构信息：('出版日期', 253, None, 40, 40, 0, True)
数据的结构信息：('版次', 3, None, 1, 1, 0, True)
数据表的字段名：商品 ID,商品编号,图书名称,价格,ISBN,作者,出版社,出版日期,版次
```

电子活页 8-4

程序文件 8-3.py
的代码

【任务 8-4】在 books 数据表中批量添加多条记录

【任务描述】

（1）在项目 Unit08 中创建 Python 程序文件 8-4.py。

（2）连接已存在的 MySQL 数据库 eCommerce。

（3）定义列表 bookData，该列表的元素为元组，包含 6 个元素，每一个元素存放一本图书的相关数据，对应数据表中一条记录的数据。

（4）在数据表 books 中插入 6 条记录数据。

【任务实施】

在 PyCharm 项目 Unit08 中创建 Python 程序文件 8-4.py。在程序文件 8-4.py 中编写程序代码，实现所需功能，

微课 8-4

在 books 数据表中
批量添加多条记录

电子活页 8-5

程序文件 8-4.py
的代码

程序文件 8-4.py 的代码如电子活页 8-5 所示。

程序文件 8-4.py 的代码成功运行，则表示向数据表 books 中成功插入 6 条记录。

【任务 8-5】自定义函数实现 MySQL 数据表新增、修改、删除与查询的综合操作

【任务描述】

（1）在项目 Unit08 中创建 Python 程序文件 8-5.py。

（2）自定义多个函数，分别实现所需功能：MySQL()函数用于连接 MySQL 数据库 eCommerce；closeSQL ()函数用于关闭数据库；insertData()函数用于向数据表中灵活插入记录数据；selectAllData()函数用于灵活获取数据表中的全部记录；selectData()函数用于根据指定查询条件灵活获取数据表中符合条件的记录数据；selectDataOrder()函数用于灵活获取数据表中有序的记录数据；updateData()函数用于灵活更新数据表中符合指定条件的数据；deleteData()函数用于灵活删除符合指定条件的记录；deleteAllData()函数用于清空数据表。

（3）定义列表 bookData，该列表的元素为元组，包含 6 个元素，每一个元素存放一本图书的相关数据，对应数据表中一条记录的数据。

（4）删除数据表 books 中原有的全部记录。

（5）向数据表 books 中插入 6 条图书记录数据。

（6）调用自定义函数获取数据表 books 中有序的记录。

（7）从数据表 books 中查询出版社名称为"人民邮电出版社"的所有记录。

（8）将数据表 books 中人民邮电出版社出版图书的价格修改为原价格的 90%。

（9）将数据表 books 中价格低于 40 元的记录删除。

【任务实施】

在 PyCharm 项目 Unit08 中创建 Python 程序文件 8-5.py。在程序文件 8-5.py 中编写程序代码，实现所需功能，程序文件 8-5.py 的代码如电子活页 8-6 所示。

程序文件 8-5.py 的代码成功运行，则表示实现所需的查询、新增、修改与删除多项功能。

电子活页 8-6

程序文件 8-5.py 的代码

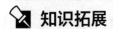 **知识拓展**

1. 执行 MySQL 事务

事务机制可以确保数据的一致性。事务应该具有 4 个属性：原子性、一致性、隔离性、持久性。这 4 个属性通常称为 ACID 特性。

（1）原子性（atomicity）。事务是一个不可分割的工作单位，事务中包括的各项操作要么都做，要么都不做。

（2）一致性（consistency）。事务必须是使数据库从一个一致性状态变到另一个一致性状态。一致性与原子性是密切相关的。

（3）隔离性（isolation）。一个事务的执行不能被其他事务干扰。即一个事务内部的操作和使用的数据与并发的其他事务是隔离的，并发执行的各个事务之间不能互相干扰。

（4）持久性（durability）。持续性也称永久性（permanence），指一个事务一旦提交，它对数据库中数据的改变就应该是永久性的，接下来的其他操作或故障不应该对其有任何影响。

对于支持事务的数据库，在 Python 数据库编程时，建立游标就会自动开始一个隐形的数据库事务。Python DB API 2.0 的事务提供了两个方法 commit()、rollback()，每一个方法都可开始一个新的

事务。commit()方法用于执行游标所有的更新操作，rollback()方法用于回滚当前游标的所有操作。

2. MySQL 的错误处理

DB API 中定义了一些数据库操作的错误，表 8-1 所示列出了这些错误。

表 8-1　DB API 中定义的有关数据库操作的错误

错误名称	说明
Warning	当出现警告时触发，必须是 StandardError 的子类
Error	警告以外的所有其他错误类，必须是 StandardError 的子类
InterfaceError	当有数据库接口模块本身的错误（而不是数据库的错误）发生时触发，必须是 Error 的子类
DatabaseError	和数据库有关的错误发生时触发，必须是 Error 的子类
DataError	当有数据处理时的错误发生时触发，例如除零错误、数据超范围等。必须是 DatabaseError 的子类
OperationalError	指非用户控制的操作数据库时发生的错误。例如连接意外断开、数据库名未找到、事务处理失败、内存分配错误等操作数据库时发生的错误。必须是 DatabaseError 的子类
IntegrityError	完整性相关的错误，例如外键检查失败等。必须是 DatabaseError 的子类
InternalError	数据库的内部错误，例如游标失效、事务同步失败等。必须是 DatabaseError 的子类
ProgrammingError	程序错误，例如数据表没找到或已存在、SQL 语句语法错误、参数数量错误等。必须是 DatabaseError 的子类
NotSupportedError	不支持错误，指使用了数据库不支持的函数或 API 等。例如在连接对象上使用 rollback() 方法，然而数据库并不支持事务或者事务已关闭。必须是 DatabaseError 的子类

在线测试

单元 9
网络编程与进程控制

　　计算机网络的作用就是把各台计算机连接到一起，让网络中的计算机能够互相通信。网络编程就是在程序中实现计算机之间的通信。

　　为了实现在同一时间执行多项任务，Python 中引入了多线程概念。Python 中可以通过方便、快捷的方式启动多线程模式，多线程通常被应用在符合并发机制的程序中，例如网络程序等。本单元主要讲解网络编程与在 Python 中如何创建并使用多进程和多线程。

知识入门

1. TCP/IP

　　互联网协议就是保证不同类型计算机之间能顺利通信的一套全球通用协议，其中非常重要的两个协议是 TCP 和 IP。

　　（1）IP。

　　计算机之间通信时，通信双方必须知道对方的标识，互联网上每台计算机的唯一标识就是 IP 地址。IP 地址实际上是一个 32 位二进制整数，为了便于阅读，将 32 位二进制整数以 8 位二进制数分组后的数字表示，例如 IP 地址 192.168.0.106，其对应的 32 位二进制数表示为：11000000.10101000.00000000.01101010。

　　IP 负责把数据从一台计算机通过网络发送到另一台计算机。数据被分割成多个小包，类似于将一个集装箱货物拆分成多个小箱子货物，然后通过 IP 包发送出去，但不能保证 IP 都能到达目的地，也不能保证按顺序到达目的地。

　　（2）TCP。

　　TCP 是建立在 IP 之上的，负责在两台计算机之间建立可靠连接，保证数据包按顺序到达。TCP 通常会通过 3 次握手建立可靠连接，如图 9-1 所示。

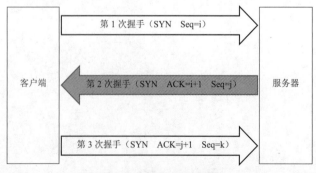

图 9-1　TCP 的 3 次握手

① 第 1 次握手：建立连接时，客户端发送 SYN 包（Seq=i）到服务器，并进入 SYN_SEND 状态，等待服务器确认。

② 第 2 次握手：服务器收到并确认客户端的 SYN 包，然后向客户端发送 ACK 包（ACK=i+1），同时也给自己发送一个 SYN 包（Seq=j），即发送 SYN+ACK 包，此时服务器进入 SYN_RECV 状态。

③ 第 3 次握手：客户端收到服务器的 ACK 包，向服务器发送确认包 ACK（ACK=j+1），此包发送完毕，客户端和服务器进入 ESTABLISHED 状态，完成 3 次握手。

然后需要对每个数据包进行编号，确保对方按顺序收到数据包，如果数据包丢失，就自动重发。

建立好连接后，开始传输数据包，数据包包含待传输的数据、源 IP 地址、目标 IP 地址、源端和目标端口。

在两台计算机通信时，只发送 IP 地址是不够的，因为同一台计算机上运行着多个网络程序。收到数据包后，需要根据端口号来区分由哪一个网络程序进行处理。每个网络程序都向计算机操作系统申请唯一的端口号。端口号不是随意使用的，而是按照一定的规则进行分配的，例如 80 端口一般分配给 HTTP 服务，21 端口一般分配给 FTP 服务。

2. UDP

UDP 是面向无连接的协议，使用 UDP 时，不需要建立连接，只需要知道对方计算机的 IP 地址和端口号，就可以直接发送数据包。但是，无法保证数据一定到达目的地。虽然 UDP 传输数据不可靠，但传输速度要比 TCP 的传输速度快。因此，对于可靠性要求不高的数据传输，可以使用 UDP。

3. 以命令方式运行 Python 文件

打开 Windows【命令提示符】窗口，在提示符">"后输入以下命令。

python 程序文件的路径\程序文件名称

例如：

python D:\PycharmProject\Unit09\9-1server.py
python D:\PycharmProject\Unit09\9-1client.py

其中，"python"表示运行 Python 程序文件的关键字，"D:\PycharmProject\Unit09"表示程序文件的路径，"9-1server.py"和"9-1client.py"表示 Python 程序文件。

在提示符">"后输入正确的命令后，按【Enter】键就会运行 Python 程序文件。

4. 关于进程

Windows 操作系统能够同时执行多项任务，例如同时播放音乐、进行 QQ 聊天、编辑文档等。此时，Windows 操作系统就是在执行多项任务，每一项任务就是一个进程（process）。可以打开 Windows 操作系统的【任务管理器】，查看 Windows 操作系统当前正在执行的进程，如图 9-2 所示。

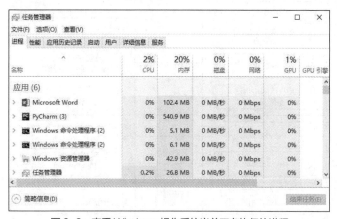

图 9-2 查看 Windows 操作系统当前正在执行的进程

221

进程是计算机中已运行程序的实体。进程和程序不同，程序本身只是指令、数据及其组织形式的描述，进程才是程序真正运行的实例。例如，在没有打开 Word 文档时，Word 只是程序；启动 Word 后，操作系统就为 Word 开启了一个进程；再打开另一个 Word 文档，则又开启了一个进程。

5. 关于线程

线程（thread）是操作系统能够进行运算调度的最小单位。它被包含在进程之中，是进程中的实际动作单位。线程是指进程中一个单一顺序的控制流，一个进程中可以并发多个线程，每个线程并行执行不同的任务。例如，对于视频播放器，显示视频是一个线程，播放音乐则是另一个线程，只有两个线程同时正常工作，我们才能正常观看画面和声音同步的视频。

在多线程程序开发中，全局变量是多个线程共享的数据。为防止数据混乱，通常使用互斥锁；局部变量是专属于各自线程的，是非共享的，所以不需要使用互斥锁。

6. 进程与线程的区别

进程是系统进行资源分配和调度的独立单位，每个进程都有自己的地址空间、内存、数据栈以及其他记录其运行状态的辅助数据；线程是进程的实体，是 CPU 调度和分派的基本单位。

进程之间是相互独立的。多进程中，同一个变量各自有一份备份存在于每个进程中，但互不影响。而同一个进程的多个线程是内存共享的，所有变量都由全部线程共享。

由于进程间是相互独立的，因此一个进程的崩溃不会影响到其他进程；而线程是包含在进程之间的，线程的崩溃会引发进程崩溃，继而导致同一进程内的其他线程也崩溃。

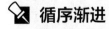 循序渐进

9.1 认知 Socket

Python 提供了两个级别的网络服务：低级别的网络服务支持基本的 Socket，它提供了标准的 BSD Sockets API，可以访问操作系统底层 Socket 接口的全部方法；高级别的网络服务支持模块 SocketServer，它提供了服务器中心类，可以简化网络服务器的开发过程。

Socket 又称"套接字"，网络应用程序通常通过套接字向网络发出请求或者应答网络请求，使主机间或者一台计算机上的进程间可以通信。套接字用于描述 IP 地址和端口，可以用来实现不同计算机之间的通信。Internet 上的主机中一般运行了多个软件，同时提供多种服务，每种服务都打开一个 Socket，并绑定到一个端口上，不同的端口对应不同的服务。Socket 通信模型如图 9-3 所示。

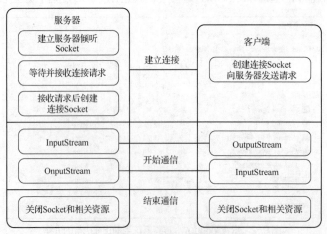

图 9-3　Socket 通信模型

1. socket()方法

Python 中，使用 socket 模块的 socket()方法来创建套接字，基本语法格式如下。

socket.socket([Addressfamily[, type [protocol=0]]])

参数说明如下。

Addressfamily：Internet 进程间通信使用 AF_INET，同一台机器进程间通信使用 AF_UNIX，通常使用 AF_INET。

type：套接字类型，可以根据是面向连接还是非连接分为 SOCK_STREAM（主要用于 TCP）和 SOCK_DGRAM（主要用于 UDP）。

protocol：该参数一般不赋值，默认值为 0。

例如，创建 TCP/IP 套接字，可以采用以下形式。

tcpSock=socket.socket(socket.AF_INET , socket.SOCK_STREAM)

创建 UDP\IP 套接字，可以采用以下形式。

udpSock=socket.socket(socket.AF_INET , socket.SOCK_DGRAM)

使用 socket()方法创建 Socket，创建完成后生成 Socket 对象。

电子活页 9–1

Socket 对象公共用
途的套接字方法

2. Socket 对象的主要方法

（1）Socket 对象公共用途的套接字方法。

Socket 对象公共用途的套接字方法如电子活页 9–1 所示。

【实例 9-1】演示 socket 模块的 gethostname()、gethostbyname()方法的应用

实例 9-1 的代码如下所示。

```
import socket                      #导入 socket 模块
hostname = socket.gethostname()    #获取本地主机名
print("计算机名称为: "+hostname )
hostip = socket.gethostbyname(hostname)
print("计算机 IP 地址为: " + hostip )
hostname = "www.jd.com"
hostip = socket.gethostbyname(hostname)
print("www.jd.com 网站的 IP 地址为: "+hostip )
hostname = "www.baidu.com"
hostip = socket.gethostbyname(hostname)
print("www.baidu.com 网站的 IP 地址为: "+hostip)
```

实例 9-1 的运行结果如下。

计算机名称为: MS-201705281819

计算机 IP 地址为: 192.168.1.4

www.jd.com 网站的 IP 地址为: 183.60.141.1

www.baidu.com 网站的 IP 地址为: 14.215.177.39

（2）服务器端的套接字方法。

服务器端的套接字方法如表 9-1 所示。

表 9-1　服务器端的套接字方法

方法	说明
bind()	绑定地址到套接字，在 AF_INET 下，以元组（host,port）的形式表示地址
listen()	开始 TCP 监听
accept()	被动接受 TCP 客户端连接（阻塞式），等待连接的到来

（3）客户端的套接字方法。

客户端的套接字方法如表 9-2 所示。

表 9-2　客户端的套接字方法

方法	说明
connect(address)	主动初始化 TCP 服务器连接，一般 address 的格式为元组(hostname , port)，如果连接出错，返回 socket.error 错误
connect_ex()	connect()的扩展版本，出错时返回出错码，而不是抛出异常

【实例 9-2】演示 Socket 对象的使用，通过客户端向浏览器和本地服务器发起请求，服务器接到请求，向浏览器发送"I wish you good health."文本内容

实例 9-2 的代码如下所示。

```python
import socket                #导入 socket 模块
host = "127.0.0.1"           #主机 IP
port = 8080                  #端口号
sock = socket.socket()       #创建 Socket 对象
sock.bind((host,port))       #绑定端口
sock.listen(5)               #设置最多连接数
print ("服务器等待客户端连接……")
#开启死循环
while True:
    conn,addr = sock.accept()    #建立客户端连接
    data = conn.recv(1024)       #获取客户端请求数据
    print(data)                  #输出接收到的数据
    conn.sendall(b"HTTP/1.1 200 OK\r\n\r\n I wish you good health.")
    conn.close()                 #关闭连接
```

实例 9-2 的程序代码开始运行后，在浏览器地址栏中输入 127.0.0.1:8080，即服务器 IP 地址为 127.0.0.1，端口号为 8080，成功连接服务器后，浏览器中显示文本内容"I wish you good health."。实例 9-2 的运行结果如图 9-4 所示，浏览器中显示的文本内容如图 9-5 所示。

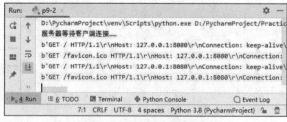

图 9-4　实例 9-2 的运行结果

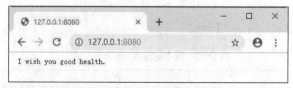

图 9-5　浏览器中显示的文本内容

实例 9-2 的程序代码中调用 sendall()方法向浏览器发送数据的格式如下。

```
conn.sendall(b"HTTP/1.1 200 OK\r\n\r\n I wish you good health.")
```

其中，" HTTP/1.1 200 OK"为 HTTP 的响应信息，数据格式必须完整，"\r\n\r\n"不能缺少，"I wish you good health."为用户定义的字符串，即向浏览器发送的文本内容。

"HTTP/1.1"表示当前使用的协议为 HTTP，协议的版本为 1.1。"200"表示成功。

只需要发送相应格式的数据，就可以在客户端的浏览器中显示了，而数据格式应该类似于 "b"HTTP/1.1 200 OK\r\n\r\n I wish you good health.""。

9.2 创建 TCP 服务器程序与客户端程序

1. 创建 TCP 服务器

由于 TCP 连接具有安全、可靠的特性，因此 TCP 程序被广泛应用。在 TCP 程序中，实现 TCP 服务器功能的流程如下。

（1）导入 socket 模块。

（2）使用 socket()方法创建一个套接字对象。

（3）使用 bind()方法绑定 IP 地址和端口。

（4）使用 listen()方法监听端口，进入侦听过程。

（5）使用 accept()方法等待并接收来自客户端的连接请求。

（6）使用 recv()方法读取客户端的数据，使用 send()方法向客户端发送数据。

（7）调用 close()方法关闭连接，释放 Socket 连接所占用的资源。

2. 创建 TCP 客户端

创建 TCP 客户端程序比较简单，对一个客户端程序而言，实现客户端功能的流程如下。

（1）导入 socket 模块。

（2）调用 socket()方法生成一个 Socket 对象。

（3）通过 connect()方法连接服务器程序，当客户端连接到服务器后，一直等待的服务进程会被唤醒，并处理此连接。

（4）使用 send()方法向服务器发送数据。

（5）客户端直接调用 recv()方法获取服务器发送过来的数据。

（6）调用 close()方法将连接关闭。

根据服务器和客户端的执行流程，可以总结出 TCP 客户端和服务器之间的通信模型，如图 9-6 所示。

3. 字符串在网络中的传输

网络上读写的数据本质上是连续的二进制数据流，要把字符串进行网络传输，就必须把字符串转换为二进制数据流写入网络，然后在网络的另一端读取二进制数据流并把它反向变回字符串数据即可。

网络中要传输一个字符串时必须告知对方该字符串有多少字节，后面跟着该字符串的字节数据。根据这一原理，编写通过 Socket 套接字在网络中写字符串的函数 writeString()和从网络中读出一个字符串的函数 readString()，代码如下所示。

```
def readString(socket):
    size=struct.calcsize("@i")
    info=socket.recv(size)
    unp=struct.unpack("@i",info)[0]
    data=socket.recv(unp)
    return data.decode("utf-8")
def writeString(socket,str):
```

```
data=str.encode("utf-8")
size=len(data)
pac=struct.pack("@i",size)
socket.send(pac)
socket.send(data)
```

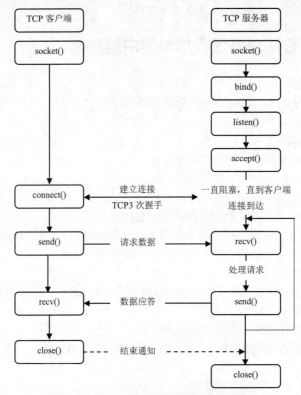

图 9-6　TCP 客户端和服务器之间的通信模型

要发送字符串就必须先规定字符串的格式，字符串的格式如下所示。

整数	字符串的二进制数据

即使用一个整数来引导字符串，整数表示字符串的字节数。

读取格式化字符串时先读取一个整数，然后按这个整数指示的数目读出二进制数据，接着再把这个二进制数据转换为字符串。

写字符串时先把字符串转换为二进制数据，然后写这个字符串的长度整数，再写字符串的二进制数据。读字符串时先计算整数的字节数 size，然后从网络中读取 size 个字节，把它转换为整数 n 即字符串的长度，接着再读取 n 个字节，并且把读取的二进制数据转换为字符串输出。

【实例 9-3】演示 TCP 客户端与服务器之间发送与接收数据的实现方法

实例 9-3 包括 TCP 服务器程序文件 p9-3server.py 和 TCP 客户端程序文件 p9-3client.py，TCP 服务器程序文件 p9-3server.py 的代码如下所示。

```
import socket                    #导入 socket 模块
host = socket.gethostname()    #获取本地主机名
port = 8080                      #端口号
#创建 Socket 对象
```

```
serversock = socket.socket(socket.AF_INET, socket.SOCK_STREAM)
serversock.bind((host,port))   #绑定端口
serversock.listen(5)           #设置最多连接数
print ("服务器等待客户端连接……")
#开启死循环
while True:
    clientsocket,addr = serversock.accept()    #建立客户端连接
    print("当前连接地址为: ",str(addr))
    data = clientsocket.recv(1024)             #获取客户端请求数据
    print(data)                                #输出接收到的数据
    msg="Nice to hear from you"
    clientsocket.sendall(msg.encode('utf-8'))
    clientsocket.close()                       #关闭连接
```

p9-3server.py 中代码的第一行导入了 socket 模块,这是任何使用套接字对象都需要的。接着调用 socket 模块中的 socket()方法来生成 Socket 对象。socket.socket(socket.AF_INET, socket.SOCK_STREAM)也可以简写为以下形式。

```
socket.socket()
```

在生成套接字对象后,通过调用 bind()方法来绑定一个套接字地址,这里 bind()方法的参数为 (host,port)。host 为当前主机地址,调用 gethostname()方法获取;port 为 8080。

接着使用 listen()方法来使服务器进行侦听,listen()方法有一个参数,用来设置最多的连接数。

之后使用 while 循环,由于条件表达式设置为 True,使得服务器进入死循环。也就是说,服务器将一直处于侦听状态。使用 accept()方法可以接收客户端的一个连接,此对象返回一个元组,该元组有 2 个值: 第 1 个值为生成的连接对象,可以使用该对象来发送和接收数据; 第 2 个值为建立 Socket 连接的客户端地址。

接着使用 sendall()方法向客户端发送一个字符串数据。最后调用 close()方法关闭此连接,从而释放该 Socket 连接占用的资源。

TCP 客户端程序文件 p9-3client.py 的代码如下所示。

```
import socket                   #导入 socket 模块
#创建 TCP/IP 套接字
sock= socket.socket(socket.AF_INET, socket.SOCK_STREAM)
host = socket.gethostname()   #获取本地主机名
port = 8080                      #设置端口号
sock.connect((host,port))       #主动初始化 TCP 服务器连接
sendData = input("请输入要发送的数据: ")   #提示用户输入数据
sock.send(sendData.encode())          #发送 TCP 数据
#接收对方发送过来的数据,最大接收 1024 个字节
recvData = sock.recv(1024)
print('接收到的数据为:',recvData.decode('utf-8'))
#关闭套接字
sock.close()
```

p9-3client.py 中代码第 1 行将 socket 模块导入,然后调用 socket 模块中的 socket()方法生成一个 Socket 对象,并使用 gethostname()方法获取服务器地址,之后再通过 connect()方法连接服务器程序。当客户端连接服务器时,一直等待的服务进程会被唤醒,并处理此连接。这里的客户端直接调用

recv()方法获取服务器发送过来的数据。最后调用 close()方法关闭连接。

运行服务器程序和客户端程序之前，先打开 2 个 Windows【命令提示符】窗口，第 1 个【命令提示符】窗口模拟 TCP 服务器，第 2 个【命令提示符】窗口模拟 TCP 客户端。在第 1 个【命令提示符】窗口的提示符"＞"后输入命令"python D:\PycharmProject\Practice\Unit09\p9-3server.py"，开始运行 p9-3server.py 程序，此时该窗口中会出现"服务器等待客户端连接⋯⋯"的提示文字。

然后在第二个【命令提示符】窗口的提示符"＞"后输入命令"python D:\PycharmProject\Practice\Unit09\p9-3client.py"，开始运行 p9-3client.py 程序，此时该窗口中出现"请输入要发送的数据："提示文字，输入"Hi, hello."后按【Enter】键，此时运行 p9-3server.py 程序的窗口会接收到客户端发来的数据，出现"b'Hi, hello.'"和"当前连接地址为：('192.168.1.4', 54523)"提示文字。模拟 TCP 服务器的【命令提示符】窗口中出现的信息如图 9-7 所示。并且服务器会向客户端发送"Nice to hear from you"，客户端也会收到服务器发来的信息，模拟 TCP 客户端的【命令提示符】窗口中出现的信息如图 9-8 所示。

图 9-7　模拟 TCP 服务器的【命令提示符】窗口中出现的信息

图 9-8　模拟 TCP 客户端的【命令提示符】窗口中出现的信息

实例 9-3 中，服务器使用 socket 模块的 socket()方法来创建一个 Socket 对象，Socket 对象通过调用其他方法来设置一个 Socket 服务。可以通过调用 bind 方法来指定服务的端口。接着，调用 Socket 对象的 accept()方法，该方法等待客户端的连接，并返回 connection 对象，表示已连接到客户端。

客户端程序连接到以上创建的服务，端口号为 8080。使用 socket.connect(hostname, port)方法打开一个 TCP 连接到主机为 hostname、端口号为 port 的服务。连接后就可以从服务器获取数据，操作完成后需要关闭连接。

【任务 9-1】实现客户端与服务器之间通信

【任务描述】

（1）在 PyCharm 集成开发环境中创建项目 Unit09。

（2）在项目 Unit09 中创建 9-1server.py 和 9-1client.py 两个 Python 程序文件。

（3）编写程序使用 Socket 实现 TCP 服务器与客户端之间的通信，即客户端向服务器发送文字，服务器接到消息后，显示消息内容并且输入文字返回给客户端。客户端接收到响应，显示该文字内容，然后继续向服务器发送消息，这样就可以实现一个简易的聊天程序。当输入"exit"时，则退出系统，中断聊天。

微课 9-1

实现客户端与服务器之间通信

【任务实施】

1. 创建 PyCharm 项目 Unit09

成功启动 PyCharm 后，在指定位置 "D:\PycharmProject\" 创建 PyCharm 项目 Unit09。

2. 创建 Python 程序文件 9-1server.py

在 PyCharm 项目 Unit09 中新建 Python 程序文件 9-1server.py。

3. 编写 Python 程序代码

在新建文件 9-1server.py 的代码编辑窗口输入程序代码，程序文件 9-1server.py 的代码如电子活页 9-2 所示。

电子活页 9-2

程序文件 9-1
server.py 的代码

4. 创建 Python 程序文件 9-1client.py

在 PyCharm 项目 Unit09 中新建 Python 程序文件 9-1client.py。

5. 编写 Python 程序代码

在新建文件 9-1client.py 的代码编辑窗口输入程序代码，程序文件 9-1client.py 的代码如电子活页 9-3 所示。

单击工具栏中的【保存】按钮🖫，分别保存 9-1server.py 和 9-1client.py 两个程序文件。

电子活页 9-3

程序文件 9-1
client.py 的代码

6. 运行 Python 程序

运行程序之前，先打开 2 个 Windows【命令提示符】窗口，第 1 个【命令提示符】窗口模拟 TCP 服务器，第 2 个【命令提示符】窗口模拟 TCP 客户端。在第 1 个【命令提示符】窗口的提示符 ">" 后输入命令 "python D:\PycharmProject\Unit09\9-1server.py"，开始运行 9-1server.py 程序，此时该窗口中会出现 "MS-201705281819 在监听..." 的提示文字。

然后在第 2 个【命令提示符】窗口的提示符 ">" 后输入命令 "python D:\PycharmProject\Unit09\9-1client.py"，开始运行 9-1client.py 程序，此时该窗口中出现 "按任意键开始连接服务器..." 提示文字，按【Enter】键或其他任意键后第 1 个【命令提示符】窗口出现 "连接已经建立" 的提示文字，第 2 个【命令提示符】窗口出现 "成功连接服务器" 的提示文字。

在第 2 个【命令提示符】窗口提示文字 "客户端请求的内容：" 后输入 "Hi, hello."，再按【Enter】键，此时第 1 个【命令提示符】窗口中会接收到客户端发来的数据，出现 "收到客户端请求的内容：Hi, hello." 的内容，程序运行时分别在模拟 TCP 服务器和模拟 TCP 客户端发送或收到的信息如表 9-3 所示。

表 9-3　程序运行时分别在模拟 TCP 服务器和模拟 TCP 客户端发送或收到的信息

客户端收到与发送的信息		服务器发送与收到的信息	
发送的信息	Hi, hello.	收到的信息	Hi, hello.
收到的信息	Nice to hear from you	发送的信息	Nice to hear from you
发送的信息	Wishes you to be happy daily!	收到的信息	Wishes you to be happy daily!
收到的信息	Thank you! Happy every day	发送的信息	Thank you! Happy every day
发送的信息	byebye	收到的信息	byebye
收到的信息	byebye	发送的信息	byebye
发送的信息	exit	收到的信息	exit
		发送的信息	exit

【任务 9-1】模拟 TCP 服务器的【命令提示符】窗口中出现的信息如图 9-9 所示，模拟 TCP 客户端的【命令提示符】窗口中出现的信息如图 9-10 所示。

图 9-9 【任务 9-1】模拟 TCP 服务器的【命令提示符】窗口中出现的信息

图 9-10 【任务 9-1】模拟 TCP 客户端的【命令提示符】窗口中出现的信息

【任务 9-2】TCP 服务器与客户端之间传输字符串数据

【任务描述】

（1）在项目 Unit09 中创建 9-2server.py 和 9-2client.py 两个 Python 程序文件。

（2）编写程序实现服务器与客户端之间传输字符串数据，即客户端连接服务器后向服务器发送一个字符串，服务器接收到字符串后再次返回这个字符串给客户端。

【任务实施】

1. 创建 Python 程序文件 9-2server.py

在 PyCharm 项目 Unit09 中新建 Python 程序文件 9-2server.py。

2. 编写 Python 程序代码

在新建文件 9-2server.py 的代码编辑窗口输入程序代码，程序文件 9-2server.py 的代码如电子活页 9-4 所示。

3. 创建 Python 程序文件 9-2client.py

在 PyCharm 项目 Unit09 中新建 Python 程序文件 9-2client.py。

4. 编写 Python 程序代码

在新建文件 9-2client.py 的代码编辑窗口输入程序代码，程序文件 9-2client.py 的代码如电子活页 9-5 所示。

单击工具栏中的【保存】按钮，分别保存 9-2server.py 和 9-2client.py 两个程序文件。

5. 运行 Python 程序

运行程序之前，先打开 2 个 Windows【命令提示符】窗口，第 1 个【命令提示符】窗口模拟 TCP 服务器，第 2 个【命令提示符】窗口模拟 TCP 客户端。在第 1 个【命令提示符】窗口的提示符 ">" 后输入命令 "python D:\Pycharm

微课 9-2

TCP 服务器与客户端之间传输字符串数据

电子活页 9-4

程序文件 9-2 server.py 的代码

电子活页 9-5

程序文件 9-2 client.py 的代码

Project\Unit09\9-2server.py"，开始运行 9-2server.py 程序，此时该窗口中会出现"MS-201705281819 在监听..."的提示文字，服务器处于监听状态。

然后在第 2 个【命令提示符】窗口的提示符">"后输入命令"python D:\Pycharm Project\Unit09\9-2client.py"，开始运行 9-2client.py 程序，客户端将字符串"Good luck."发送给服务器，服务器收到这个字符串，第 1 个【命令提示符】窗口出现"客户端连接已建立"的提示文字和传输的字符串"Good luck."。

服务器再次把字符串"Good luck."返回给客户端，客户端又收到该字符串，第 2 个【命令提示符】窗口出现"成功连接服务器"的提示文字和字符串"Good luck."。

通信结束时，服务器和客户端都关闭套接字。

【任务 9-2】模拟 TCP 服务器的【命令提示符】窗口中出现的信息如图 9-11 所示，模拟 TCP 客户端的【命令提示符】窗口中出现的信息如图 9-12 所示。

图 9-11 【任务 9-2】模拟 TCP 服务器的【命令提示符】窗口中出现的信息

图 9-12 【任务 9-2】模拟 TCP 客户端的【命令提示符】窗口中出现的信息

9.3 创建 UDP 服务器程序和客户端程序

UDP 是面向消息的协议。如果通信时不需要建立连接、数据传输的可靠性要求不强，那么 UDP 便可以满足要求。UDP 一般应用于多点通信和实时的数据业务，例如语音广播、聊天软件、简单网络管理协议（SNMP）、路由信息协议（RIP）、域名系统（DNS）等。

1. 创建 UDP 服务器

在 UDP 程序中，实现 UDP 服务器功能的流程如下。

（1）导入 socket 模块。

（2）使用 socket()方法创建一个套接字对象，其中两个参数分别设置为 socket.AF_INET 和 socket.SOCK_DGRAM，SOCK_DGRAM 表示创建的是 UDP 套接字。

（3）使用 recvfrom()方法接收客户端的数据，recvfrom()方法生成的 data 数据类型是字节类型，将其转换为字符串类型。

（4）使用 sendto()方法向客户端发送数据，发送的数据必须是字节类型，需要使用 encode()方法将字符串转换为字节类型。

（5）调用 close()方法关闭连接，释放 Socket 连接所占用的资源。

2. 创建 UDP 客户端

创建 UDP 客户端程序比较简单，对一个客户端程序而言，实现客户端功能的流程如下。

（1）导入 socket 模块。

（2）调用 socket()方法生成一个 Socket 对象，两个参数为 socket.AF_INET、socket.SOCK_DGRAM。

（3）使用 sendto()方法向服务器发送数据，发送的数据必须是字节类型，需要使用 encode()方法将字符串转换为字节类型。

（4）客户端直接调用 recv()方法获取服务器发送过来的数据，收到的数据是字节类型，使用 decode()方法将字节类型的数据转换为字符串，方便阅读。

（5）调用 close()方法将连接关闭。

根据服务器和客户端的执行流程，可以总结出 UDP 客户端和服务器之间的通信模型，如图 9-13 所示。在 UDP 通信模型中，在通信开始之前，不需要建立相关的连接，只需要发送数据即可。

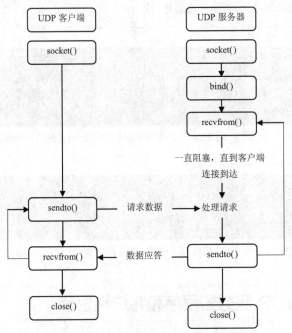

图 9-13　UDP 客户端和服务器之间的通信模型

【任务 9-3】建立 UDP 通信获取客户购物数量

【任务描述】

（1）在项目 Unit09 中创建 9-3server.py 和 9-3client.py 两个 Python 程序文件。

（2）编写程序建立 UDP 通信获取客户购物数量，即在客户端输入购物数量，然后发送给服务器，服务器收到数据后，再发送给客户端输出。

【任务实施】

在 PyCharm 项目 Unit09 中创建 Python 程序文件 9-3server.py。在程序文件 9-3server.py 中编写程序代码，实现所需功能，程序文件 9-3server.py 的代码如下所示。

微课 9-3

建立 UDP 通信获取
客户购物数量

```python
import socket                                                    # 导入 socket 模块
sock = socket.socket(socket.AF_INET, socket.SOCK_DGRAM)   # 创建 UDP 套接字
sock.bind(("127.0.0.1", 6688))                               # 绑定地址（host,port）到套接字
```

```
print("绑定 UDP 到 6688 端口")
data, addr = sock.recvfrom(1024)                        # 接收数据
sendData = "购买数量为: "+str(data)
print(sendData)
print("Received from  : ", addr)
sock.sendto(sendData.encode(), addr)                    # 发送给客户端
sock.close()                                            # 关闭服务器套接字
```

程序文件 9-3server.py 中使用 socket.socket()方法创建套接字，其中参数设置为 AF_INET 和 SOCK_DGRAM，表明创建的是 UDP 套接字；recvfrom()方法生成的 data 数据类型是 byte 类型。使用 sendto()方法发送数据时，发送的数据必须是字节类型，所以需要使用 encode()方法将字符串转换为字节类型。

在 PyCharm 项目 Unit09 中创建 Python 程序文件 9-3client.py。在程序文件 9-3client.py 中编写程序代码，实现所需功能，程序文件 9-3client.py 的代码如下所示。

```
import socket                                           # 导入 socket 模块
sock = socket.socket(socket.AF_INET, socket.SOCK_DGRAM)  # 创建 UDP 套接字
data = input("请输入购买数量: ")
sock.sendto(data.encode(), ("127.0.0.1", 6688))          # 发送数据
print(sock.recv(1024).decode())                          # 打印接收的数据
sock.close()                                             # 关闭套接字
```

由于接收的数据和发送的数据其类型都是字节类型，因此程序文件 9-3client.py 的代码中发送数据时，使用 encode()方法将字符串转换为字节类型。而输出数据时，使用 decode()方法将 byte 类型的数据转换为字符串，方便用户阅读。

运行程序之前，先打开 2 个 Windows【命令提示符】窗口，第 1 个【命令提示符】窗口模拟 UDP 服务器，第 2 个【命令提示符】窗口模拟 UDP 客户端。在第 1 个【命令提示符】窗口的提示符 ">" 后输入命令 "python D:\PycharmProject\Unit09\9-3server.py"，开始运行 9-3server.py 程序，此时该窗口中会出现 "绑定 UDP 到 6688 端口" 的提示文字。

然后在第 2 个【命令提示符】窗口的提示符 ">" 后输入命令 "python D:\Pycharm Project\Unit09\9-3client.py"，开始运行 9-3client.py 程序，此时该窗口中出现 "请输入购买数量:" 提示文字，接着输入购买的数量，这里输入 "5"，然后按【Enter】键，此时第 1 个【命令提示符】窗口出现 "购买数量为: b'5'" 和 "Received from : ('127.0.0.1', 50003)" 两行提示文字，第 2 个【命令提示符】窗口出现 "购买数量为: b'5'" 的提示文字。

【任务 9-3】模拟 UDP 服务器的【命令提示符】窗口中出现的信息如图 9-14 所示，模拟 UDP 客户端的【命令提示符】窗口中出现的信息如图 9-15 所示。

图 9-14 【任务 9-3】模拟 UDP 服务器的【命令提示符】窗口中出现的信息

图 9-15 【任务 9-3】模拟 UDP 客户端的【命令提示符】窗口中出现的信息

9.4 创建与使用进程

Python 中有多个模块可以创建进程，较常见的是使用 multiprocessing 模块创建进程。

9.4.1 使用 multiprocessing 模块的 Process 类创建进程

multiprocessing 模块提供了 Process 类创建进程对象，基本语法格式如下。

Process([group [, target [, name [, args [, kwargs]]]]])

Process 类的参数说明如下。

group：值为 None，为以后版本而保留。

target：表示当前进程启动时执行的可调用对象。

name：表示当前进程实例的别名。

args：表示传递给 target 的参数元组。

kwargs：表示传递给 target 的参数字典。

Process 类的常用方法与常用属性如表 9-4 所示。

表 9-4 Process 类的常用方法与常用属性

序号	方法或属性	说明
1	is_alive()	判断进程实例是否在执行
2	join([timeout])	是否等待进程实例执行结束，或等待多少秒
3	start()	启动进程实例（创建子进程）
4	run()	如果没有给定 target 参数，对这个对象调用 start()方法时，就将执行 run()方法
5	terminate()	不管任务是否完成，立即终止
6	name	当前进程实例的别名，默认为 Process-n，n 为从 1 开始递增的整数
7	pid	当前进程实例的 PID 值

【实例 9-4】演示使用 multiprocessing 模块的 Process 类创建进程与执行进程

实例 9-4 的代码如下所示。

```python
from multiprocessing import Process        # 导入模块
# 执行子进程代码
def test(interval):
    print("No.3 我是子进程")
# 执行主程序
def main():
    print("No.1 主进程开始")
    p = Process(target=test,args=(1,))        # 实例化 Process 进程类
    p.start()                                 # 启动子进程
    print("No.2 主进程结束")


if __name__ == "__main__":
    main()
```

实例 9-4 的运行结果如下。

```
No.1 主进程开始
No.2 主进程结束
```

No.3 我是子进程

实例 9-4 中的代码先实例化 Process 类,然后使用 p.start()方法启动进程,开始执行自定义的 test() 函数。

9.4.2 使用 Process 子类创建进程

对于一些简单的任务,通常使用 Process 类实现多进程。但是如果要处理复杂任务的进程,通常会定义一个类,使其继承 Process 类,每次实例化这个类的时候,就等同于实例化一个进程对象。

【实例 9-5】演示使用 Process 的子类创建两个子进程,分别输出父进程和子进程的 PID 以及每个子进程的状态和运行时间

实例 9-5 的代码如下所示。

```python
from multiprocessing import Process
import time
import os


# 继承 Process 类
class SubProcess(Process):
    # 重写了父类的__init__()初识化方法
    def __init__(self,interval,name=""):
        Process.__init__(self)    # 调用 Process 父类的初始化方法
        self.interval = interval    # 接收参数 interval
        if name:                    # 判断传递的参数 name 是否存在
        # 如果传递参数 name,则为子进程创建 name 属性,否则使用默认属性
            self.name = name
    #重写了 Process 类的 run()方法
    def run(self):
        print("No.10-"+"子进程（{0}）开始执行，父进程为（{1}）"\
            .format(os.getpid(),os.getppid()))
        t_start = time.time()
        time.sleep(self.interval)
        t_stop = time.time()
        print("No.11-"+"子进程（{0}）执行结束，耗时{1:0.2f}秒"\
            .format(os.getpid(),t_stop-t_start))


if __name__ =="__main__":
    print("No.01------父进程开始执行-------")
    print("No.02-父进程 PID: ", os.getpid())        # 输出当前程序的 PID
    p1 = SubProcess(interval=1,name="NewName")
    p2 = SubProcess(interval=2)
    p1.start()   # 启动进程 p1
    p2.start()   # 启动进程 p2
    # 输出 p1 和 p2 进程的执行状态, 如果真在进行, 返回 True, 否则返回 False
    print("No.03-p1.is_alive=", p1.is_alive())
```

```
print("No.04-p2.is_alive=", p2.is_alive())
# 输出 p1 和 p2 进程的别名和 PID
print("No.05-p1.name=", p1.name)
print("No.06-p1.pid=", p1.pid)
print("No.07-p2.name=", p2.name)
print("No.08-p2.pid", p2.pid)
print("No.09------等待子进程-------")
p1.join() # 等待 p1 进程结束
p2.join() # 等待 p2 进程结束
print("No.12-"+"------父进程执行结束-------")
```

实例 9-5 中的代码定义了一个 SubProcess 子类，该子类继承 multiprocessing.Process 父类，SubProcess 子类中定义了两个方法：__init__()初始化方法和 run()方法。在__init__()初始化方法中，调用 multiprocessing.Process 父类的__init__()初始化方法，否则父类初始化方法会被覆盖，无法开启进程。此外，在 SubProcess 子类中并没有显式定义 start()方法，但在主进程中却调用了 start()方法，此时就会自动执行 SubProcess 子类的 run()方法。

实例 9-5 的运行结果如下。

```
No.01------父进程开始执行-------
No.02-父进程 PID：1812
No.03-p1.is_alive= True
No.04-p2.is_alive= True
No.05-p1.name= NewName
No.06-p1.pid= 6348
No.07-p2.name= SubProcess-2
No.08-p2.pid 3056
No.09------等待子进程-------
No.10-子进程（6348）开始执行，父进程为（1812）
No.10-子进程（3056）开始执行，父进程为（1812）
No.11-子进程（6348）执行结束，耗时 1.00 秒
No.11-子进程（3056）执行结束，耗时 2.00 秒
No.12-------父进程执行结束-------
```

9.4.3　验证进程之间能否直接共享数据

在多进程中，每个进程都有自己的地址空间、内存、数据栈以及其他记录其运行状态的辅助数据，进程之间无法直接共享信息。

【实例 9-6】验证进程之间能否直接共享数据

实例 9-6 中定义了 1 个全局变量 gNum，分别创建 2 个子进程对该全局变量 gNum 执行不同的操作，并输出操作后的结果，其代码如电子活页 9-6 所示。

电子活页 9-6

实例 9-6 的代码

实例 9-6 的代码定义了 1 个全局变量 gNum，分别创建了 2 个子进程，子进程 1 令全局变量 gNum 增加 20，子进程 2 令全局变量 gNum 减去 30。但是从运行结果可以看出，全局变量 gNum 在父进程和 2 个子进程中的初始值都是 100。也就是全局变量 gNum 在一个进程中的结果，没有传递到下一个进程中，即进程之间没有共享数据。

实例 9-6 的运行结果如下。

No.01-------主进程开始------
No.02 主进程开始时：i=1,gNum=100
No.03-------子进程 1 开始------
No.04 子进程 1 中：i=1,gNum=120
No.05-------子进程 1 结束------
No.06-------子进程 2 开始------
No.07 子进行 2 中：i=1,gNum=70
No.08-------子进程 2 结束------
No.09-------主进程结束------
No.10 主进程结束时：i=1,gNum=100

Python 的 multiprocessing 模块提供了队列（Queue）、管道（Pipes）等多种方式实现多进程之间的数据传递，从而实现进程之间的通信。使用 multiprocessing.Process 可以创建多进程，使用 multiprocessing.Queue 可以实现队列操作，结合 Process 和 Queue 就可以实现进程间的通信。

9.5 创建与使用线程

9.5.1 Python 3 的多线程

多线程类似于同时执行多个不同程序，多线程运行有如下优点。

（1）使用线程可以把运行时间长的程序中的任务放到后台去处理。

（2）用户界面可以更加吸引人，例如对用户单击一个按钮去触发某些事件进行处理，可以弹出一个进度条来显示处理的进度。

（3）程序的运行速度可能加快。

（4）在一些等待的任务的实现方面（例如用户输入、文件读写和网络收发数据等），线程就比较有用了。在这种情况下我们可以释放一些珍贵的资源，如内存占用资源等。

（5）每个独立的线程有一个程序运行的入口、顺序执行序列和程序运行的出口。但是线程不能够独立执行，必须依存在应用程序中，由应用程序提供多个线程执行控制。

线程可以分为内核线程（由操作系统内核创建和撤销）和用户线程（不需要内核支持而在用户程序中实现的线程）。

9.5.2 Python 3 支持的线程模块

Python 3 通过_thread 和 threading 模块提供对线程的支持，推荐使用 threading 模块。

Python 3 中，thread 模块已被废弃，用户可以使用 threading 模块代替。所以，在 Python 3 中不能再使用 thread 模块。为了兼容性，Python 3 将 thread 重命名为"_thread"。

_thread 模块提供了低级别的、原始的线程以及一个简单的锁，它的功能相比于 threading 模块的功能还是比较有限的。threading 模块除了包含_thread 模块中的所有方法外，还提供了以下方法。

（1）threading.currentThread()：用于返回当前的线程变量。

（2）threading.enumerate()：用于返回一个包含正在运行线程的列表。所谓"正在运行线程"是指启动后、结束前的线程，不包括启动前和终止后的线程。

（3）threading.activeCount()：返回正在运行的线程数量，与 len(threading.enumerate())有相同的结果。

threading 模块同样提供了 Thread 类来处理线程，Thread 类提供了以下方法。

（1）run()：用以表示线程活动的方法。

（2）start()：启动线程的方法。

（3）join([timeout])：阻塞当前上下文环境的线程，直到调用此方法的线程终止或到达指定的timeout（可选参数）。其主要的功能就是实现多线程的线程独占，让只有一个线程运行。join()方法可用于阻塞另一个线程，让当前线程获得另一个线程的处理结果。

（4）isAlive()：返回线程的活动状态。

（5）getName()：返回线程名称。

（6）setName()：设置线程名称。

9.5.3　Python 中使用线程的方式

Python 中，创建线程的方式有多种，可以使用 threading 模块的 Thread 类创建线程、使用 threading 模块的 Thread 类的子类创建线程、调用_thread 模块中的 start_new_thread()函数产生新线程。

1. 使用 threading 模块的 Thread 类创建线程

threading 模块提供了一个 Thread 类来创建线程，基本语法格式如下。

```
Thread([group[, target[, name[, args[, kwargs]]]]])
```

Thread 类的参数说明如下。

group：值为 None，为以后版本而保留。

target：表示一个可调用对象，线程启动时，run()方法调用此对象，默认值为 None，表示不调用任何内容。

name：表示当前线程名称，默认创建一个"Thread-n"名称的线程。

args：表示传递给 target 的参数元组。

kwargs：表示传递给 target 的参数字典。

【实例 9-7】演示创建 3 个线程，然后分别使用 for 循环执行 start()和 join()方法，每个子线程分别执行输出 2 次

实例 9-7 的代码如下所示。

```python
import threading,time

def process():
    global k
    for i in range(2):
        k+=1
        time.sleep(1)
        print("线程名称: {0},i={1}" .format(threading.current_thread().name,k))
k=0
if __name__ == "__main__":
    print("-----主线程开始-----")
    threads = [threading.Thread(target=process) for i in range(3)]  # 创建 3 个线程
    for t in threads:
        t.start()          # 开启线程
    for t in threads:
        t.join()           # 等待子线程结束
```

```
            print("-----主线程结束-----")
```

实例 9-7 的代码运行时，某一次的运行结果如下。

```
-----主线程开始-----
线程名称：Thread-1,i=3
线程名称：Thread-3,i=4
线程名称：Thread-2,i=5
线程名称：Thread-1,i=6
线程名称：Thread-2,i=6
线程名称：Thread-3,i=6
-----主线程结束-----
```

从程序运行结果可以看出，线程的执行顺序是不确定的。

2. 使用 threading 模块的 Thread 类的子类创建线程

可以通过直接从 threading.Thread 继承定义一个新的子类，并实例化后调用 start()方法启动新线程，即它调用了线程的 run()方法。

【实例 9-8】演示使用 threading 模块的 Thread 类的子类创建线程的方式

实例 9-8 的代码如电子活页 9-7 所示。

实例 9-8 中的代码创建了一个子类 SubThread，继承自 threading.Thread 线程类，并定义了一个 run()方法，实例化 SubThread 类创建 1 个线程，并且调用 start()方法开启线程，程序会自动调用 run()方法。

实例 9-8 的代码运行时，某一次的运行结果如下。

电子活页 9-7

实例 9-8 的代码

```
开始线程：Thread-1
开始线程：Thread-2
5 - Thread-1 Sun Apr 19 07:06:27 2020
5 - Thread-2 Sun Apr 19 07:06:28 2020
4 - Thread-1 Sun Apr 19 07:06:28 2020
3 - Thread-1 Sun Apr 19 07:06:29 2020
4 - Thread-2 Sun Apr 19 07:06:30 2020
2 - Thread-1 Sun Apr 19 07:06:30 2020
1 - Thread-1 Sun Apr 19 07:06:31 2020
退出线程：Thread-1
3 - Thread-2 Sun Apr 19 07:06:32 2020
2 - Thread-2 Sun Apr 19 07:06:34 2020
1 - Thread-2 Sun Apr 19 07:06:36 2020
退出线程：Thread-2
退出主线程
```

3. 调用_thread 模块中的 start_new_thread()函数产生新线程

调用_thread 模块中的 start_new_thread()函数也能产生新线程，基本语法格式如下。

```
_thread.start_new_thread( function , args [, kwargs] )
```

参数说明如下。

function：线程函数。

args：传递给线程函数的参数，必须是元组类型。

kwargs：可选参数。

【**实例 9-9**】演示调用_thread 模块中的 start_new_thread()函数产生新线程的方式

实例 9-9 的代码如下所示。

```
import _thread
import time
# 为线程定义一个函数
def print_time( threadName, delay):
    count = 0
    while count < 5:
        time.sleep(delay)
        count += 1
        print(count, "-", threadName, time.ctime(time.time()))
# 创建两个线程
try:
    _thread.start_new_thread( print_time, ("Thread-1", 2, ) )
    _thread.start_new_thread( print_time, ("Thread-2", 4, ) )
except:
    print ("Error: 无法启动线程")


while 1:
    pass
```

实例 9-9 的代码运行时，某一次的运行结果如下。

```
1 - Thread-1 Sun Apr 19 07:07:59 2020
1 - Thread-2 Sun Apr 19 07:08:01 2020
2 - Thread-1 Sun Apr 19 07:08:01 2020
3 - Thread-1 Sun Apr 19 07:08:03 2020
2 - Thread-2 Sun Apr 19 07:08:05 2020
4 - Thread-1 Sun Apr 19 07:08:05 2020
5 - Thread-1 Sun Apr 19 07:08:07 2020
3 - Thread-2 Sun Apr 19 07:08:09 2020
4 - Thread-2 Sun Apr 19 07:08:13 2020
5 - Thread-2 Sun Apr 19 07:08:17 2020
```

以上程序处于运行状态时，可以按【Ctrl+C】组合键退出程序运行状态。

9.5.4 验证线程之间能否直接共享数据

进程之间不能直接共享数据，只有借助 Queue 才能实现进程之间的通信。在一个进程内的所有线程可以共享数据，能够在不使用其他方式的前提下完成多线程之间的数据共享。

【**实例 9-10**】验证线程之间能否直接共享数据

实例 9-10 中定义了一个全局变量 gNum，分别创建两个子线程对全局变量 gNum 执行不同的操作，并输出操作后的结果，其代码如电子活页 9-8 所示。

实例 9-10 的代码中，定义一个全局变量 gNum，其初始值为 100，然后创建两个线程。一个线程将全局变量 gNum 增加 20，另一个线程将全局变量 gNum 减少 30。如果 gNum 的最终结果为 90，则说明线程之间可以共享数据。

电子活页 9-8

实例 9-10 的代码

实例 9-10 的运行结果如下。

No.01-------主进程开始------

No.02 主进程开始时：i=1,gNum=100

No.03-------子进程 1 开始------

No.04 子进程 1 中：i=2,gNum=120

No.05-------子进程 1 结束------

No.06-------子进程 2 开始------

No.07 子进行 2 中：i=3,gNum=90

No.08-------子进程 2 结束------

No.09-------主进程结束------

No.10 主进程结束时：i=3,gNum=90

从实例 9-10 的运行结果可以看出，在一个进程内的所有线程共享全局变量，能够在不使用其他方式的前提下完成多线程的数据共享。

【任务 9-4】使用多线程模拟生成与读取日志文件

【任务描述】

（1）在项目 Unit09 中创建 Python 程序文件 9-4.py。

（2）编写程序代码，模拟生成 10 个日志文件，然后创建 4 个线程分别读取这些日志文件，将读取结果保存到 logText.txt 文件中。

【任务实施】

在 PyCharm 项目 Unit09 中创建 Python 程序文件 9-4.py。在程序文件 9-4.py 中编写程序代码，实现所需功能，程序文件 9-4.py 的代码如电子活页 9-9 所示。

电子活页 9-9

程序文件 9-4.py 的代码

程序文件 9-4.py 的运行结果如下。

-----主线程开始-----

-----主线程结束-----

程序文件 9-4.py 运行一次后，文本文件 logText.txt 的内容如下。

1-2020-04-19 06:46:47   11111

2-2020-04-19 06:46:47   22222

3-2020-04-19 06:46:47   33333

4-2020-04-19 06:46:47   44444

3-2020-04-19 06:46:47   33333

4-2020-04-19 06:46:47   44444

5-2020-04-19 06:46:47   55555

6-2020-04-19 06:46:47   66666

5-2020-04-19 06:46:47   55555

6-2020-04-19 06:46:47   66666

7-2020-04-19 06:46:47   77777

8-2020-04-19 06:46:47   88888

7-2020-04-19 06:46:47   77777

8-2020-04-19 06:46:47   88888

9-2020-04-19 06:46:47   99999

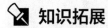 **知识拓展**

1. Python 的 Internet 模块

Python 网络编程的一些重要模块如表 9-5 所示。

表 9-5　Python 网络编程的一些重要模块

协议	说明	端口号	Python 的对应模块
HTTP	网页访问	80	httplib、urllib、xmlrpclib、xmlrpc
NNTP	主要用于阅读和张贴新闻文章	119	nntplib
FTP	文件传输	20	ftplib、urllib
SMTP	发送邮件	25	smtplib
POP3	接收邮件	110	poplib
IMAP4	获取邮件	143	imaplib
Telnet	基于 Telnet 协议的通信	23	telnetlib
Gopher	信息查找	70	gopherlib、urllib

2. Python 3 的 bytes 对象

计算机只能存储二进制数据，若想将字符、图片、视频、音乐等存储到硬盘上，必须以正确的方式编码将其转换成二进制数据后再存储，转换成二进制数据后即可使用 bytes 对象来表示。bytes 类型只负责以字节序列的形式（二进制形式）来记录数据，至于这些数据到底表示什么内容（字符串、数字、图片、音频等），完全由程序的解析方式决定。如果采用合适的字符编码方式（字符集），字节序列可以恢复成字符串；反之亦然，字符串也可以转换成字节序列。

Python 3 中，字符串和二进制数据是完全区分开的。Python 3 新增了 bytes 对象来表达二进制数据，采用十六进制的表现形式。

bytes 对象数据需在常规的 str 类型数据前加 b 以示区分，以 b 开头的字符串都是 bytes 对象。例如 b"happy"，表示这是一个 bytes 对象。

电子活页 9-10

Python 3 的 bytes 对象

3. 线程同步

如果多个线程共同对某个数据进行修改，则可能出现不可预料的结果。为了保证数据的正确性，需要对多个线程进行同步。

使用 Thread 对象的 Lock 类和 Rlock 类可以实现简单的线程同步，这两个类都有 acquire()方法和 release()方法。

多线程的优势在于可以同时运行多个任务，但是当线程需要共享数据时，可能存在数据不同步的问题。分析这样一种情况：一个列表里所有元素都是 0，线程"set"从后向前把所有元素修改成 1，而线程"print"负责从前往后读取列表并输出。那么，可能线程"set"开始修改元素的时候，线程"print"便来输出列表了，输出结果就成了一半 0、一半 1，这就是数据的不同步。

为了防止多个线程同时读写某一块内存区域，引入了锁的概念。锁有两种状态：锁定和未锁定。每当一个线程（例如"set"）要访问共享数据时，必须先将其锁定，此时资源的状态为"锁定"，其他线程不能更改，直到该线程释放资源，将资源的状态变成"未锁定"状态时，其他的线程（例如"print"）才能再次锁定该资源。经过这样的处理，前例中输出列表时要么全部输出 0，要么全部输出 1，不会再出现一半 0、一半 1 的情况。

电子活页 9-11

线程同步

【**实例 9-11**】演示线程同步的实现与锁的应用

实例 9-11 的代码与运行结果如电子活页 9-11 所示。

4. Lock 类的方法及其应用

在 threading 模块中使用 Lock 类可以方便地处理锁定，Lock 类有 2 个方法：acquire()和 release()。

（1）acquire()方法。

acquire()方法用于获取锁，如果有必要，需要阻塞到锁释放为止。如果将其参数设置为 False，即 acquire(False)，当无法获取锁时将立即返回 False；如果成功获取锁则返回 True。

（2）release()方法。

release()方法用于释放锁。当锁处于未锁定状态时，或者从与原本调用 acquire()方法的线程中调用此方法，将出现错误。

电子活页 9-12

Lock 类的方法
及其应用

【**实例 9-12**】演示使用多线程和锁模拟实现多人在线购物时商品数量的变化

实例 9-12 的代码与运行结果如电子活页 9-12 所示。

在线测试

单元 10
基于GUI框架的图形界面设计与网络爬虫应用

10

GUI 是 Graphical User Interface 的缩写，即图形用户界面。在 GUI 中不仅涉及文本输入与输出，也有窗口、按钮、文本框等图形化对象，还包括键盘、鼠标操作。GUI 的程序有 3 个基本要素：输入、处理、输出。本单元主要讲解基于 GUI 框架的图形界面设计与网络爬虫应用。

知识入门

1. Python 中 GUI 开发的工具包

对于 GUI 开发，Python 有很多工具包供用户选择，其中一些流行的 GUI 工具包如表 10-1 所示。

表 10-1　流行的 GUI 工具包

工具包	说明
wxPython	wxPython 是 Python 中的一个优秀的 GUI 工具包，允许 Python 程序员很方便地创建完整的、功能健全的用户界面
Kivy	是一个开源的工具包，能够让相同的源代码创建的程序跨平台运行，主要应用于创新型用户界面的开发，例如多点触摸应用程序
Flexx	Flexx 是一个纯 Python 工具包，用来创建图形化应用程序，其使用 Web 技术进行界面的渲染
PyQt	PyQt 是 Qt 库的 Python 版本，支持跨平台运行
Tkinter	Tkinter（也称为 Tk 接口）是 Tk 图形用户界面工具包标准的 Python 接口。Tkinter 是一个轻量级的跨平台图形用户界面开发工具。Tkinter 可以在 UNIX、Windows 和 mac OS 等上运行
Pywin32	Pywin32 允许用户以 VC 一样的形式来使用 Python 开放 win32 应用
PyGTK	PyGTK 使 Python 程序能轻松创建图形用户界面
pyui4win	pyui4win 是一个开源的采用自绘技术的界面库

2. 窗口坐标系统

QWidget 是 PyQt 中所有用户界面对象的基类，所有的控件都直接或者间接继承了该基类对象。如果要将一个控件嵌入另一个 QWidget 控件中，PyQt 是如何判断其嵌入位置的呢？

PyQt 使用统一的坐标系统来定位窗口控件的位置和大小，具体规定如下。

（1）以屏幕左上角为原点即坐标为(0, 0)的点，从左向右为 x 轴正方向，从上向下为 y 轴正方向，整个屏幕的坐标系统用来定位顶级窗口。

（2）在窗口内部也有自己的坐标系统，该坐标系统以窗口工作区的左上角为原点，从左向右为 x 轴正方向，从上到下为 y 轴正方向，在窗口工作区周围有标题栏和边框。

循序渐进

10.1 使用 wxPython 框架设计图形用户界面

wxPython 是 Python 的一个优秀的 GUI 工具包,允许 Python 程序员很方便地创建完整的、功能键全的用户界面。wxPython 也是一款开源软件,并且具有非常优秀的跨平台功能。

要使用 wxPython 模块(工具包),先要安装该模块,在【命令提示符】窗口使用 pip install -U wxPython 命令进行安装。

10.1.1 直接使用 wx.App 类创建可视化窗口

如果在系统中只有一个窗口,可以直接使用 wx.App 类进行创建,这个类提供了一个最基本的 OnInit() 初始化方法。

【实例 10-1】演示直接使用 wx.App 类创建可视化窗口的方法

实例 10-1 的代码如下所示。

```
import wx           # 导入 wxPython
app = wx.App()      # 初始化 wx.App 类,其中包含 OnInit() 方法
# 定义一个顶级窗口(None 表示顶级窗口)
frame = wx.Frame(parent=None, title='显示图书数据')
frame.Show()        # 显示窗口
app.MainLoop()      # 调用 wx.App 类中的 MainLoop() 主循环方法
```

实例 10-1 的运行结果如图 10-1 所示。

图 10-1 实例 10-1 的运行结果

10.1.2 wx.Frame 框架

在 GUI 中框架通常也称为窗口。框架是一个容器,用户可以将它在屏幕上任意移动,并进行缩放,它通常包含标题栏、菜单栏等。在 wxPython 中,wx.Frame 是所有框架的父类。当创建 wx.Frame 的子类时,子类应该调用其父类的构造器 wx.Frame.__int__()。wx.Frame 的构造器的基本语法格式如下。

```
wx.Frame(parent, id=-1, title="", pos=wx.DefaultPosition, size=wx.DefaultSize,
        style=wx.DEFAULT_FRAME_STYLE, name="frame")
```

参数说明。

parent:框架的父类窗口。如果是顶级窗口,那么这个值为 None。

id：新窗口的 wxPython 的 ID，通常设为−1，让 wxPython 自动生成一个新的 ID。

title：窗口的标题。

pos：wx.Point 对象，它指定窗口的左上角在屏幕中间的位置。在 GUI 程序中，通常(0,0)表示屏幕的左上角位置，默认值(−1,−1)表示让系统决定窗口的位置。

size：wx.Size 对象，它指定窗口的初始尺寸，默认值(−1,−1)表示让系统决定窗口的初始尺寸。

style：表示窗口类型的常量。

name：框架的名称，可以使用它来寻找该窗口。

【实例 10-2】演示通过 wx.Frame 的子类创建可视化窗口

实例 10-2 的代码如下所示。

```python
import wx    #导入 wxPython
class LoginWindow(wx.Frame):
    def __init__(self, parent, id):
        wx.Frame.__init__(self, parent, id, title="用户登录", \
                            pos=(100,100), size=(300, 190))


if __name__=='__main__':
    app = wx.App()                          # 初始化
    loginWin = LoginWindow(parent=None, id=-1)  # 实例化 LoginWindow 并传入参数
    loginWin.Show()          # 显示窗口
    app.MainLoop()        # 调用 MainLoop()主循环方法
```

实例 10-2 的代码中，在主程序中调用 LoginWindow 类，并传送 2 个参数，在 LoginWindow 类中自动执行__init__()初始化方法，接收参数。然后调用父类 wx.Frame 的__init__()初始化方法，设置顶级窗口的相关属性。

实例 10-2 的运行结果如图 10-2 所示。

图 10-2　实例 10-2 的运行结果

10.1.3　wxPython 的常用控件

控件就是创建完窗口以后，在窗口添加的按钮、文本框、文本内容等对象。

1. StaticText 文本类

在 wxPython 中，可以使用 wx.StaticText 类实现在图形用户界面中设置一些标签性或提示性的文本，这是文本属性静态文本，程序运行过程中不能交互式改变文本内容。使用 wx.StaticText 类能够改变文本的对齐方式、字体、颜色等。

（1）wx.StaticText 类。

wx.StaticText 类构造函数的基本语法格式如下。

```
wx.StaticText(parent , id , label , pos=wx.DefaultPosition , size=wx.DefaultSize , style=0 ,
            name="staticText")
```

参数说明如下。

parent: 父容器。

id: 标识符，使用-1 可以自动创建一个唯一的标识。

label: 显示在控件中的文本内容。

pos: 使用 wx.Point 或 Python 元组的形式设置控件的位置。

size: 使用 wx.Point 或 Python 元组的形式设置控件的尺寸。

style: 样式标记。

name: 对象的名称。

例如:

```
panel = wx.Panel(self)
title=wx.StaticText(panel, label="请输入用户名和密码", pos=(100, 10))
```

（2）wx.Font 类。

wx.Font 类用于设置文本字体，其构造函数的基本语法格式如下。

```
wx.Font(pointSize , family , style , weight , underline=False , faceName="" ,
        encoding=wx.FONTENCODING_DEFAULT )
```

参数说明如下。

pointSize: 用于设置字体大小，单位为磅。

family: 用于快速指定一种字体。

style: 用于设置字体是否倾斜，其取值有: wx.NORMAL、wx.SLANT、wx.ITALIC。

weight: 用于设置字体的醒目程度，其取值有: wx.NORMAL、wx.LIGHT、wx.BOLD。

underline: 只在 Windows 操作系统中有效果，如果其值为 True 则有下画线，其值为 False 则无下画线。

faceName: 用于指定字体名。

encoding: 用于指定中文编码，包括 Unicode、UTF-8、GBK、GB2312、ISO-8859-1 等编码，大多数情况下使用默认编码即可。

例如:

```
font=wx.Font( 12 , wx.DEFAULT , wx.FONTSTYLE_NORMAL , wx.NORMAL )
title.SetFont(font)
```

2. TextCtrl 输入文本类

wx.StaticText 控件只能用于显示静态的文本，要想输入文本与用户进行交互，可以使用 wx.TextCtrl 类实现。wx.TextCtrl 类允许输入单行和多行文本，也可以作为密码输入控件使用，隐藏所输入的文本内容。

wx.TextCtrl 类构造函数的基本语法格式如下。

```
wx.TextCtrl( parent , id , value="" , pos=wx.DefaultPosition , size=wx.DefaultSize ,
            style=0 , validator=wx.DefaultValidator , name=wx.TextCtrlNameStr )
```

参数说明如下。

其中参数 parent、id、pos、size、style、name 的用法与 wx.StaticText 类的相同。

value: 用于设置显示在该控件中的初始文本。

validator: 用于过滤数据以确保只能输入要接收的数据。

wx.TextCtrl 构造函数中 style 参数的取值和说明如表 10-2 所示。

表10-2　wx.TextCtrl 构造函数中 style 参数的取值和说明

序号	参数取值	说明
1	wx.TE_CENTER	文本控件中的文本设置为居中对齐
2	wx.TE_LEFT	文本控件中的文件设置为左对齐，为默认取值
3	wx.TE_RIGHT	文本控件中的文本设置为右对齐
4	wx.TE_NOHIDESEL	文本始终高亮显示，只适用于 Windows 操作系统
5	wx.TE_PASSWORD	隐藏所输入文本的真实字符，以星号显示所输入的文本
6	wx.TE_PROCESS_ENTER	如果使用该参数，那么当用户在控件内按【Enter】键时，文本输入事件将被触发。否则，按键事件由该文本控件或对话框进行管理
7	wx.TE_PROCESS_TAP	如果指定了这个样式，那么通常字符事件在按【Tab】键时触发。否则，字符事件由对话框来进行管理
8	wx.TE_READONLY	文本控件设置为只读模式，用户不能修改其中的文本

例如：

```
wx.TextCtrl(panel, pos=(100, 35), size=(140,25) , style=wx.TE_LEFT)
wx.TextCtrl(panel, pos=(100, 70), size=(140,25) , style=wx.TE_PASSWORD)
```

3. wx.Button 类

按钮是图形用户界面中应用最为广泛的控件之一，它常常用于捕获单击事件，其常见的用途是触发执行绑定的处理函数。

wxPython 提供了不同类型的按钮，其中较为简单、较常用的是 wx.Button 类。wx.Button 类构造函数的基本语法格式如下。

```
wx.Button(parent , id , label , pos , size=wxDefaultSize , style=0 , validator , name="button")
```

wx.Button 类构造函数的参数与 wx.TextCtrl 类构造函数的参数基本相同，在此不赘述，请参考 wx.TextCtrl 类构造函数的参数说明。其中参数 label 用于设置显示在按钮上的文本。

【实例 10-3】使用 wx.StaticText 类、wx.TextCtrl 类、wx.Button 类、wx.Font 类共同实现创建一个包含用户名和密码的登录界面

实例 10-3 的代码如下所示。

```
import wx    # 导入 wxPython
class LoginWindow(wx.Frame):
    def __init__(self, parent, id):
        wx.Frame.__init__(self, parent, id, title="用户登录", size=(300, 190))
        # 创建面板
        panel = wx.Panel(self)
        # 创建文本，左对齐
        title=wx.StaticText(panel, label="请输入用户名和密码", pos=(100, 10))
        font=wx.Font(12,wx.DEFAULT,wx.FONTSTYLE_NORMAL,wx.NORMAL)
        title.SetFont(font)
        wx.StaticText(panel, label="用户名：", pos=(40, 38))
        wx.StaticText(panel, label="密　码：", pos=(40, 73))
        wx.TextCtrl(panel, pos=(100, 35), size=(140,25) , style=wx.TE_LEFT)
        wx.TextCtrl(panel, pos=(100, 70), size=(140,25) , style=wx.TE_PASSWORD)
        # 创建"确定"和"取消"按钮，并绑定事件
        wx.Button(panel, label="确定", pos=(50, 110))
        wx.Button(panel, label="取消", pos=(150, 110))
```

```
if __name__ == "__main__":
    app = wx.App()
    # 初始化
    loginWin = LoginWindow(parent=None,id=-1)
    loginWin.Show()                          # 显示窗口
    dataWin=wx.Frame(parent=None,title="显示图书数据")
    app.MainLoop()                                    # 调用主循环方法
```

实例 10-3 的运行结果如图 10-3 所示。

图 10-3　实例 10-3 的运行结果

10.1.4　BoxSizer 布局

实例 10-3 中使用了文本控件、按钮等控件，并将这些控件通过设置 pos 参数布置在 panel 面板中。这种方式是通过设置控件在面板中的绝对位置来实现控件定位的，过程比较复杂，当窗口大小发生变化时，界面就会变得不够美观。在 wxPython 中有一种更智能的布局方式：使用尺寸器（sizer）。sizer 是用于自动布局一组窗口控件的算法。sizer 被附加到一个容器中，容器通常是一个框架或面板，在父容器中创建的控件必须被分别添加到 sizer 中。当 sizer 被附加到容器时，它随后就可以管理它所包含的子布局。

1. wxPython 提供的 sizer

wxPython 提供了 5 个 sizer，如表 10-3 所示。

表 10-3　wxPython 提供的 5 个 sizer

sizer 名称	说明
BoxSizer	在水平或竖直方向布局窗口控件，当窗口尺寸改变时，能很灵活地调整窗口控件的位置。通常应用于嵌套的样式，应用面广
GridSizer	一种基础的网格布局，当要放置的窗口控件都是同样的尺寸并且需整齐地放入一个规则的网格中时就可以使用它
FlexGridSizer	对 GridSizer 稍微做了一些改变，当窗口控件有不同的尺寸时，可以得到更好的效果
GridBagSizer	GridSizer 系列中最灵活的成员之一，使得网络中的窗口控件可以随意放置
StaticBoxSizer	一个标准的 BoxSizer

BoxSizer 是 wxPython 所提供的 sizer 中最简单、最灵活的布局方式之一。wx.BoxSizer 在一条线上布局窗口控件，布局方向可以是水平的或竖直的，控件的数量也可以不固定，并且可以在水平或竖直方向上包含嵌套的子 sizer 以创建复杂的布局。

sizer 能够管理组件的尺寸，只要将控件添加到 sizer 上，再添加一些布局参数，就可以让 sizer 去管理父容器的尺寸。

2. wx.BoxSizer 的 Add()方法

wx.BoxSizer 的 Add()方法可以将控件加入 sizer，使用 Add()方法的基本语法格式如下。

Box.Add(control , proportion , flag , border)

参数说明如下。

control：添加的控件名称。

proportion：所要添加的控件在设置的定位方式所代表的方向上占据的空间比例。如果有 3 个按钮，它们的值分别为 0、1、2，都被添加到一个宽度为 30 的水平排列的 wx.BoxSizer 中，起始宽度都是 10。当 sizer 的宽度由 30 改为 60 时，按钮 1 的宽度不变，为[10+(60-30)*0/(0+1+2)]=10，按钮 2 的宽度变为[10+(60-30)*1/(0+1+2)]=20，按钮 3 的宽度变为[10+(60-30)*2/(0+1+2)]=30。

flag：flag 参数与 border 参数结合使用可以控制边距宽度，其取值选项如表 10-4 所示。flag 参数还可以与 proportion 参数结合，设置控件本身的对齐方式，wx.BoxSizer 类中控件本身的对齐方式取值选项如表 10-5 所示。

border：控制所有添加的控件的边距，就是在控件之间添加一些空白。

表 10-4　Add()方法 flag 参数的取值选项

序号	取值选项	说明
1	wx.LEFT	左边距
2	wx.RIGHT	右边距
3	wx.BOTTOM	底边距
4	wx.TOP	上边距
5	wx.ALL	上、下、左、右 4 个边距

表 10-5　wx.BoxSizer 类中控件本身的对齐方式取值选项

序号	取值选项	说明
1	wx.ALIGN_LEFT	左边对齐
2	wx.ALIGN_RIGHT	右边对齐
3	wx.ALIGN_TOP	顶部对齐
4	wx.ALIGN_BOTTOM	底部对齐
5	wx.ALIGN_CENTER_VERTICAL	垂直对齐
6	wx.ALIGN_CENTER_HORIZONTAL	水平对齐
7	wx.ALIGN_CENTER	居中对齐
8	wx.ALIGN_EXPAND	所添加的控件将占有 sizer 定位上的所有可用的空间

通过操作符"|"可以联合使用表 10-4 所示的 flag 参数的取值选项，例如：wx.ALIGN_CENTER | wx.BOTTOM | wx.TOP、wx.EXPAND | wx.LEFT | wx.RIGHT。

例如：

```
hsizerUser = wx.BoxSizer(wx.HORIZONTAL)
hsizerUser.Add(self.lblUser, proportion=0, flag=wx.ALL, border=5)
hsizerUser.Add(self.txtUser, proportion=1, flag=wx.ALL, border=5)
```

【实例 10-4】演示使用 wx.BoxSizer 设置用户登录界面的布局

实例 10-4 的代码如电子活页 10-1 所示。

实例 10-4 的代码，首先创建文本控件和按钮，然后将其添加到容器中，并且设置横向排列，接着设置纵向排列。在布局过程中，通过设置每个控件的 flag 和 border 参数，实现控件位置间的布局。至此，使用 wx.BoxSizer 将控件的绝对位置布局改为相对位置布局。实例 10-4 的运行结果如图 10-4 所示。

电子活页 10-1

实例 10-4 的代码

图 10-4　实例 10-4 的运行结果

10.1.5　事件处理

事件（event）就是用户执行的动作，例如在按钮上单击就会触发一个单击事件。前面介绍的实例程序运行时，先在容器中添加控件并完成布局，然后输入用户名和密码，当单击【确定】按钮时，检验输入的用户名和密码是否正确，并输出对应的提示信息。当单击【取消】按钮时，清空已经输入的用户名和密码。要实现这样的功能，就需要使用 wxPython 的事件处理机制。

在 Python 程序运行过程中，当发生一个事件时，需要让程序关注到这些事件并且做出反应。这时，可以将函数绑定到所涉及事件可能发生的控件上。当事件发生时，该函数就被调用。利用控件的 Bind() 方法可以将事件处理函数绑定到事件上。

例如，为【确定】按钮添加一个单击事件，代码如下。

```
self.btnConfirm.Bind(wx.EVT_BUTTON, self.OnclickSubmit)
self.btnCancel.Bind(wx.EVT_BUTTON, self.OnclickCancel)
```

参数说明如下。

wx.EVT_BUTTON：表示事件类型为鼠标单击事件。在 wxPython 中有很多以 wx.EVT_开头的事件类型，例如，wx.EVT_BUTTON 表示鼠标单击事件、wx.EVT_MOTION 表示鼠标移动事件、wx.EVT_MOUSEWHEEL 表示鼠标滚轮滚动事件。也有一些其他名称的事件类型，例如，wx.ENTER_WINDOW 为鼠标进入控件事件，wx.LEAVE_WINDOW 为鼠标离开控件事件。

OnclickSubmit：方法名，事件发生时执行该方法。

OnclickCancel：方法名，事件终止时执行该方案。

【任务 10-1】使用 wxPython 框架结合 SQLite3 数据库设计图形用户登录界面

【任务描述】

（1）在 PyCharm 集成开发环境中创建项目 Unit10。

（2）在项目 Unit10 中创建 Python 程序文件 10-1Init.py 和 10-1.py。

（3）使用 wxPython 框架结合 SQLite3 数据库设计图形用户登录界面，实现用户登录功能。即分别为【确定】和【取消】按钮添加单击事件，当用户输入用户名和密码后，单击【确定】按钮，首先判断用户名或密码是否为空，如果为空则弹出提示信息对话框，显示"用户名或密码不能为空"的信息；如果输入的用户名和密码正确，则弹出提示信息对话框显示"登录成功"。在提示信息对话框中单击【确认】按钮后，打开【显示图书数据】窗口；否则出现"用户名和密码不匹配"的信息。当单击【取消】按钮时，清空用户输入的用户名和密码，关闭【用户登录】窗口。

微课 10-1

使用 wxPython 框架结合 SQLite3 数据库设计图形用户登录界面

【任务实施】

1. 创建 PyCharm 项目 Unit10

成功启动 PyCharm 后，在指定位置"D:\PycharmProject\"创建 PyCharm 项目 Unit10。

2. 创建 Python 程序文件 10-1Init.py

在 PyCharm 项目 Unit10 中新建 Python 程序文件 10-1Init.py，在新建文件 10-1Init.py 的代码编辑窗口输入程序代码，程序文件 10-1Init.py 的代码如电子活页 10-2 所示。

程序文件 10-1Init.py 的主要功能是创建 SQLite3 数据库 User.db，在该数据库中新建数据表"用户表"，然后在数据表中添加 5 条用户记录。

电子活页 10-2

程序文件 10-1Init.py
的代码

3. 创建 Python 程序文件 10-1.py

在 PyCharm 项目 Unit10 中新建 Python 程序文件 10-1.py，在新建文件 10-1.py 的代码编辑窗口输入程序代码，实现创建基于父类 wx.Frame 的窗口类 LoginWindow，定义 LoginWindow 类的__init__()方法，在窗口中添加面板和多个控件，使用 wx.BoxSizer 对控件进行合理布局，并绑定事件。

LoginWindow 类的__init__()方法的代码如下所示。

```python
class LoginWindow(wx.Frame):
    def __init__(self, parent, id):
        wx.Frame.__init__(self, parent, id, title="用户登录", size=(300, 190))
        # 创建面板
        panel = wx.Panel(self)
        # 创建"确定"和"取消"按钮，并绑定事件
        self.btnConfirm = wx.Button(panel, label="确定", pos=(50, 110))
        self.btnConfirm.Bind(wx.EVT_BUTTON, self.OnclickSubmit)
        self.btnCancel = wx.Button(panel, label="取消", pos=(150, 110))
        self.btnCancel.Bind(wx.EVT_BUTTON, self.OnclickCancel)
        # 创建文本，左对齐
        self.title = wx.StaticText(panel, label="请输入用户名和密码")
        self.lblUser = wx.StaticText(panel, label="用户名:")
        self.txtUser = wx.TextCtrl(panel, style=wx.TE_LEFT)
        self.lblPassword= wx.StaticText(panel, label="密    码:")
        self.txtPassword = wx.TextCtrl(panel, style=wx.TE_PASSWORD)
        # 添加容器，容器中控件横向排列
        hsizerUser = wx.BoxSizer(wx.HORIZONTAL)
        hsizerUser.Add(self.lblUser, proportion=0, flag=wx.ALL, border=5)
        hsizerUser.Add(self.txtUser, proportion=1, flag=wx.ALL, border=5)
        hsizerPassword = wx.BoxSizer(wx.HORIZONTAL)
        hsizerPassword.Add(self.lblPassword, proportion=0, flag=wx.ALL, border=5)
        hsizerPassword.Add(self.txtPassword, proportion=1, flag=wx.ALL, border=5)
        # 添加容器，容器中控件纵向排列
        vsizer = wx.BoxSizer(wx.VERTICAL)
        vsizer.Add(self.title, proportion=0, flag=wx.BOTTOM | wx.TOP | wx.ALIGN_ CENTER, border=5)
        vsizer.Add(hsizerUser, proportion=0, flag=wx.EXPAND | wx.LEFT | wx.RIGHT, border=15)
        vsizer.Add(hsizerPassword, proportion=0, flag=wx.EXPAND | wx.LEFT | wx.RIGHT, border=15)
        panel.SetSizer(vsizer)
```

在 LoginWindow 类的__init__()方法中，分别使用 Bind()函数为 btnConfirm、btnCancel 绑定单击事件，单击【确定】按钮时，执行 OnclickSubmit()方法判断用户名和密码是否正确，然后使用 wx.MessageBox()方法弹出提示信息对话框。单击【取消】按钮时，执行 OnclickCancel()方法清空

输入的用户名和密码，关闭【用户登录】窗口。LoginWindow 类的 OnclickSubmit()方法和
OnclickCancel()方法的代码如下所示。

```
def OnclickSubmit(self,event):
    """ 单击确定按钮，执行方法 """
    message = ""
    username = self.txtUser.GetValue()          # 获取输入的用户名
    password = self.txtPassword.GetValue()      # 获取输入的密码
    num =getUserInfo(usemame, password)
    if usemame == "" or password == "":  # 判断用户名或密码是否为空
        message = "用户名或密码不能为空"
        wx.MessageBox(message)  # 弹出提示信息对话框
    elif num >= 0:  # 用户名和密码正确
        message = "登录成功"
        wx.MessageBox(message)  # 弹出提示信息对话框
        loginWin.Hide()
        dataWin.Show()
    else:
        message = "用户名和密码不匹配"  # 用户名或密码错误
        self.txtUser.SetValue("")  # 清空输入的用户名
        self.txtPassword.SetValue("")  # 清空输入的密码
        wx.MessageBox(message)  # 弹出提示信息对话框

    def OnclickCancel(self,event):
        """ 单击取消按钮，执行方法 """
        self.txtUser.SetValue("")      # 清空输入的用户名
        self.txtPassword.SetValue("") # 清空输入的密码
        loginWin.Hide()
```

自定义函数 initDb()用于连接 SQLite3 数据库，且返回连接对象和游标对象。自定义函数
getUserInfo()用于从数据表"用户表"中获取符合指定条件的数据，判断用户名和密码在数据表"用户
表"中是否存在，代码如下所示。

```
def initDb():
    # 数据库文件是 User.db，如果文件不存在，会自动在当前目录创建
    conn = SQLite3.connect("User.db")
    # 创建一个游标对象 Cursor
    cursor = conn.cursor()
    return conn,cursor

def getUserInfo(name,password):
    conn, cursor = initDb()
    # SQL 查询数据语句
    strSelect="select 用户名称,密码 from 用户表 where 用户名称=? and 密码=?"
    cursor.execute(strSelect,(name,password))
    rows=cursor.fetchall()
    n=len(rows)
    # 关闭游标
```

```
        cursor.close()
        # 关闭 Connection
        conn.close()
        return n
```

程序 10-1.py 的主体程序代码如下。

```
if __name__ == "__main__":
    app = wx.App()
    loginWin = LoginWindow(parent=None,id=-1)
    loginWin.Show()                               # 显示窗口
    dataWin=wx.Frame(parent=None,title="显示图书数据")
    app.MainLoop()                                # 调用主循环方法
```

单击工具栏中的【保存】按钮■，保存程序文件 10-1Init.py 和 10-1.py。

4. 运行 Python 程序

在 PyCharm 主窗口选择【Run】菜单，在弹出的下拉菜单中选择【Run】。在弹出的【Run】对话框中选择"10-1Init"选项，程序文件 10-1Init.py 开始运行，完成 SQLite3 数据库 User.db 的创建，在该数据库中完成数据表"用户表"的创建，然后在数据表中添加 5 条用户记录。

运行程序 10-1.py，程序 10-1.py 的运行结果如图 10-5 所示，显示【用户登录】窗口。

分别输入正确的用户名和密码，例如输入用户名"admin"，输入密码"666"，如图 10-6 所示。然后单击【确定】按钮，弹出提示信息对话框显示"登录成功"，如图 10-7 所示。在提示信息对话框中单击【确认】按钮，打开【显示图书数据】窗口，如图 10-8 所示。

图 10-5　程序 10-1.py 的运行结果

图 10-6　在【用户登录】窗口中输入用户名和密码

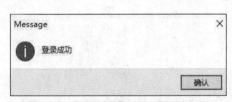

图 10-7　"登录成功"的提示信息对话框

图 10-8　【显示图书数据】窗口

10.2　使用 PyQt5 框架设计图形用户界面

PyQt 是 Qt 库的 Python 版本，它提供了在 Python 中开发应用程序的可能，而且开发出的应用程序在其他平台上拥有类似的外观。

PyQt 拥有 commercial 和 GPL 的双重许可。支持 PyQt 的公司也会提供 license FAQ。

使用 pip 安装 PyQt5 的命令如下。

```
pip install pyqt5
pip install pyqt5-tools
```

安装完成后会显示提示文字 Successfully installed。同时 python、Lib、site-packages 文件夹中会增加多个子文件夹，可给 python、Lib、site-packages、pyqt5_tools、designer.exe 创建快捷方式，以后会经常用到。

1. PyQt5 中创建图形用户界面的常用模块

PyQt5 中创建图形用户界面的常用模块有 QtWidgets 模块、QtGui 模块。

（1）QtWidgets 模块。该模块包含了一整套 UI 元素控件，用于方便地建立符合 Windows 风格的典型图形用户界面，可以在安装时选择是否使用此功能。

（2）QtGui 模块。该模块涵盖了多种基本图形功能的类，包括但不限于窗口集、事件处理、2D 图形、基本的图像和界面、字体和文本类。

2. PyQt5 主要的类

PyQt5API 拥有 620 多个类和 6000 个函数，它是一个跨平台的工具包，可以运行在所有主流的操作系统上，包括 Windows、Linux 和 macOS。

PyQt5 主要的类如表 10-6 所示。

表 10-6　PyQt5 主要的类

序号	类名称	说明
1	QObject 类	在 PyQt5 类层次结构中是"顶部类"，它是所有 PyQt 对象的基类
2	QPaintDevice 类	所有可绘制的对象的基类
3	QApplication 类	用于管理图形用户界面应用程序的控制流和主要设置。它包含主事件循环，对来自窗口系统和其他资源的所有事件进行处理和调度；它也对应用程序的初始化和结束进行处理，并且提供对话管理；它还对绝大多数系统范围和应用程序范围的设置进行处理
4	QWidget 类	所有用户界面类的基类。QDialog 类和 QFrame 类继承自 QWidget 类，这两个类也有自己的子类
5	QFrame 类	有框架的窗口控件的基类，它也被用于直接创建没有任何内容的简单框架，但是通常要用到 QHBox 或 QVBox，因为它们可以自动布置框架中的窗口控件
6	QDialog 类	最普通的顶级窗口之一。如果一个窗口控件没有被嵌入父窗口控件，那么该窗口控件就被称为顶级窗口控件。在通常情况下，顶级窗口控件是有框架和标题栏的窗口。在 Qt 中，QMainWindow 和不同的 QDialog 的子类是最普通的顶级窗口之一
7	QMainWindow 类	提供一个有菜单栏、锚接窗口（如工具栏）和状态栏的主应用程序窗口

PyQt5 中，如果一个窗口包含一个或者多个窗口，那么这个窗口就是父窗口，被包含的窗口就是子窗口。没有父窗口的窗口就是顶级窗口，QMainWindow 类就是顶级窗口，它可以包含很多界面元素。

QMainWindow 类可以包含菜单栏、工具栏、状态栏、标题栏等，是 GUI 程序的主窗口。如果需要创建主窗口，就使用该类。

QDialog 类是对话框的基类。对话框一般用来执行短期任务，或者与用户进行互动，它可以是模态的也可以是非模态的。QDialog 类没有菜单栏、工具栏、状态栏等。如果需要的是对话框，就选择该类。

QWidget 类作为 QMainWindow 和 QWidget 的父类，并未细化到主窗口或者对话框，作为通用窗口类。如果不确定具体使用哪种窗口类，就可以使用该类。

【实例 10-5】演示使用 PyQt5 创建一个简单可视化窗口的方法

实例 10-5 的代码如下所示。

```
import sys
from PyQt5 import QtWidgets
from PyQt5.QtGui import QIcon
```

```
# 所有的 PyQt 程序必须创建的一个对象(QApplication)
app = QtWidgets.QApplication(sys.argv)
widget = QtWidgets.QWidget()    # 没有父类的 QWidget 将被作为窗口使用
widget.resize(450, 300)          #设置窗口大小
widget.move(400, 400)            #设置窗口启动时的初始位置
widget.setWindowTitle("浏览数据")           #设置窗口的标题名称
widget.setWindowIcon(QIcon('favicon.ico'))   #设置窗口图标
widget.show()   # 一个 widget 对象在内存中被创建，接着被显示
sys.exit(app.exec_())
```

实例 10-5 中各条语句的含义见代码中的注释文字。

执行实例 10-5 中的代码"sys.exit(app.exec_())"，应用程序进入主循环，事件处理开始执行。主循环用于接收来自窗口触发的事件，并且转发它们到 widget 应用上处理。如果关闭窗口手动退出循环，则会调用 exit()方法退出程序；如果调用 exit()方法或主 widget 组件被销毁，则主循环将退出。

图 10-9　实例 10-5 的运行结果

实例 10-5 的运行结果如图 10-9 所示。

【实例 10-6】 演示调用自定义类创建与显示窗口的方法

实例 10-6 的代码如下所示。

```
import sys
from PyQt5 import QtWidgets
from PyQt5.QtGui import QIcon


class UiMainWindow(QtWidgets.QMainWindow):
    def __init__(self, parent=None):
        super(UiMainWindow, self).__init__(parent)
        self.setupUi()

    def setupUi(self):
        self.resize(450, 300)                        # 设置窗口大小
        self.setWindowTitle("浏览数据")                # 设置窗口的标题名称
        self.setWindowIcon(QIcon('favicon.ico'))      # 设置窗口图标


if __name__ == "__main__":
    app =  QtWidgets.QApplication(sys.argv)
    # 主窗体对象
    ui = UiMainWindow()
    # 显示主窗体
    ui.show()
    sys.exit(app.exec_())
```

实例 10-6 的运行结果如图 10-9 所示。

3. PyQt5 常用的控件

PyQt5 常用的控件如表 10-7 所示。

表 10-7　PyQt5 常用的控件

序号	控件名称	说明
1	QLabel 控件	用于显示文本或图像
2	QLineEdit 控件	提供一个单页面的单行文本编辑器
3	QTextEdit 控件	提供一个单页面的多行文本编辑器
4	QPushButton 控件	提供一个命令按钮
5	QRadioButton 控件	提供一个单选按钮和一个文本或像素映射标签
6	QCheckBox 控件	提供一个带文本标签的复选框
7	QSpinBox 控件	允许用户选择一个值，要么通过按向上/向下方向键增加/减少当前显示值，要么直接将值输入文本框中
8	QScrollBar 控件	提供一个水平的或垂直的滚动条
9	QSlider 控件	提供一个垂直或水平的滑动条
10	QComboBox 控件	一个组合按钮，用于弹出列表
11	QMenuBar 控件	提供一个横向的菜单栏
12	QStatusBar 控件	提供一个适合呈现状态信息的水平条，通常放在 QMainWindow 的底部
13	QToolBar 控件	提供一个工具栏，可以包含多个按钮，通常放在 QMainWindow 的顶部
14	QListView 控件	可以显示和控制可选的多选列表，可以设置 ListMode 或 IconMode
15	QPixmap 控件	可以在控件上显示图像，通常放在 QLabel 或 QPushButton 中
16	QDialog 控件	对话框窗口的基类

QMainWindow 类的主要方法如表 10-8 所示。

表 10-8　QMainWindow 类的主要方法

序号	方法	说明
1	addToolBar()	添加工具栏
2	centralWidget()	返回窗口中心的控件，未设置则返回 NULL
3	menuBar()	返回主窗口的菜单栏
4	setCentralWidget()	设置窗口中心的控件
5	setStatusBar()	设置状态栏
6	statusBar()	获取状态栏对象

【任务 10-2】在窗口的 QListView 控件中显示销量前 10 名的图书名称列表

【任务描述】

（1）在项目 Unit10 中创建 Python 程序文件 mySQL10.py，该文件定义 MySQLClass 类，该类中定义方法 connectionSQL()，用于连接数据库；定义方法 closeSQL()，用于关闭数据库；定义方法 query_top10_bookName()，用于获取数据表"salesRank"中销量榜前 10 名的书名。

（2）创建一个窗口，在该窗口添加一个 QListView 控件，将数据表"salesRank"中销量榜前 10 名的书名添加到 QListView 控件中，并输出这些图书的名称。

【任务实施】

1. 创建 Python 程序文件 mySQL10.py

在 PyCharm 项目 Unit10 中新建 Python 程序文件 mySQL10.py，在新建文件 mySQL10.py 的代码编辑窗口输入程序代码，程序文件 mySQL10.py 的代码如电

微课 10-2

在窗口的 QListView 控件中显示销量前 10 名的图书名称列表

电子活页 10-3

程序文件 mysql10.py 的代码

子活页 10-3 所示。

2. 创建 Python 程序文件 10-2.py

在 PyCharm 项目 Unit10 中新建 Python 程序文件 10-2.py，在新建文件 10-2.py 的代码编辑窗口输入程序代码，程序文件 10-2.py 的代码如电子活页 10-4 所示。

单击工具栏中的【保存】按钮🖫，保存程序文件 mySQL10.py 和 10-2.py。

3. 运行 Python 程序

在 PyCharm 主窗口选择【Run】菜单，在弹出的下拉菜单中选择【Run】。在弹出的【Run】对话框中选择"10-2"选项，程序文件 10-2.py 开始运行。程序文件 10-2.py 的运行结果如图 10-10 所示。

```
ID  图书销量前十名排行榜           —   □   ×

第1名：  深入理解Java虚拟机
第2名：  架构即未来
第3名：  Linux基础学习
第4名：  数学之美（第二版）
第5名：  科技之巅
第6名：  C Primer Plus
第7名：  锋利的jQuery（第2版）
第8名：  Java从入门到精通（第4版）
第9名：  机器学习
第10名： 人工智能
```

图 10-10　程序文件 10-2.py 的运行结果

【任务 10-3】窗口中以表格方式展示计算机与互联网图书销量排行榜

【任务描述】

（1）在项目 Unit10 中创建 Python 程序文件 10-3.py。

（2）在【任务 10-2】所定义的 MySQLClass 类中新增一个方法 query_top100_rankings()，该方法用于获取排行榜中排名前 100 位图书的排名、图书名称、定价、京东价、出版社等信息。

（3）创建一个窗口，在该窗口添加一个 QTableWidget 控件，将数据表 "salesRank" 中排名前 100 位的图书信息添加到 QTableWidget 控件中，并以表格方式输出这些图书的排名、图书名称、定价、京东价、出版社等信息。

【任务实施】

在 PyCharm 项目 Unit10 中打开程序文件 mySQL10.py，在 MySQLClass 类中新增一个方法 query_top100_rankings()，该方法的代码如下所示。

```python
class MySQLClass(object):
    # 获取排名前 100 位的图书信息
    def query_top100_rankings(self, cur, table):
        querySQL = "select ID,bookName,dingPrice,jdPrice,publisher from {table}".format(table=table)
        cur.execute(querySQL)              # 执行 SQL 语句
        results = cur.fetchall()           # 获取查询的所有记录
        row = len(results)                 # 获取信息条数，作为表格的行
        column = len(results[0])           # 获取字段数量，作为表格的列
        return row, column, results        # 返回信息行与信息列（字段对应的信息）
```

在 PyCharm 项目 Unit10 中创建 Python 程序文件 10-3.py。在程序文件 10-3.py 中编写程序代码，实现所需功能，程序文件 10-3.py 的代码如电子活页 10-5 所示。

程序文件 10-3.py 的运行结果如图 10-11 所示。

图 10-11　程序文件 10-3.py 的运行结果

10.3　Python 网络爬虫

网络爬虫（也称为网络蜘蛛）可以按照指定的规则（网络爬虫算法）自动浏览或抓取网络中的数据，使用 Python 可以轻松编写爬虫程序。

10.3.1　Python 爬虫获取数据的基本流程

Python 爬虫获取数据的基本流程如图 10-12 所示。

图 10-12　Python 爬虫获取数据的基本流程

（1）发送请求。使用 http 模块向目标站点发起请求，请求包含请求头、请求体等。但 Request 模块不能执行 JS 和 CSS 代码。

（2）获取响应内容。如果请求的内容存在于目标服务器上，那么服务器会返回响应内容。响应内容包含 HTML 数据、JSON 字符串、图片、视频等。

（3）解析内容。对于用户而言，就是寻找自己需要的信息。对于 Python 爬虫而言，就是利用正则表达式或者其他库提取目标信息。利用正则表达式（re 模块）、第三方解析库（例如 Beautiful Soup、pyquery）等解析 HTML 数据；利用 json 模块解析 JSON 数据。

（4）保存数据。解析获取的数据，并将这些数据保存在本地数据库中。

10.3.2　robots 协议

robots 协议可被看作"网站与爬虫之间的协议"。robots.txt（统一小写）是一种存放于网站根目录下的 ASCII 编码的文本文件，它通常告诉爬虫此网站中的哪些内容是不应被爬虫获取的，哪些是可以被爬虫获取的。因为一些系统中的 URL 对大小写敏感，所以 robots.txt 的文件名应统一为小写。

10.3.3　网络爬虫引发的问题

网络爬虫抓取网络中的数据会引发以下问题。

（1）对网站产生"性能骚扰"。由于网络爬虫频繁访问会给网站服务器带来巨大的额外资源开销，因此会对网站产生"性能骚扰"。

（2）网络爬虫抓取数据存在法律风险。服务器上的数据都有产权归属，如果网络爬虫获取数据进行牟利将会带来法律风险。

（3）网络爬虫可能会造成隐私泄露。网络爬虫可能具备突破简单控制访问的能力，可以获取被保护的数据从而泄露个人隐私。

【任务 10-4】网络图片抓取和存储

【任务描述】

（1）在项目 Unit10 中创建 Python 程序文件 10-4.py。

（2）编写程序，从网上抓取图片（图片所在网址为 http://img12.360buyimg.com/n1/jfs/t29257/219/1177122347/147407/b1b81472/5cd8e1eeN71eb128a.jpg），并将抓取的图片以网上原图的名称保存在 D 盘文件夹 pics 中。

【任务实施】

在 PyCharm 项目 Unit10 中创建 Python 程序文件 10-4.py。在程序文件 10-4.py 中编写程序代码，实现所需功能，程序文件 10-4.py 的代码如下所示。

```python
import requests
import os
url = "http://img12.360buyimg.com/n1/jfs/t29257/219/1177122347/
       147407/b1b81472/5cd8e1eeN71eb128a.jpg"
dir = "D://pics//"
path = dir + url.split('/')[-1] #设置图片保存路径并以原图的名称命名
try:
    if not os.path.exists(dir):
        os.mkdir(dir)
    if not os.path.exists(path):
        re = requests.get(url)
        with open(path,'wb') as file:
            file.write(re.content)
            file.close()
            print("文件保存成功")
    else:
        print("文件已存在")
except IOError as err:
    print(str(err))
```

程序文件 10-4.py 的代码成功运行后，将把从网上抓取的图片以网上原图的名称保存在 D 盘文件夹 pics 中。

📝 知识拓展

1. PyQt5 的基本模块

PyQt5 包括的基本模块有 QtCore 模块、QtWidgets 模块、QtDesigner 模块、Qt 模块、UIC 模块等，PyQt5 的基本模块如电子活页 10-6 所示。

2. 比较 QWidget 类、QMainWindow 类和 QApplication 类

（1）QWidget 类。

QWidget 类是所有用户界面类的基类，它能接收所有的鼠标事件、键盘事件和其他系统窗口事件。所有的窗口或者控件都直接或者间接的继承自 QWidget 类。没有被嵌入父窗口的 QWidget 类会被当作一个窗口来调用，当然，它也可以使用 setWindowFlags(Qt.WindowFlags) 函数来设置窗口的显示效果。

电子活页 10-6

PyQt5 的基本模块

QWidget 的构造函数可以接收两个参数，其中第一个参数是该窗口的父窗口；第二个参数是该窗口的 Flag，也就是 Qt.WindowFlags。根据父窗口来决定 Widget 是嵌入父窗口还是被当作一个独立的窗口来调用，根据 Flag 来设置 Widget 窗口的一些属性。

（2）QMainWindow 类。

QMainWindow 类（主窗口）一般是应用程序的框架，在主窗口中可以添加所需要的 Widget，例如添加菜单栏、工具栏、状态栏等。主窗口通常用于提供一个较大的中央窗口控件（例如文本编辑控件或者绘制画布控件）以及周围的菜单栏、工具栏和状态栏。QMainWindow 类常常被继承，这使得封装中央窗口控件、菜单栏、工具栏以及状态栏变得更容易。也可以使用 Qt Designer 来创建主窗口。

（3）QApplication 类。

QApplication 类用于管理图形用户界面应用程序的控制流和主要设置，可以说 QApplication 类是 PyQt5 的整个后台管理的"命脉"。任何一个使用 PyQt5 开发的图形用户界面应用程序，都存在一个 QApplication 对象。

在 PyQt5 中，可以通过如下代码载入必需的模块获得 QApplication 类。

```
from PyQt5.QtWidgets import QApplication
```

在 PyQt5 的应用程序实例中包含 QApplication 类的初始化，通常放在 Python 程序代码中 if __name__ == "__main__":语句的后面，类似于放在 C 语言的 main()函数里，作为主程序的入口。因为 QApplication 对象做了很多初始化操作，所以它必须在创建窗口之前被创建。

QApplication 类还可以处理命令行的参数，在 QApplication 类初始化时，需要引入参数 sys.argv。sys.argv 是来自命令行的参数列表，Python 脚本可以从 Shell 中运行，例如使用鼠标双击 qtSample.py，就启动了一个 PyQt5 应用程序。引入 sys.argv 后就能让程序从命令行启动，例如在命令行中输入 python qtSample.py，也可以达到同样的效果。

QApplication 类的初始化可以参考以下代码。

```
if __name__ == "__main__":
    app = QApplication(sys.argv)
    # 界面生成代码
    sys.exit(app.exec_())
```

调用 sys.exit()函数可以结束一个应用程序，使应用程序在主循环中退出。

QApplication 类采用事件循环机制，当 QApplication 类初始化后，就进入应用程序的主循环中，开始进行事件处理，主循环从窗口系统接收事件，并将这些事件分配到应用程序的控件中。

PyQt5 的应用程序也是事件驱动的，例如键盘事件、鼠标事件等。在没有任何事件的情况下，应用程序处于睡眠状态。

3. requests 模块

requests 模块是用 Python 基于 urllib 编写的，采用的是 Apache2 Licensed 开源协议的 http 库。requests 是在 Python 中实现 HTTP 请求的一种方式。requests 模块是第三方模块，该模块在实现 HTTP 请求时要比 urllib 模块简单很多，操作更加人性化。requests 模块如电子活页 10-7 所示。

使用 requests 模块之前需要通过执行 pip install requests 命令安装该模块。

电子活页 10-7

requests 模块

在线测试

单元 11
基于Flask框架的Web
程序设计

11

    Flask 诞生于 2010 年，是一个使用 Python 基于 Werkzeug 工具箱编写的轻量级 Web 开发框架。Flask 本身相当于一个内核，其他几乎所有的功能都需要使用第三方的扩展来实现。例如可以使用 Flask 扩展实现 ORM、窗体验证、文件上传、身份验证等功能。Flask 没有默认使用的数据库，可以选择 MySQL，也可以用 NoSQL。

    Flask 的两个主要核心应用是路由模块 Werkzeug 和模板引擎 Jinja2。Flask 相对于 Django 而言是轻量级的 Web 框架。和 Django 不同，Flask 轻巧、简洁，通过定制第三方扩展来实现具体功能。本单元主要讲解应用 Flask 框架进行 Web 程序设计。

知识入门

1. Flask 的扩展包

Flask 主要的扩展包如下。

（1）Flask-SQLalchemy：用于操作数据库。

（2）Flask-migrate：用于管理迁移数据库。

（3）Flask-Mail：用于实现邮件功能。

（4）Flask-WTF：用于实现表单功能。

（5）Flask-script：用于插入脚本。

（6）Flask-Login：作用判断用户状态。

（7）Flask-RESTful：提供开发 REST API 的工具。

（8）Flask-Bootstrap：用于集成前端 Bootstrap 框架。

（9）Flask-Moment：用于本地化日期和时间。

2. Flask 的安装

使用 pip 安装 Flask，安装命令如下。

```
pip install flask
```

如果指定 Flask 版本，可以使用以下命令进行安装。

```
pip install flask==0.12.4
```

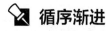

11.1 创建与运行 Flask 程序

11.1.1 在 PyCharm 中创建 Flask 项目

（1）成功启动 PyCharm，进入集成开发环境。

（2）在 PyCharm 主窗口选择菜单【File】，在弹出的下拉菜单中选择【New Project】，打开【New Project】对话框，该对话框左侧列出很多项目模板，这里选择"Flask"，在"Location"文本框中输入 Flask 项目的存放位置和项目名称，例如"D:\PycharmProject\Unit11\11-1"，且完成其他的设置，如图 11-1 所示。

也可以单击文本框右侧的按钮，在弹出的【Select Base Directory】对话框中直接选择项目存放位置，例如"D:\PycharmProject\Unit11"，然后单击【OK】按钮返回【New Project】对话框。

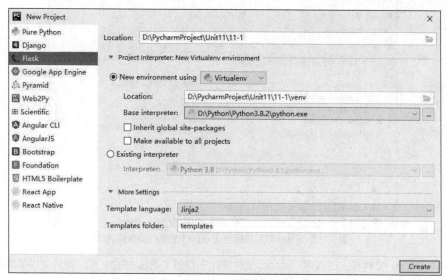

图 11-1 【New Project】对话框

Flask 项目的存放位置、项目名称等设置都完成后，在【New Project】对话框中单击【Create】按钮，在弹出的【Open Project】对话框中单击【New Window】按钮，如图 11-2 所示，即在新的窗口中打开创建的 Flask 项目。

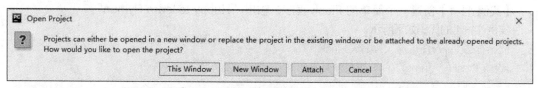

图 11-2 在【Open Project】对话框中单击【New Window】按钮

这时会打开一个新的 PyCharm 窗口，接着完成后续工作，例如创建虚拟环境、激活环境等，【Creating Virtual Environment】对话框如图 11-3 所示。

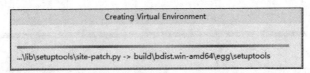

图 11-3 【Creating Virtual Environment】对话框

然后安装 Flask 相关文件与配置 Flask 项目，【Ensuring Flask is installed】对话框如图 11-4 所示。

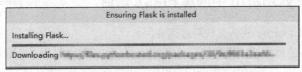

图 11-4 【Ensuring Flask is installed】对话框

Flask 相关文件安装与 Flask 项目配置完成后，Pycharm 将自动生成一个精简的 Flask 项目模板，Flask 项目模板与 app.py 文件的代码编辑窗口如图 11-5 所示。

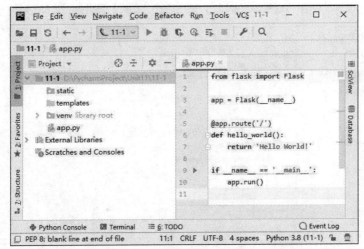

图 11-5 Flask 项目模板与 app.py 文件的代码编辑窗口

其中，app.py 文件是入口程序，static 文件夹用于存放 CSS 样式文件、图片文件等静态文件，templates 文件夹是模板存放的位置，即存放网页文件的文件夹。

11.1.2 创建简单的 Flask 程序

Flask 程序也是 Python 程序，扩展名为 ".py"。

【实例 11-1】创建一个简单的 Flask 程序，输出 "Happy to learn Python"

实例 11-1 的代码如下所示。

```python
from flask import Flask      #导入 Flask
app = Flask(__name__)        #创建 Flask 对象


@app.route('/')
def index():
    return "Happy to learn Python"
```

```
if __name__ == '__main__':
    app.run()
```

实例 11-1 的运行结果如图 11-6 所示。

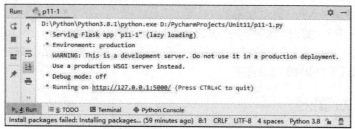

图 11-6　实例 11-1 的运行结果

然后在浏览器地址栏中输入网址"http://127.0.0.1:5000/"，页面中输出"Happy to learn Python"，如图 11-7 所示。

图 11-7　页面中输出"Happy to learn Python"

实例 11-1 中创建 Flask 的实例的代码为：Flask(__name__)，这里的参数使用"__name__"。

代码 @app.route('/') 使用 route() 装饰器告诉 Flask 什么样的 URL 能够触发调用函数 index()，该函数返回想要显示在浏览器中的信息。

代码 app.run() 调用方法 run() 来让应用程序运行在本地服务器上，其中"if __name__ == '__main__':"是确保服务器在该程序被 Python 解释器直接执行的时候才会运行，而不是作为模块导入的时候执行。

如果调用方法 run() 时需要指定服务器 IP 地址和端口号，则可以添加服务器 IP 地址和端口号参数，代码为 app.run(host='127.0.0.1', port=5000)。

11.1.3　开启调试模式

虽然 run() 方法适用于启动本地的服务器，但是每次程序代码被修改后都需要手动重启，即调用方法 run() 让应用程序再一次运行时不会自动重新载入修改后的内容。

Flask 内置了调试模式，可以自动重载代码并显示调试信息，这需要开启调试模式，有多种方法可以开启调试模式。

方法一：将 FLASK_DEBUG 环境变量的值设置为 1。

方法二：使用如下代码。

```
app.debug=True
app.run()
```

方法三：使用如下代码。

```
app.run( debug=True )
```

这时候再次修改代码，然后再次运行程序，会发现 Flask 会自动重载代码。

11.2　路由

客户端（如 Web 浏览器）把请求发送给 Web 服务器，Web 服务器再把请求发送给 Flask 程序实例。程序实例需要知道对每个 URL 请求运行哪些代码，所以需要处理 URL 到 Python 函数的映射关系。处理 URL 和函数之间关系的代码称为路由。

在 Flask 程序中定义路由的最简便的方式之一是使用程序实例提供的 app.route()装饰器，把修饰的函数注册为路由。修饰器是 Python 的标准特性，可以使用不同的方式修改函数的行为，常用方法是使用修饰器把函数注册为事件的处理程序。

11.2.1　访问路径

Flask 程序可以以访问路径形式设置访问路由，设置访问路径的基本语法格式如下。

```
@app.route('/path')
```

其中，path 表示浏览网页时在"http://127.0.0.1:5000/"后面添加的路径值，例如"test"。

【实例 11-2】创建 Flask 程序，演示访问路径的使用

实例 11-2 的代码如下所示。

```
from flask import Flask       #导入 Flask
app = Flask(__name__)      #创建 Flask 对象
@app.route('/')
def index():
    return "访问网站首页"


@app.route('/test')
def printInfo():
    return "Happy to learn Python"


if __name__ == '__main__':
    app.run()
```

运行实例 11-2 的代码，先在浏览器地址栏中输入网址"http://127.0.0.1:5000/"，则在页面中输出文字"访问网站首页"。

然后在浏览器地址栏中输入网址"http://127.0.0.1:5000/test"，则在页面中输出文字"Happy to learn Python"。

11.2.2　路径变量

如果希望获取"/path/2"这样的路径参数，就需要使用路径变量。路径变量的基本语法格式如下。

```
/path/<converter:variable_ame>
```

路由设置传递参数有 2 种方式。

1. 没有限定类型

语法格式为：/path/< variable_ame>。

2. 限定数据类型

语法格式为：/path/< converter:variable_ame>，即在变量名称前加数据类型。

路径变量前常使用的数据类型如表 11-1 所示。

表 11-1 路径变量前常使用的数据类型

序号	数据类型	作用
1	string	默认选项，接受除了斜杠之外的字符串
2	int	接受整数
3	float	接受浮点数
4	path	和 string 类似，还可以接受带斜杠的字符串
5	any	匹配任何一种转换器
6	uuid	接受 UUID 字符串

【实例 11-3】创建 Flask 程序，演示路径变量与限定数据类型的使用

实例 11-3 的代码如下所示。

```
from flask import Flask    #导入 Flask
app = Flask(__name__)    #创建 Flask 对象
@app.route('/book/<book_name>')
def book_info(book_name):
    return "图书名称: "+ book_name


@app.route('/user/<int:user_id>')
def user_info(user_id):
    return "用户 ID: " + str(user_id)


if __name__ == '__main__':
    app.run()
```

运行实例 11-3 的代码，先在浏览器地址栏中输入网址 "http://127.0.0.1:5000/Python 程序设计"，则在页面中输出文字 "图书名称: Python 程序设计"。

然后在浏览器地址栏中输入网址 "http://127.0.0.1:5000/user/2"，则在页面中输出文字 "用户 ID: 2"。

11.2.3 构造 URL

在 Flask 程序中给指定函数构造 URL 的基本语法格式如下。

```
url_for('函数名称', 命名参数)
```

例如: url_for('index')、url_for('profile',username='admin')。

【实例 11-4】创建 Flask 程序，演示给指定函数构造 URL 的方法

实例 11-4 的代码如下所示。

```
from flask import Flask,url_for
app = Flask(__name__)
@app.route('/')
def index():
    pass
@app.route('/login')
def login():
    pass
@app.route('/user/<username>')
```

```
    def profile(username):
        pass
with app.test_request_context():
    print( url_for('index'))
    print( url_for('login'))
    print( url_for('login',id='2'))
    print( url_for('profile',username='admin'))
```

实例 11-4 的运行结果如下。

```
/
/login
/login?id=2
/user/admin
```

11.2.4　HTTP 方法

HTTP 访问 URL 的方法有多种，常用的有 GET、POST 等请求方法。对于 GET 请求，浏览器告诉服务器只获取页面上的信息并发给服务器；对于 POST 请求，浏览器告诉服务器想在 URL 上发布新信息，并且由于 POST 请求只触发一次，服务器必须确保数据已经存储且仅存储一次，这是 HTML 表单通常发送数据到服务器的方法。

默认情况下，路由只回应 GET 请求，但是通过 route()装饰器传递 methods 参数可以进行改变，告知服务器客户端想对请求的页面做些什么。

例如：

```
from flask import request
@app.route("/login", methods=['GET', 'POST'])
def login():
    if request.method == 'POST':
        pass
    else:
        pass
```

Request 对象是一个全局对象，利用它的属性和方法，可以方便地获取从页面传递过来的参数。该对象的 method 属性会返回 HTTP 方法的请求方式，例如 POST 或 GET。

11.3　静态文件与模板生成

11.3.1　静态文件

Web 程序中常常需要处理静态文件，静态文件主要包括 CSS 样式文件、JavaScript 脚本文件、图片文件、字体文件等静态资源。

在 Flask 程序中需要使用 url_for()函数并指定 static 文件夹名称和文件名称。在包中或模块所在的文件夹创建一个名为 static 的文件夹，然后在程序中使用"static"即可访问。例如引入文件夹 static 中的 CSS 样式文件 style.css 的代码如下。

```
url_for('static' , filename='style.css')
```

在页面中引入静态文件的示例代码如下。

```
<link type="text/css" href="{{url_for('static',filename='css/base.css')}}" >
<script type="text/javascript"   src="{{url_for('static',filename='js/base.js')}}"></script>
<img src="{{ url_for('static', filename='static/hh.jpg') }} " alt="" title=""/>
```

11.3.2　Flask 模板生成

Flask 默认使用 Jinja2 作为模板，Flask 会自动配置 Jinja2 模板，所以我们不需要进行其他配置。默认情况下，Flask 程序的模板文件需要放在 templates 文件夹下。Jinja2 模板是一个简单的纯文本文件，一般用 HTML 来书写。

1. render_template()方法

使用 Jinja2 模板时，只需要使用 render_template()方法传入模板文件名和参数名即可，该方法的基本语法格式如下。

```
render_template( 模板文件名称 , [关键字参数] )
```

其中，第 1 个参数是模板的文件名，第 2 个参数是可选参数，表示键值对象。

例如：

```
return render_template('showText.html')
render_template('11-5.html',name=username)
```

参数“name=username”是关键字参数，其中 name 表示参数名，与模板文件的变量同名；username 是当前作用域中的变量，表示同名参数的值。

2. Flask 模板的基本结构

Flask 模板的基本结构有以下几种。

（1）{{ ... }}用于装载变量，模板渲染的时候，会使用同名参数传进来的值进行替换。

例如{{ name }}，这里变量 name 使用模板渲染时同名参数 name 传进来的值进行替换。

（2）{% ... %}用于装载控制语句。

例如{% if name %}、{% else %}、{% endif %}。

（3）{# ... #}用于添加注释，模板渲染的时候会忽视这中间的值。

例如{#用户还没有登录#}。

3. Flask 模板的参数传递

模板渲染时有以下两种传递参数的方式。

（1）使用“变量名称='变量值'”传递一个参数。

例如：

```
render_template('11-5.html',name=username)
```

（2）使用字典组织多个参数，并且加两个“*”转换成关键字参数传入。

例如：

```
return render_template('about.html' , **{'user':'username'})
```

4. Flask 模板中的变量定义

（1）在模板中使用 set 语句定义全局变量。

在 Flask 模板内部可以使用 set 语句定义全局变量。只有定义了某个变量，变量定义位置之后的代码才可以使用该变量。在解释性语言中，变量的类型是运行时确定的，因此，这里的变量可以赋任何类型的值。

例如：

```
{% set name='xx' %}
```

上面的语句创建的是全局变量，在定义之后的页面文件中都可以访问。

（2）使用 with 语句定义局部变量。

在 Flask 模板中，如果想让定义的变量只在部分作用域内有效，则需要使用 with 语句定义。在 with 语句中定义的变量只能在 with 语句内部使用，超出范围无效。

例如：

```
{% with num= 2 %}
    {{ num }}
{% endwith %}
```

这样，num 变量就只能在 with 语句内部使用。

在 Flask 模板中，也可以使用 with 语句来创建一个内部的作用域，将 set 语句放在 with 语句内部，这样创建的变量也只在 with 代码块中才有效。

例如：

```
{% with %}
   {% set num=2 %}
   {{ num }}
{% endwith %}
```

【任务 11-1】在网页中显示文本信息与展示图片

【任务描述】

（1）在 PyCharm 集成开发环境中创建 Flask 项目 11-1，并在文件夹 11-1 中自动创建两个子文件夹 static 和 templates。

（2）在文件夹 templates 中创建两个网页文件，分别命名为"showText.html"和"showImage. html"，网页中分别显示文本信息和展示图片。

（3）在项目 Unit11 中创建 Python 程序文件 11-1.py，在程序中调用 render_template()方法加载网页文件。

微课 11-1

在网页中显示文本信息与展示图片

【任务实施】

1. 创建 Flask 项目 11-1

成功启动 PyCharm 后，在指定位置"D:\PycharmProject\Unit11"创建 Flask 项目 11-1。

2. 创建 Python 程序文件 11-1.py

在 Flask 项目 11-1 中新建 Python 程序文件 11-1.py，然后在 PyCharm 主窗口打开程序文件 11-1.py 的代码编辑窗口，在该代码编辑窗口输入程序代码，程序文件 11-1.py 的代码如下所示。

```
from flask import Flask, render_template
app = Flask(__name__)

@app.route('/text')
def showText():
    return render_template('showText.html')

@app.route('/image')
def showImage():
    return render_template('showImage.html')
```

```
if __name__ == '__main__':
    app.run()
```

3. 创建两个网页文件

在文件夹 templates 中创建两个网页文件，分别命名为 "showText.html" 和 "showImage.html"。文件夹 11-1 中建立的子文件夹和网页文件如图 11-8 所示。

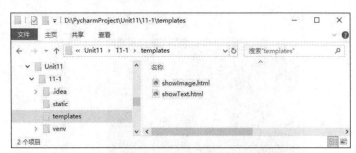

图 11-8　文件夹 11-1 中建立的子文件夹和网页文件

网页文件 showText.html 的代码如下所示。

```html
<!DOCTYPE html>
<html lang="en">
<head>
    <meta charset="UTF-8">
    <title>浏览文本内容</title>
</head>
<body>
<p>阳光明媚、春意盎然、万象更新</p>
<p>The sun is shining, the spring is full of life and everything is renewed</p>
</body>
</html>
```

网页文件 showImage.html 的代码如下所示。

```html
<!DOCTYPE html>
<html lang="en">
<head>
    <meta charset="UTF-8">
    <title>浏览图片</title>
</head>
<body>
<img src="{{ url_for('static', filename='hh.jpg') }} " width="400" height="400" alt="" title=""/>
</body>
</html>
```

单击工具栏中的【保存】按钮 ，分别保存程序文件 11-1.py 以及网页文件 showText.html 和 showImage.html。

4. 运行 Flask 项目

在 PyCharm 主窗口选择【Run】菜单，在弹出的下拉菜单中选择【Run】。在弹出的【Run】对话框中选择 "11-1" 选项，程序文件 11-1.py 开始运行。

先在浏览器地址栏中输入网址"http://127.0.0.1:5000/text"，则在页面中输出文字"阳光明媚、春意盎然、万象更新"和"The sun is shining, the spring is full of life and everything is renewed"。

然后在浏览器地址栏中输入网址"http://127.0.0.1:5000/image"，则在页面中展示一张图片，网页效果如图11-9所示。

图11-9　网页效果

【实例11-5】创建 Flask 程序，演示模板的基本结构

实例11-5的代码如下所示。

```python
from flask import Flask,render_template
app = Flask(__name__)        #创建 Flask 对象


@app.route('/user/')
@app.route('/user/<username>')
def user(username=None):
    return render_template('p11-5.html',name=username)


if __name__ == '__main__':
    app.run()
```

网页文件 p11-5.html 的代码如下所示。

```html
<!DOCTYPE html>
<html lang="en">
<head>
    <meta charset="UTF-8">
    <title>模板的基本结构</title>
</head>
<body>
{% if name %}
  <p>当前用户：{{ name }}</p>
{% else %}
  {#用户还没有登录#}
  <p>请登录！</p>
{% endif %}
```

```
</body>
</html>
```

运行实例 11-5 的代码，先在浏览器地址栏中输入网址"http://127.0.0.1:5000/user"，则在页面中输出文字"请登录！"。

然后在浏览器地址栏中输入网址"http://127.0.0.1:5000/user/admin"，则在页面中输出文字"当前用户：admin"。

【实例 11-6】创建 Flask 程序，演示模板中使用 set 和 with 语句定义变量

实例 11-6 的代码如下所示。

```
from flask import Flask, render_template
app = Flask(__name__)


@app.route('/show')
def showVariable():
    return render_template('p11-6.html')
if __name__ == '__main__':
    app.run()
```

网页文件 p11-6.html 的代码如电子活页 11-1 所示。

实例 11-6 的运行结果如下。

```
with 语句前面的用户名：张三
第 1 个 with 语句里面的用户名：李四
第 2 个 with 语句里面的用户名：王五
with 语句后面的用户名：张三
```

电子活页 11-1

网页文件 p11-6
.html 的代码

【任务 11-2】基于 Flask 框架设计简单用户登录程序

【任务描述】

（1）在 PyCharm 集成开发环境中创建 Flask 项目 11-2，并在文件夹 11-2 中自动创建两个子文件夹 static 和 templates。

（2）在文件夹 templates 中创建一个网页文件，命名为"11-2.html"，在该网页中设置用户登录界面，用户登录界面主要包括输入用户名和密码的两个文本框，以及【提交】和【重置】两个按钮。

微课 11-2

基于 Flask 框架设计
简单用户登录程序

（3）在 Flask 项目 11-2 中创建 Python 程序文件 11-2.py。程序中会判断 HTTP 请求方式，如果浏览器请求方式为 POST，则获取表单文本框中的用户名和密码，若用户名和密码都正确，则使用页面跳转方法 redirect() 打开百度首页，否则加载网页 11-2.html，并在该页面中显示"登录失败"的提示信息；如果浏览器请求方式为 GET，则在程序中调用 render_template() 方法直接加载网页 11-2.html，显示用户登录界面，等待用户输入用户名和密码。

【任务实施】

1. 创建 Flask 项目 11-2

成功启动 PyCharm 后，在指定位置"D:\PycharmProject\Unit11"创建 Flask 项目 11-2。

2. 创建 Python 程序文件 11-2.py

在 Flask 项目 11-2 中新建 Python 程序文件 11-2.py，在 PyCharm 主窗口打开程序文件 11-2.py 的代码编辑窗口。

3. 编写 Python 程序代码

在新建文件 11-2.py 的代码编辑窗口输入程序代码，程序文件 11-2.py 的代码如下所示。

```python
from flask import Flask, request, render_template, redirect
app = Flask(__name__)
# 绑定访问地址 127.0.0.1:5000/login
@app.route("/login", methods=['GET', 'POST'])
def login():
    if request.method == 'POST':
        username = request.form['username']
        password = request.form['password']
        if username == "admin" and password == "123456":
            return redirect("http://www.baidu.com")
        else:
            text = "登录失败"
            return render_template('11-2.html', message=text)
    return render_template('11-2.html')


if __name__ == '__main__':
    app.run(debug=True)
```

4. 创建网页文件 11-2.html

在文件夹 11-2 中的子文件夹 templates 中创建一个网页文件，命名为"11-2.html"。网页文件 11-2.html 的代码如电子活页 11-2 所示。

单击工具栏中的【保存】按钮🔲，保存程序文件 11-2.py 和网页文件 11-2.html。

5. 运行 Flask 项目

在 PyCharm 主窗口选择【Run】菜单，在弹出的下拉菜单中选择【Run】。在弹出的【Run】对话框中选择"11-2"选项，程序文件 11-2.py 开始运行。

首先在浏览器地址栏中输入网址"http://127.0.0.1:5000/login"，则在页面显示用户登录界面，在"用户名"文本框中输入"admin"，在"密码"文本框中输入"123456"，如图 11-10 所示。然后单击【提交】按钮，如果登录失败，则页面中会显示"登录失败"的提示文字；如果登录成功，则会打开百度首页。

电子活页 11-2

网页文件 11-2.html 的代码

图 11-10 在用户登录界面输入用户名和密码

✎ 知识拓展

1. Flask 的重定向

redirect()方法用于重定向。
例如重定向到百度页面。

```
from flask import Flask , request , redirect
@app.route("/user")
 def user():
    # 页面跳转方法 redirect()就是 response 对象的页面跳转的封装
    return redirect("http://www.baidu.com")
```

2. Flask 的错误处理

abort()方法用于返回错误页面。

例如：

```
from flask import abort , redirect ,  url_for
@app.route('/')
def index():
    return redirect(url_for('login'))
@app.route('/login')
def login():
    abort(401)
    this_is_never_executed()
```

默认的错误页面是一个空页面，如果需要自定义错误页面，可以使用 errorhandler()装饰器。

例如：

```
from flask import render_template
@app.errorhandler(404)
def page_not_found(error):
    return render_template('page_not_found,html') , 404
```

3. Flask 的模板标签

Jinja2 模板和其他编程语言框架的模板类似，也是通过某种语法将网页文件中的特定元素替换为实际的值。Jinja2 模板的代码块需要包含在{% %}块中。

例如：

```
{% extends 'base.html' %}
{% block title %}主页{% endblock %}
{% block body %}
    <div class="foot">
        <h1>主页</h1>
    </div>
{% endblock %}
```

花括号中的内容不会被转义，所有内容都会原样输出，它常常和其他辅助函数一起使用。

例如：

```
<a class="navbar" href={{ url_for('index') }}>返回主页 </a>
```

4. Flask 的模板继承

模板可以继承其他模板，我们可以将布局设置为基模板，让其他模板继承，这样可以非常方便地控制整个程序的外观。Flask 的模板继承如电子活页 11-3 所示。

5. Flask 的控制语句

Flask 模板中控制语句都是放在{% ... %}中，并且使用语句{% end××× %}来表示结束。Flask 的控制语句如电子活页 11-4 所示。

电子活页 11-3

Flask 的模板继承

电子活页 11-4

Flask 的控制语句

6. Jinja2 模板中 for 循环的内置常量

Jinja2 模板中 for 循环的内置常量如表 11-2 所示。

表 11-2 Jinja2 模板中 for 循环的内置常量

for 循环内置常量	说明
loop.index	当前迭代的索引从 1 开始
loop.index0	当前迭代的索引从 0 开始
loop.first	是否是第一次迭代，返回 True 或 False
loop.last	是否是最后一次迭代，返回 True 或 False
loop.length	序列的长度

注意 不可以使用 continue 和 break 表达式来控制循环的执行。

7. Python Flask 框架中蓝图的使用

使用蓝图的目的是实现各个模块的视图函数写在不同的 .py 文件中。主视图中导入分路由视图的模块，并且注册蓝图对象。分路由视图中利用蓝图对象的 route() 方法进行装饰视图。

【实例 11-7】创建 Flask 程序，演示 Python Flask 框架中蓝图的使用

实例 11-7 的程序代码与运行结果如电子活页 11-5 所示。

电子活页 11-5

Python Flask 框架中
蓝图的使用

在线测试

单元 12
基于Django框架的Web
程序设计

12

    Django 是基于 Python 的重量级开源 Web 框架，Django 拥有高度定制的对象关系映射（Object Relational Mapping，ORM）、大量的 API、简单灵活的编写视图、优雅的 URL、适于快速开发的模板以及强大的管理后台。Django 功能全面、文档完善，采用模型-模板-视图（Model-Template-View，MTV）软件设计模式，并且提供了一站式的解决方案，集成了 ORM、后台管理、缓存、验证、表单处理等技术，使得开发复杂的基于数据库的网站变得简单。Django 是目前使用最广泛的 Python Web 框架之一。本单元主要讲解应用 Django 框架进行 Web 程序设计。

📝 知识入门

1. 使用 pip 安装 Django
使用 pip 安装 Django，在 Windows【命令提示符】窗口中执行以下命令。

```
pip install Django
```

安装指定版本 Django 2.0 的命令如下。

```
pip install Django==2.0
```

2. Django 的 path()方法
Django 的 path()方法可以接收 4 个参数，分别是 2 个必选参数 route、view 和 2 个可选参数 kwargs、name。

path()方法的基本语法格式如下。

```
path( route , view , kwargs=None , name=None )
```

参数说明如下。

route：字符串表示 URL 规则，与之匹配的 URL 会执行对应的第 2 个参数 view。

view：用于执行与参数 route 匹配的 URL 请求。

kwargs：视图使用的字典类型的参数。

name：用来反向获取 URL。

例如：

```
from django.urls import include, re_path
urlpatterns = [
    path('admin/', admin.site.urls),
    path(r'^index/', views.index),
    path(r'^login/', views.login),
]
```

Django 2.0 中可以使用 re_path()方法来兼容 1.x 版本中的 url()方法，一些正则表达式的规则也可以通过 re_path()方法来实现。

例如：

```
from django.urls import include, re_path
urlpatterns = [
    re_path(r'^index/$', views.index, name='index'),
    re_path(r'^user/(?P<username>\w+)/$', views.user, name='user'),
    re_path(r'^app01/', include('app01.urls')),
    ...
]
```

3. Django 的 URL 路由配置

创建 Django 项目时，自动创建的 urls.py 文件主要用于配置 URL 路由，默认的初始代码如下。

```
from django.contrib import admin
from django.urls import path
urlpatterns = [
    path('admin/', admin.site.urls),
]
```

根据需求，可以自行添加代码配置完善的 URL 路由，以下代码是一个 Django 项目的路由配置实例。

```
urlpatterns = [
    path('admin/', admin.site.urls),
    path('app01/', include("app01.urls")),
    path('test/', testdb.operateDB),
    path('refer/', view.referData),
]
```

（1）Django 中 URL 路由的查找流程

Django 中 URL 路由的查找流程如下。

① Django 到 urls.py 文件中查找全局列表变量 urlpatterns。

② 按照先后顺序，对 URL 逐一匹配 urlpatterns 列表的每个元素。

③ 找到第 1 个匹配元素时即停止查找，根据匹配结果执行对应的函数。

④ 如果没有找到匹配元素或出现异常，Django 会进行错误处理。

（2）Django 中 URL 路由表达式的格式

Django 支持 3 种 URL 路由表达式格式。

① 精确字符串格式

一个精确 URL 匹配一个函数，适合对静态 URL 的响应，URL 字符串要以"/"结尾，但不需要以"/"开头。

例如：

```
path(r'list/2021/', views.listView)
```

② 使用 Django 的转换格式

基本语法格式如下。

```
<格式转换类型名称：变量名称>
```

例如：

```
path(r'list/<int:year>/', views.listView)
```

这是一个 URL 模板，也是一种常用形式，匹配 URL 的同时在其中获得变量作为参数，目的是通过 URL 进行参数获取和传递。

格式转换类型名称和说明如表 12-1 所示。

表 12-1　格式转换类型名称和说明

序号	格式转换类型名称	说明
1	int	匹配 0 和正整数
2	str	匹配除分隔符"/"以外的非空字符串，\<year>等价于\<str : year>
3	slug	匹配字母、数字、"_"、"-"组成的字符集，为 str 的子集
4	path	匹配任何非空字符串，包括路径分隔符
5	uuid	匹配格式化的 UUID

③ 使用正则表达式格式

借助正则表达式表达 URL，可以通过"<>"提取变量作为函数的参数。使用这种格式不能使用 path() 方法，必须使用 re_path()方法，并且要求为字符串形式，不能是其他类型。

例如，不提取参数的形式：

re_path(r'list/([0-9]{4})/', views.listView)

提取参数的形式：

re_path(r'^detail/(?P<goods_id>[0-9]+)$', views.detailView)

（3）使用 include()方法实现 URL 映射分发

在各个功能 app 文件夹中各自创建一个 urls.py 文件，每个功能模块的 URL 路由设置写在对应文件夹 urls.py 文件中，在项目文件夹下的全局 urls.py 文件中使用 include()方法实现 URL 映射分发。

例如，Django 项目 app1201 中全局 urls.py 文件的代码如下所示。

```
from django.contrib import admin
from django.urls import path,include
urlpatterns = [
    path('admin/', admin.site.urls),
    path('app01/', include("app01.urls")),
]
app01 文件夹中的 urls.py 文件的代码如下。
from django.conf.urls import url
from . import views
urlpatterns = [
    url(r'^$', views.show),
]
```

循序渐进

12.1　创建 Django 项目与 App 应用程序

12.1.1　在 PyCharm 中创建 Django 项目

【实例 12-1】创建 Django 项目 app1201

（1）成功启动 PyCharm，进入 PyCharm 的集成开发环境。

（2）在 PyCharm 主窗口选择菜单【File】，在弹出的下拉菜单中选择【New Project】，打开【New Project】对话框，该对话框左侧列出很多项目模板，这里选择"Django"，在"Location"文本框中输入 Django 项目的存放位置和项目名称，这里在文件夹"D:\PycharmProject\Practice\Unit12"中创建的项目的名称为"app1201"，在"Location"文本框中输入"D:\Pycharm Project\Practice\Unit12\app1201"，且完成其他的设置，如图 12-1 所示。

也可以单击文本框右侧的按钮 ，在弹出的【Select Base Directory】对话框中直接选择项目存放位置，例如"D:\PycharmProject\Practice\Unit12\"，然后单击【OK】按钮返回【New Project】对话框。

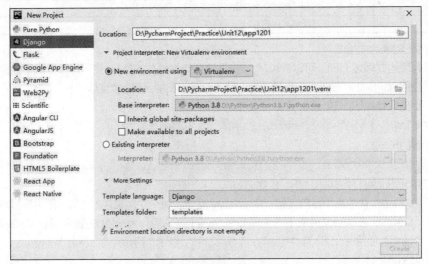

图 12-1 【New Project】对话框

> **说 明** 安装 Django 之后，就有了可用的管理工具 django-admin，可以使用 django-admin 来创建一个项目。

在 Windows【命令提示符】窗口创建 Django 项目的命令如下。

django-admin startproject <项目名称>

项目名称必须由字母、数字和下画线组成。

例如：

django-admin startproject app1201

Django 项目的存放位置、项目名称等设置都完成后，在【New Project】对话框中单击【Create】按钮，在弹出的【Open Project】对话框中单击【New Window】按钮，如图 12-2 所示，即在新的窗口中打开创建的 Django 项目。

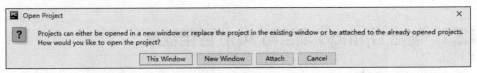

图 12-2 在【Open Project】对话框中单击【New Window】按钮

这时会打开一个新的 PyCharm 窗口，接着完成后续工作，例如创建虚拟环境、激活环境等，【Creating Virtual Environment】对话框如图 12-3 所示。

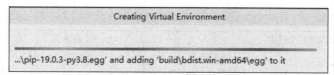

图 12-3 【Creating Virtual Environment】对话框

然后安装 Django 相关文件与配置 Django 项目，【Ensuring Django is installed】对话框如图 12-4 所示。

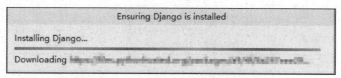

图 12-4 【Ensuring Django is installed】对话框

Django 相关文件安装与 Django 项目配置完成后，Pycharm 将生成一个新的 Django 项目。Django 项目的目录结构和相应的 Python 文件如图 12-5 所示。

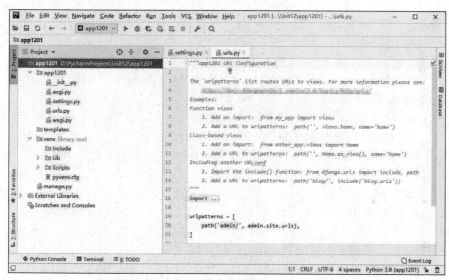

图 12-5 Django 项目的目录结构和相应的 Python 文件

Django 项目创建完成后，我们可以看到图 12-5 中窗口左侧的项目目录结构如下。

```
app1201（项目的容器）
├──app1201
│   ├──__init__.py
│   ├──asgi.py
│   ├──settings.py
│   ├──urls.py
│   └──wsgi.py
├──templates
├──venv library root
└──manage.py
```

Django 项目中自动生成的 Python 文件和文件夹的说明如表 12-2 所示。

表 12-2　Django 项目中自动生成的 Python 文件和文件夹的说明

序号	Python 文件和文件夹	说明
1	manage.py	Django 项目中的入口程序，也是实用的命令行工具，可以让用户以各种方式与该 Django 项目进行交互
2	db.SQLite3	SQLite 数据库文件，Django 默认使用这种小型数据库存取数据
3	__init__.py	一个空文件，告诉 Python 该文件夹是一个 Python 包文件夹
4	settings.py	Django 项目的配置文件，可以配置 App、数据库、中间件、模板等
5	urls.py	Django 项目的 URL 声明，是由 Django 驱动的网站"目录"
6	wsgi.py	WSGI 兼容的 Web 服务器的入口，以便运行项目、处理 Web 请求
7	templates	存放 Django 项目中 HTML 模板的文件夹，也可以在每个 app 文件夹中创建一个模板文件夹
8	app1201	Django 生成的与项目同名的文件夹

还可以自行创建 static 文件夹，用于存放 CSS 样式文件、图片文件等静态文件。

Django 项目中的入口程序 manage.py 的代码如下。

```
import os
import sys
def main():
    os.environ.setdefault('DJANGO_SETTINGS_MODULE', 'app1201.settings')
    try:
        from django.core.management import execute_from_command_line
    except ImportError as exc:
        raise ImportError(
            "Couldn't import Django. Are you sure it's installed and "
            "available on your PYTHONPATH environment variable? Did you "
            "forget to activate a virtual environment?"
        ) from exc
    execute_from_command_line(sys.argv)
if __name__ == '__main__':
    main()
```

Django 管理工具的 URL 模式通常在项目生成时在 urls.py 中自动设置好，配置代码如下所示。

```
from django.contrib import admin
from django.urls import path
urlpatterns = [
    path('admin/', admin.site.urls),
]
```

当一切都配置好后，Django 管理工具就可以运行了。

12.1.2　在 settings.py 文件中对 Django 项目进行多项配置

1. 在 settings.py 文件中查看 INSTALLED_APPS 设置

Django 提供了基于 Web 的管理工具。django.contrib 是一个庞大的功能集，它是 Django 基本代码的组成部分，Django 自动管理工具是 django.contrib 的一部分。在 Django 项目的 settings.py 文件中查看 INSTALLED_APPS 设置的代码如下。

```
INSTALLED_APPS = [
```

```
        'django.contrib.admin',
        'django.contrib.auth',
        'django.contrib.contenttypes',
        'django.contrib.sessions',
        'django.contrib.messages',
        'django.contrib.staticfiles',
]
```

2. 在 settings.py 文件中进行汉化设置

settings.py 文件有关语言设置的代码如下。

```
LANGUAGE_CODE = 'en-us'
TIME_ZONE = 'UTC'
```

修改这两行代码，将界面中的提示信息进行汉化处理，修改后的代码如下。

```
LANGUAGE_CODE = 'zh-hans'
TIME_ZONE = 'Asia/Shanghai'
```

3. 在 settings.py 文件中进行路径设置

settings.py 文件有关路径设置的代码如下。

```
BASE_DIR = os.path.dirname(os.path.dirname(os.path.abspath(__file__)))
STATIC_URL = '/static/'
```

添加如下代码。

```
STATICFILES_DIRS = [
        os.path.join(BASE_DIR, "static"),
]
```

以保证访问静态文件时不会出现路径问题，能够顺利找到所需的静态文件。

4. 在 settings.py 文件中开启调试模式

在 settings.py 文件中可以发现，项目生成时默认情况下开启了调试模式，代码如下。

```
DEBUG = True
```

 注意　由于开启了调试模式，项目中如果代码有改动，服务器会自动监测代码的改动并自动重新载入，所以如果已经启动了服务器则不需手动重启。

5. 在 settings.py 文件中查看默认的数据库设置

在 settings.py 文件中可以看出，Django 项目默认使用 Python 自带的 SQLite 数据库，数据库配置代码如下。

```
DATABASES = {
    'default': {
        'ENGINE': 'django.db.backends.SQLite3',
        'NAME': os.path.join(BASE_DIR, 'db.SQLite3'),
    }
}
```

6. 运行项目 app1201

在 PyCharm 主窗口下方的【Terminal】窗口虚拟环境命令行的 "(venv) D:\PycharmProject\Unit12\app1201>" 后面输入以下命令运行项目 app1201。

```
python manage.py runserver
```

按【Enter】键执行该命令，此时 Web 服务器开始监听 8000 端口的请求。在浏览器的地址栏中输入服务器的 IP 地址和端口号（这里输入本机的 IP 地址和端口号 8000，即 http://127.0.0.1:8000），如果正常启动，即可看到图 12-6 所示的 Django 页面内容。

图 12-6　Django 页面内容

12.1.3　在 Django 项目中创建 App 应用程序

在 12.1.1 节中我们已成功创建了一个 Django 项目 app1201。接下来，在项目 app1201 中创建 App、新增 Python 文件、编写程序代码实现所需功能。

【实例 12-2】在 Django 项目中创建 App 与运行 Django 项目

1. 创建 App

一个 Django 项目可以分为很多个 App，用来隔离不同功能模块的代码。在 Django 项目中，推荐使用不同的 App 来完成不同模块的任务，在 PyCharm 主窗口下方的【Terminal】窗口虚拟环境命令行的"(venv) D:\PycharmProject\Unit12\app1201>"后面输入以下命令，然后按【Enter】键创建一个 App 应用程序。

```
python manage.py startapp app01
```

在项目根目录"app1201"下增加了一个名称为"app01"的包文件夹，项目文件夹 app1201 的目录结构如图 12-7 所示。

图 12-7　项目文件夹 app1201 的目录结构

新建包文件夹 app01 中各个文件和文件夹的说明如表 12-3 所示。

表 12-3　新建包文件夹 app01 中各个文件和文件夹的说明

序号	文件和文件夹	说明
1	migrations	存放数据库迁移生成的脚本文件的包
2	__init__.py	一个空文件，告诉 Python 该文件夹是一个 Python 包文件夹
3	admin.py	配置 Django 管理后台的文件
4	apps.py	单独配置添加的每个 App 的文件
5	models.py	创建数据库数据模型对象的文件
6	tests.py	用于编写测试脚本的文件
7	views.py	用于编写视图控制器的文件

2. 在 settings.py 配置文件中添加创建的 app01

修改项目 app1201 的配置文件 settings.py，将已经创建的 app01 添加到 settings.py 配置文件中，否则 app01 包内的文件不会生效。

修改后的 INSTALLED_APPS 设置代码如下。

```
INSTALLED_APPS = [
    'django.contrib.admin',
    'django.contrib.auth',
    'django.contrib.contenttypes',
    'django.contrib.sessions',
    'django.contrib.messages',
    'django.contrib.staticfiles',
    'app01',
]
```

3. 在 app01 中的 views.py 文件中编写代码

在 app01 中的 views.py 文件中编写以下代码，在页面中输出文本"Happy every day！"。

```
from django.http import HttpResponse
def show(request):
    return HttpResponse("Happy every day！")
```

上述代码定义了一个函数 show()，返回了一个 HttpResponse 对象，这就是 Django 的基于函数的视图（view），每个视图的函数都要有一个 HttpRequest 对象 request 作为参数，用来接收来自客户端的请求，并且必须返回一个 HttpResponse 对象，作为响应给客户端。Django.http 模块下有多个继承自 HttpResponse 的对象，其中大部分在 Django 程序开发中都可以用到。

4. 在 app01 中添加 urls.py 文件

在前面创建的项目文件夹 app1201 文件夹的子文件夹 app01 中新建一个 urls.py 文件，并输入以下代码，绑定 URL 与函数 show()。

```
from django.conf.urls import url
from . import views
urlpatterns = [
    url(r'^$', views.show),
]
```

5. 在 app1201 中修改 urls.py 文件

打开文件夹 app1201 中的 urls.py 文件，修改 urlpatterns 列表，配置 URL，修改后的代码如下所示。

```
from django.contrib import admin
from django.urls import path,include

urlpatterns = [
    path('admin/', admin.site.urls),
    path('app01/', include("app01.urls")),
]
```

6. 再一次运行项目 app1201

设置完成后，启动 Django 服务器，然后在浏览器的地址栏中输入"http://127.0.0.1:8000/app01/"，如果正常启动，则在页面中会输出"Happy every day！"文本内容。

12.2 Django 模板

在 12.1 节中我们使用 HttpResponse() 来输出"Happy every day！"文本，该方式将数据与视图混合在一起，不符合 Django 的 MVC 模式。

本节将学习 Django 模板的应用，模板是一个文本，用于分离文档的呈现形式和内容。

【实例 12-3】Django 模板的应用

Django 指定的模板引擎在 settings.py 文件中定义，app1201\app1201\settings.py 文件中的列表 TEMPLATES 中键"DIRS"用于指定模板文件所在的文件夹，其代码如下所示。

```
TEMPLATES = [
    {
        'BACKEND': 'django.template.backends.django.DjangoTemplates',
        'DIRS': [os.path.join(BASE_DIR, 'templates')],    #模板所在的文件夹
        'APP_DIRS': True,
        'OPTIONS': {
            'context_processors': [
                'django.template.context_processors.debug',
                'django.template.context_processors.request',
                'django.contrib.auth.context_processors.auth',
                'django.contrib.messages.context_processors.messages',
            ],
        },
    },
]
```

然后在项目文件夹 app1201 的包文件夹 app1201 的子文件夹 templates 中建立 1201.html 网页文件。1201.html 网页文件的代码如下。

```
<!DOCTYPE html>
<html lang="en">
<head>
    <meta charset="UTF-8">
    <title>Django 模板的应用</title>
</head>
<body>
```

```
<p>{{ content }}</p>
</body>
</html>
```

从模板文件的代码中我们知道变量使用了"{{}}"。

接下来在项目文件夹 app1201 的包文件夹 app1201 中创建 view.py 文件，在 app1201\app1201\view.py 文件中定义方法 referData()，用于向模板提交数据，该方法的代码如下。

```
from django.shortcuts import render
def referData(request):
    context = {}
    context['state'] = 'Happy learning Python!'
    return render(request, '1201.html', context)
```

可以看到，这里使用 render()方法替代之前使用的 HttpResponse()方法。render()方法还使用了一个字典 context 作为参数，context 字典中元素的"content"对应了模板中的变量"{{ content }}"。

修改 app1201\app1201\urls.py 的 urlpatterns 列表，在该列表中添加一个元素的代码如下。

```
path('refer/', view.referData),
```

运行项目 app1201，然后在浏览器地址栏中输入"http://127.0.0.1:8000/refer/"，然后按【Enter】键就可以看到"Happy learning Python!"的文本内容。这样就完成了使用模板来输出数据，从而实现数据与视图分离。

【任务 12-1】基于 Django 框架设计简单用户登录程序

【任务描述】

（1）在 PyCharm 集成开发环境中创建 Django 项目 app1201，并在项目文件夹 app1201 中创建子文件夹 templates。

（2）在文件夹 templates 中创建 2 个网页文件，分别命名为"index.html""userlist.html"，网页文件 index.html 用于实现用户登录功能，网页文件 userlist.html 用于以表格方式展示用户数据。

微课 12-1

基于 Django 框架设计简单用户登录程序

（3）在包文件夹 app1201 中添加 1 个 views.py 文件，在该文件中定义 1 个 user_list 列表、2 个函数 index()和 userlist ()，其中函数 index()用于使用方法 render()加载网页文件 index.html，函数 userlist()用于验证用户名和密码是否正确，同时使用方法 render()将数据分别加载进文件夹 templates 中定义的模板文件 userlist.html 中。

（4）修改完善 settings.py、urls.py 中的部分代码，实现所需功能。

【任务实施】

1. 创建 Django 项目 app1201

成功启动 PyCharm 后，在指定位置"D:\PycharmProject\Unit12"创建 Django 项目 app1201，该项目成功创建后，会自动生成 1 个包文件夹 app1201 和 1 个文件夹 templates。

程序文件 settings.py 保持其默认值不变。

2. 修改完善文件 urls.py

文件 urls.py 新增的代码如下所示。

```
from django.urls import path
from app1201 import views


urlpatterns = [
```

```
        path('index/', views.index),
        path('userlist/', views.userlist),
    ]
```

3. 在文件 views.py 中定义函数与编写代码

在包文件夹 app1201 中添加文件 views.py，定义 user_list 列表和 2 个函数 index()与 userlist()，对应的代码如下所示。

```python
from django.shortcuts import render
user_list = [
        {'username': 'chen', 'password': '123'},
        {'username': 'jack', 'password': 'abc'},
        {'username': 'tom', 'password': '456'}
]
def index(request):
        return render(request, "index.html")


def userlist(request):
        if request.method == 'POST':
            username = request.POST.get('username', None)
            password = request.POST.get('password', None)
            print("用户名：",username)
            print("密码：", password)
            if username=='admin' and password == '123':
                temp = {'username': username, 'password': password}
                user_list.append(temp)
                return render(request, 'userlist.html', {'userData': user_list})
            else:
                return render(request, "index.html")
```

4. 新增网页文件 index.html 与编写 HTML 代码

在文件夹 templates 中创建网页文件 index.html，然后编写 HTML 代码。网页文件 index.html 的代码如电子活页 12-1 所示。

5. 新增网页文件 userlist.html 与编写 HTML 代码

在文件夹 templates 中创建网页文件 userlist.html，然后编写 HTML 代码。网页文件 userlist.html 的代码如电子活页 12-2 所示。

6. 运行 Django 项目 app1201

运行项目 app1201，在浏览器地址栏中输入 "http://127.0.0.1:8000/index/"，然后按【Enter】键就显示用户登录界面，在用户登录界面输入正确的用户名与密码，这里在用户名文本框中输入 "admin"，在密码文本框中输入 "123"，如图 12-8 所示。

电子活页 12-1

网页文件 index.html 的代码

电子活页 12-2

网页文件 userlist.html 的代码

图 12-8　在用户登录界面输入正确的用户名与密码

在用户登录界面单击【登录】按钮，显示的用户信息列表如图 12-9 所示。

用户名	密码
chen	123
jack	abc
tom	456
admin	123

图 12-9　用户信息列表

【任务 12-2】基于 Django 框架设计图书数据和详情数据展示程序

【任务描述】

（1）在 PyCharm 集成开发环境中创建 Django 项目 app1202，并在项目文件夹 app1202 中创建包文件夹 static、app1202 和文件夹 templates，在包文件夹 static 中创建 4 个子文件夹 css、images、js 和 pictureBig。

微课 12-2

基于 Django 框架设计图书数据和详情数据展示程序

（2）在文件夹 templates 中创建 4 个网页文件，分别命名为"footer.html""base.html""index.html""detail.html"，网页文件 base.html 是 index.html 和 detail.html 的父模板，网页文件 index.html 用于展示图书销量榜，网页文件 detail.html 用于展示图书详情信息。

（3）新增 1 个 App，命名为"app02"，在包文件夹 app02 中会自动添加文件 views.py，在该文件中定义 2 个函数 book()和 bookDetail()，这 2 个函数主要定义列表和使用方法 render()将数据分别加载进文件夹 templates 中定义的模板文件 index.html 和 detail.html 中。

（4）修改完善 settings.py、urls.py 中的部分代码，实现所需功能。

【任务实施】

1. 创建 Django 项目 app1202

成功启动 PyCharm 后，在指定位置"D:\PycharmProject\Unit12"创建 Django 项目 app1202，该项目成功创建后，会自动生成 1 个包文件夹 app1202 和 1 个文件夹 templates。

2. 创建子文件夹

在项目文件夹 app1202 中新增 1 个包文件夹 static。然后在包文件夹 static 中创建 4 个子文件夹 css、images、js 和 pictureBig，并将所需要的 CSS 样式文件、JS 文件和图片分别复制并存放到各自文件夹中。

3. 在 Django 项目 app1202 中创建 1 个 App

在 PyCharm 主窗口下方的【Terminal】窗口虚拟环境命令行的"(venv) D:\PycharmProjects\Unit12\app1202>"后面输入以下命令，然后按【Enter】键创建 1 个 App 应用程序。

```
python manage.py startapp app02
```

app02 成功创建后，在包文件夹 app02 中会自动添加文件 views.py。

4. 修改完善文件 settings.py

修改文件 settings.py 的部分设置。

在 INSTALLED_APPS 列表添加以下代码。

```
'app02',
```

最后添加以下代码。

```
STATIC_ROOT = os.path.join(os.path.dirname(__file__),'static')
```

```
STATICFILES_DIRS = [
    os.path.join(BASE_DIR, 'static')
]
```

其他的各项设置保持默认值不变。

5. 修改完善文件 urls.py

文件 urls.py 新增的代码如下所示。

```
from django.urls import path,re_path
from app02.views import *

urlpatterns = [
    path('list/', book),
    re_path('detail/(?P<id>\d{1,2})', bookDetail),
]
```

6. 在文件 views.py 中定义函数与编写代码

打开包文件夹 app02 中的文件 views.py，定义 2 个函数 book()和 bookDetail()，文件 views.py 的代码如电子活页 12-3 所示。

电子活页 12-3

文件 views.py 的代码

7. 新增网页文件 footer.html 与编写 HTML 代码

在文件夹 templates 中创建网页文件 footer.html，然后编写 HTML 代码。网页文件 footer.html 的代码如下所示。

```
<div class="w">
    <div id="footer-2014">
        <div class="links"><a target="_blank" href="">关于我们</a>|<a target="_blank" href="">联系我们</a>|<a target="_blank" href="">联系客服</a>|<a target="_blank" href="">合作招商</a>|<a target="_blank" href="">商家帮助</a>|<a target="_blank" href="">营销中心</a>|<a target="_blank" href="">友情链接</a>
        </div>
        <div class="copyright">
            Copyright &copy; 2020-2025  京东 版权所有
                  |  消费者维权热线：4006067733
        </div>
    </div>
</div>
```

8. 新增网页文件 base.html 与编写 HTML 代码

在文件夹 templates 中创建网页文件 base.html，然后编写 HTML 代码。网页文件 base.html 的代码如电子活页 12-4 所示。

电子活页 12-4

网页文件 base.html 的代码

9. 新增网页文件 index.html 与编写 HTML 代码

在文件夹 templates 中创建网页文件 index.html，然后编写 HTML 代码。网页文件 index.html 的代码如下所示。

```
{% extends "base.html" %}
{% load static %}
{% block title %}
    <title>图书排行榜_热门图书-京东</title>
{% endblock title %}
```

```
{% block content %}
<div class="m m-list">
  <div class="mc">
    <ul class="clearfix">
    {% for heatBook in heatBooks %}
     <li>
        {% if forloop.counter < 10 %}
        <div class="p-num">0 {{forloop.counter}} </div>
        {% else %}
        <div class="p-num"> {{forloop.counter}} </div>
        {% endif %}
        <div class="p-img"> <a href="{{heatBook.linkUrl}}" target="_blank"
                            title="{{heatBook.bookName}}">
             <img src= "{{ heatBook.image }}"   width="130" height="130" alt=""></a>
        </div>
        <div class="p-detail">
            <a href="{{heatBook.linkUrl}}" target="_blank"
              title="{{heatBook.bookName}}" class="p-name">
              {{heatBook.bookName}}</a>
        <dl>
           <dt>作  者：</dt>
           <dd><a href="" target="_blank" title="">{{heatBook.author}}</a> 著</dd>
          </dl>
        <dl>
           <dt>出版社：</dt>
           <dd><a href="" target="_blank" title="">{{heatBook.publisher}}</a></dd>
        </dl>
        <dl>
           <dt>定  价：</dt>
           <dd><del>&yen;{{heatBook.dingPrice}}</del></dd>
          </dl>
        <dl>
           <dt>京东价：</dt>
           <dd><em >&yen;{{heatBook.jdPrice}}</em>
             [ <span>{{heatBook.discount}}折</span> ]</dd>
        </dl>
        <div class="p-btn"> <a href="/detail/{{ heatBook.id }}" target="_blank"
           class="btn btn-primary">商品详情</a></div>
      </div>
      </li>
    {% endfor %}
    </ul>
  </div>
</div>
{% endblock %}
```

10. 新增网页文件 detail.html 与编写 HTML 代码

在文件夹 templates 中创建网页文件 detail.html，然后编写 HTML 代码。网页文件 detail.html 的代码如电子活页 12-5 所示。

11. 运行 Django 项目 app1202

运行项目 app1202，在浏览器地址栏中输入"http://127.0.0.1:8000/list/"，然后按【Enter】键就会显示"图书销量榜"页面，如图 12-10 所示。

电子活页 12-5

网页文件 detail.html 的代码

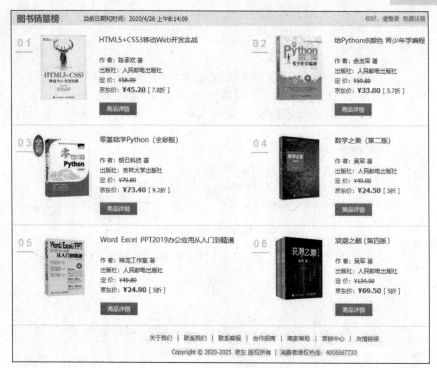

图 12-10 "图书销量榜"页面

在页面左上角第 1 本图书区域单击【商品详情】，显示第 1 本图书的详情信息，图书的详情信息如图 12-11 所示。

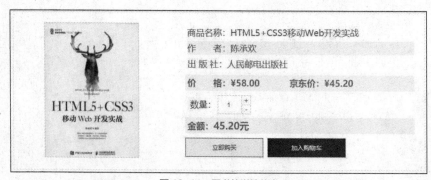

图 12-11 图书的详情信息

在该页面单击"数量"右侧的"+"或者"-"，也可以直接输入购买的数量，"数量"下方的金额会同步发生变化，如图 12-12 所示。

数量： 3 + −

金额：**135.60元**

图 12-12　数量改变时金额同步变化

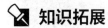

知识拓展

1. MVC 框架模式和 MTV 框架模式

（1）MVC 框架模式。

MVC，全称是 Model-View-Controller，即模型-视图-控制器。MVC 框架
模式是软件工程中的一种软件架构模式，把软件系统分为 3 个基本部分：模型
（Model）、视图（View）和控制器（Controller）。这种软件架构模式具有耦合性低、
重用性高、生命周期长、成本低等优点。MVC 框架模式如电子活页 12-6 所示。

（2）MTV 框架模式。

Django 框架的设计模式借鉴了 MVC 框架的思想，也分成三部分来降低各个
部分之间的耦合性。Django 框架的不同之处在于它拆分的三部分为：模型（Model）、模板（Template）
和视图（View），也就是 MTV 框架。

MTV 框架模式中模型负责业务对象和数据库的关系映射，与 MVC 框架模式中模型的功能类似；
模板负责把页面展示给用户，与 MVC 框架模式中视图的功能类似；视图负责业务逻辑，并在适当的时
候调用模型和模板，与 MVC 框架模式中控制器的功能类似。对应 MVC 框架模式中 3 个字母 M-V-C
的顺序，MTV 框架模式中 3 个字母的顺序应为：M-T-V。

此外，Django 还有一个 urls 分发器，它的作用是将 URL 的页面请求分发给不同的视图处理，视
图再调用相应的模型和模板。

2. 使用 Django 管理界面创建用户与登录操作

使用 Django 管理界面创建用户的主要步骤如下。

（1）为 Django 项目生成数据表。

（2）创建一个账户名和对应密码。

成功创建用户后，就可以使用新创建的账户进行登录操作。如电子活页 12-7
所示。

3. Django 的 HttpRequest 对象

views.py 文件对应的代码如下。

```
from django.http import HttpResponse
def show(request):
    return HttpResponse("Happy every day！")
```

代码定义了一个函数 show()，返回了一个 HttpResponse 对象，这就是
Django 的基于函数的视图，每个视图函数的第一个参数是一个 HttpRequest 对象，
用来接收来自客户端的请求，并且必须返回一个 HttpResponse 对象，作为响应给
客户端。Django 的 HttpRequest 对象如电子活页 12-8 所示。

4. Django 的数据模型

Django 对各种数据库提供了很好的支持，包括 MySQL、SQLite、Oracle 等，
Django 为这些数据库提供了统一的 API，用户可以根据自己的业务需求选择不同
的数据库。Django 的数据模型如电子活页 12-9 所示。

当程序涉及数据库相关操作时，Django 使用了一种新的方式，即对象关系映射。Django 遵循 Code Frist 的原则，即根据代码中定义的类来自动生成数据库表。Django 是通过 model 来操作数据库的，程序员不需要关注 SQL 语句和数据库的类型（无论数据库是 MySQL、SQLite，还是其他类型），Django 自动生成相应数据库类型的 SQL 语句，来完成对数据库数据的操作。

电子活页 12-9

电子活页 12-10

Django 的数据模型

Django 的数据库操作

5. Django 的数据库操作

Django 的数据库操作主要包括在数据表中添加数据、获取与浏览数据表中的数据、更新数据表中的数据和删除数据表中的数据等操作，如电子活页 12-10 所示。

6. Django 的模板标签与过滤器

Django 的模板标签主要有 if/else 标签、for 标签、ifequal/ifnotequal 标签、注释标签、include 标签等。Django 的过滤器很实用，用于将返回的变量值做一些特殊处理，过滤器使用管道字符。如电子活页 12-11 所示。

电子活页 12-11

Django 的模板标签与过滤器

7. Django 的模板继承

Django 模板可以用继承的方式来实现复用，子模板继承父模板的基本语法格式如下。

```
{%extends <父模板名称> %}
```

例如：

```
{% extends "base.html" %}
```

Django 模板引擎使用{% %}来描述 Python 语句，区别于<HTML>标签使用 "{{}}" 来描述 Python 变量。block 标签的基本语法格式如下。

```
{% block  变量名  %}
{% endblock %}
```

block 标签必须是封闭的，要由{% endblock %}结尾。

（1）网页标签模板。

例如：

```
{% block title %}   {% endblock title %}
```

（2）网页 CSS 样式文件模板。

例如：

```
{% block css %}   {% endblock %}
```

（3）网页主体内容模板。

例如：

```
{% block content %}   {% endblock %}
```

（4）网页底部引入文件块模板。

例如：

```
{% block bottomfiles %}   {% endblock bottomfiles %}
```

【实例 12-4】Django 的模板继承

在文件夹 templates 中添加网页文件 base.html，其代码如下。

```
<!DOCTYPE html>
<html lang="en">
<head>
    <meta charset="UTF-8">
```

```
    <title>Title</title>
</head>
<body>
<!--内容-->
{% block content %}
{% endblock %}
</body>
</html>
```

以上代码中，名为 content 的 block 标签是可以被继承者们替换掉的部分。

所有的"{% block %}"标签告诉模板引擎，子模板可以重载这些部分。

在 1201.html 中继承 base.html，并替换特定 block，1201.html 修改后的代码如下。

```
{%extends "base.html" %}
{% block content %}
<p>继承了 base.html 文件</p>
<p>{{ content }}</p>
{% endblock %}
```

第一行代码{%extends "base.html" %}说明 1201.html 继承了 base.html，可以看出，这里相同名字的 block 标签用以替换 base.html 的相应 block。

运行项目 app1201，在浏览器地址栏中输入"http://127.0.0.1:8000/refer/"，然后按【Enter】键就可以看到"继承了 base.html 文件"的提示文本和"Happy learning Python!"的文本。

8. Django 的表单

Django 的表单如电子活页 12-12 所示。HTML 表单是实现网站交互性的经典方式，本节将介绍使用 Django 对用户提交的表单数据进行处理。

HTTP 以"请求－回复"的方式工作。客户端向服务器发送请求时，可以在请求中附加数据；服务器通过解析请求，就可以获得客户端传来的数据，并根据 URL 来提供特定的服务。

9. 比较 HttpResponse()、render()和 redirect()3 个方法

在使用 Django 的 HttpResponse()、render()和 redirect()方法的时候，首先要导入它们，代码如下。

```
from django.shortcuts import HttpResponse, render, redirect
```

HttpResponse()方法用于内部传入一个字符串参数，然后发给浏览器。

render()方法结合一个给定的模板和一个给定的上下文字典，并返回一个渲染后的 HttpResponse 对象。

redirect()方法用于接收一个 URL 参数，让浏览器跳转到指定的 URL。

比较这 3 个方法如电子活页 12-13 所示。

电子活页 12-12

Django 的表单

电子活页 12-13

比较
HttpResponse()、
render()和
redirect()3 个方法

在线测试

参考文献

[1] 佘友军. 给 Python 点颜色——青少年学编程[M]. 北京：人民邮电出版社，2019.

[2] 明日科技，王国辉，李磊，等. Python 从入门到项目实践[M]. 长春：吉林大学出版社，2018.

[3] 黄锐军. Python 程序设计[M]. 北京：高等教育出版社，2019.

[4] 明日科技. Python 编程锦囊[M]. 长春：吉林大学出版社，2019.

[5] 王振世. 乐学 Python 编程——做个游戏很简单[M]. 北京：清华大学出版社，2019.

[6] 李勇，王文强. Python Web 开发学习实录[M]. 北京：清华大学出版社，2016.